(사) 한국원예치료복지협회

* 가나다 순

집필위원

곽혜란 서울교육대학교 생활과학교육과
권민형 고려대학교 생명자원연구소
박천호 고려대학교 생명과학대학
서정남 국립원예특작과학원 화훼과
송채은 전남대학교 식물생명공학부
유나연 건국대학교 바이오힐링융합학과
유명화 건국대학교 상허교양대학
유용권 목포대학교 원예과학과
이은성 고려대학교 평생교육원
최정란 전북대학교 원예학과
한고운 고려대학교 생명자원연구소

감수위원

김경희 계명문화대학교 평생교육원
김광식 계명문화대학교 생태조경디자인학부
김종화 강원대학교 원예과학과
박경희 충북대학교 평생교육원
박석근 국제자원식물개발원
박윤점 원광대학교 원예산업학과
허무룡 경상대학교 농업식물과학과

HORTICULTURAL THERAPY

02

원예치료사를 위한

원예학

(사)한국원예치료복지협회

부민문화사

발간사

우리나라 대부분의 원예학자들은 1990년 전후까지만 해도 원예의 발전은 곧 재배 생산기술의 혁신에 있다고 하여 이 부분에 많은 노력을 기울여 왔으며, 아쉽게도 원예가 갖고 있는 또 다른 신비로운 영역에 대해서는 아무도 신경쓰지 않았습니다. 1984년 한국원예학회에서 원예의 새로운 영역인 원예치료가 포함된 사회원예가 처음 소개되었을 때 대부분 먼 나라의 얘기로만 생각하였습니다. 이후 1997년이 되어서야 원예치료의 중요성을 깨닫고 한국원예치료연구회로 시작하여 전국에 원예치료를 소개 보급한 지 21년이 되었습니다. 그간 원예치료의 효과에 대해서 원예학자들조차 반신반의해가며 효과의 검증에 의문과 호기심 어린 눈으로 보아온 것이 사실입니다. 이것은 비단 우리나라뿐만 아니라 원예치료를 처음 시작한 미국이나 일본에서도 도입 초기에 어려움을 겪었습니다. 초기 원예치료 후 효과 검증은 대부분 설문지법을 이용하였으며, 과학적 실험 연구방법에 익숙한 일반 원예학자들이 받아들이기에 어려웠던 부분이 많았기 때문이기도 합니다.

그러나 오늘에 이르기까지 원예치료 학자들의 과학적인 연구가 수행되었고 다양한 임상학적 연구결과가 발표됨과 함께 전문적인 원예치료사들에 의해 효과가 입증되어 점차 관심을 모으게 되었습니다. 최근에는 원예치료 임상연구가 매년 발표되고 있으며, 발표자 전공도 원예학 전공자 외에 다양한 영역에서 관심을 갖고 있다는 점은 주목할 부분입니다. 이와 같은 지속적인 노력으로 원예치료가 2017년에 인지중재치료 신의료기술로 안정성 및 유효성을 인정받았다는 것은 원예치료가 우리 삶에 얼마나 효과적이고 유용한 것인지 밝혀졌다는 점에서 무척 다행스러운 일입니다.

최근에는 한국원예치료복지협회에서 시행하는 프로그램이 정부기관과 각 지자체 및 기관에서 인정을 받고 매년 지속적인 예산지원을 받아 다양한 원예치료 프로그램을 진행할 수 있게 된 것은 원예치료 발전에 무척 고무적인 일입니다. 이에 협회에서는 전국 지회의 활발한 활동을 지원하고 있으며, 다양한 내용의 워크숍을 통해 새로운 정보를 제공하고 있습니다.

그러나 협회가 설립된 지 20년이 되었으나 아쉽게도 전국 교육기관의 교과과정은 통일되지 않은 채 자체교재로 지역의 특성에 따라 운영되어 왔습니다. 이에 협회에서는 설립 20주년을 맞아 그간의 숙원사업인 전국 평생교육기관 공통교재를 발간하기로 하였습니다. 아쉬운 것은 좀 더 충분한 준비 기간을 갖고 충실한 내용으로 구성하려 하였으나 처음부터 완전을 기하는 데에는 한계가 있어, 아쉬운 점을 감수하고 집필위원회를 구성하여 초판을 발간하였습니다. 2019년 발행한 초판은 부족한 부분이 있었음에도 전국 원예치료 교육과정에서 교재로 채택하여 원예치료의 보급과 교육 향상에 큰 도움이 되었습니다.

그간 전국 각 기관에서 초판에 보여준 많은 성원에 힘입어 제한된 준비에 따른 미진한 부분을 수정하여, '원예학' 개정판을 펴내게 되었습니다. 이번 교재에는 초판의 오류를 개선하였으며, 차후에도 좋은 교재가 되도록 최선을 다해 보완해 나가도록 하겠습니다.

이면을 빌어 '원예학' 개정판 집필진의 성의 있는 저술과 감수를 맡아 주신 모든 분들께 진심으로 감사드립니다. 그리고 책 출간에서 개정판의 출판을 위해 수고를 아끼지 않으신 부민문화사 정민영 사장님께 이면을 빌어 진심으로 감사드립니다. 아울러 개정판이 나올 수 있도록 세세한 부분에 이르기까지 애써주신 본 협회 유나연 국장님과 홍주현 주임님, 장소윤 간사님에게 진심으로 감사드립니다.

2020년 5월　저자 일동

차례

Ⅰ 원예

1. 원예의 개념
2. 원예학과 사회원예학

과수, 채소, 화훼작물은 오랜 세월 동안 중요한 특수농업의 한 부분으로 발달해왔으며, 20세기에 들어서면서 오늘날의 산업원예로 발전하게 되었다. 아울러 원예는 생산 목적 이외에 심신에 미치는 영향 등 다양한 기능이 있는 것으로 밝혀져 큰 주목을 받고 있다. 따라서 이 장에서는 원예의 의미와 원예가 어떤 과정을 거쳐 오늘날의 사회원예로 발달하게 되었고, 원예치료가 주목받게 되었는지 살펴보았다.

1 원예의 개념

1 원예의 어원

원예[園藝]는 영어로 horticulture라고 하는데 17세기경부터 사용되었으며, 라틴어 hortus[to enclose]와 cultura[to cultivate]의 복합어에서 유래되었다. 즉, 울타리로 둘러친다는 뜻의 hortus와 식물을 재배하고 가꾼다는 의미의 cultura로 울타리로 둘러친 곳에서 식물을 재배한다는 뜻을 갖고 있으며, horti-는 그리스어로 성 안쪽, agri-는 성 밖을 뜻하는 것으로 horticulture는 성안에서 이루어지는 농업을, 성 밖에서 이루어지는 농업은 agriculture라고 구분하였다.

한자 '園藝'는 1876년 중국에서 출판된 영화[英華]사전에 horticulture를 원예로 번역하면서 쓰이게 되었다. 그 이전에도 원예는 울타리를 둘러친 농경지에 원예식물을 재배한다는 뜻으로 쓰였다. '園'은 울타리를 둘러처 재배식물을 보호한다는 의미이며, '藝'는 예능, 예술의 의미 외에 작물을 재배 관리한다는 뜻으로 그 근거가 되는 영어 단어는 gardening과 horticulture 두 가지이다. Gardening은 원래 '정원을 만드는 것, 초목을 재배하는 것'이라는 의미를 갖고 있는데, 16~17세기경부터 초목의 재배가 전문화되면서 gardening의 의미는 점차 퇴색했고, 새로운 용어가 필요하게 되면서 'horticulture'가 쓰이게 되었다.

2 원예의 정의

원예는 일반적으로 제한된 면적에 기술집약적인 형태로 시설에서 재배하는 것이 특징이며, 경제성과 연결시켜 농민의 소득증대와 수입에 이바지하는 특수농업으로 인식되고 있다. 우리나라에서 원예라고 하면 보통 꽃을 재배하고 이용하는 것으로 생각하나, 원예는 과수와 채소 그리고 화훼식물을 재배 생산하고 유통과 이용에 관련된 분야이며, 많은 대학에서도 원예생산기술공학 등과 같은 생산에 관련된 교과목을 중심으로 구성되어 있다. 우리나라의 원예는 아직도 채소와 과수를 중심으로 먹거리 생산에 큰 의미를 두고 있으며, 볼거리를 주목적으로 하는 화훼의 비중은 크게 증가하지 못하고 있는 실정이다.

3 원예의 범위

농업의 한 분야인 원예는 과수, 채소, 화훼를 집약적으로 재배 생산하는 활동으로 원예생산물을 저장, 가공, 유통, 이용하는 것까지 원예의 범위에 포함한다. 원예식물의 재배에는 육종과 채종 및 번식에 관련된 것과 온실 등 시설원예와 식물공장 등에 관련된 부분도 포함한다. 이용에는 산업원예적인 면을 떠나 여가선용과 취미적으로 행하여지는 가정원예나 생활원예, 실내원예, 화훼장식, 도시원예, 그리고 정원과 조원까지 원예의 범위에 포함한다.

원예식물 재배의 대상이 잔디, 야생화, 덩굴류 등으로 확대되어 '원예작물'보다 '원예식물'이라 부르게 되었고, 최근에는 거의 모든 종류의 식물을 관상용으로 사용하게 됨으로써 사람의 손길이 필요한 작물이라고 하는 개념보다 식물 전체로 보는 것이 더 적절하게 되었기 때문이다.

채소나 과수의 경우 일반작물인가 원예작물인가는 크게 문제되는 경우가 없는 편이나 화훼식물의 경우 종종 문제가 된다. 화훼식물의 정의에 따른 기준은 관상[觀賞] 여부이다. 과수인 사과나 감나무를 관상용으로 정원에 심었다면 목본화훼로 나누고, 소나무를 정원에 정원수로 심었다면 이 역시 목본화훼 식물이지만 산에 조림용으로 심었다면 임업식물로 나눈다. 또한 벼나 보리도 관상용으로 심었다면 화훼에서 일년생 초본으로 분류한다.

4 우리나라의 원예

우리나라의 원예는 식량 등 다른 분야와는 달리 크게 발전하여 왔으나 2010년대에 들어 재배면적이 다소 감소하였다. 그러나 생산량은 시설재배 면적의 증가와 생산 기술의 발달, 품종 개량 등으로 크게 증가하였으며, 채소작물의 생산성은 2~8배 이상 증가하여 세계 어느 나라에서도 찾아볼 수 없는 성장을 하였다.

생산원예 중심으로 발달해온 우리나라의 원예는 국가 경제의 성장과 함께 원예식물의 재배에 그치지 않고, 원예산업으로 발달하여 원예산물의 저장, 가공, 판매 외에도 조경사업을 통한 묘목 생산과 화훼류의 미적 표현 분야도 괄목할 만한 발전을 이루었다. 또한 우리나라의 원예는 건강한 식생활을 위해 환경친화적이며 고품질 원예작물 생산에 목표를 두고 집약적이고 효율적인 시설재배를 중심으로 점차 발달해 왔으며, 특히 최근에는 첨단 자동시설 도입으로 보다 효율적이고 경제적인 생산을 위한 다양한 시도가 이루어지고 있다.

그리고 원예의 개념도 생산원예^production horticulture^에 채소원, 가정과수, 육묘관리, 용기재배, 조원, 잔디, 조경수목, 화훼장식, 실내 전조재배, 시설과수 재배, 식물공장까지 포함하게 되었다. 그리고 건물이 대형화되고 공간이 넓어지고 있는 도시에서 실내원예와 실내조경이 우리 사회에 자리 잡게 되었다

1) 과수원예

우리나라의 과수는 1960년대 이후 급속한 경제발전에 따른 국민소득 증가와 지속적인 재배기술 개발, 그리고 품종개량에 힘입어 주목할 만한 성장을 하였다. 과수는 재배면적이 크게 변하지 않는 작물로 사과, 감, 포도, 감귤, 배, 복숭아, 자두 등이 주종을 이루고 있다. 사과는 재배면적이 가장 넓고, 복숭아와 함께 재배면적이 증가하고 있으나 포도와 배는 지속적으로 감소하고 있다. 감귤은 정체 상태이나 재배면적에 비해 생산량은 가장 많은 작물이다.

과수 또한 우수한 신품종개발과 왜성대목을 이용한 저수고 밀식재배 등 재배기술의 발전에 힘입어 생산성은 크게 증가하였다. 최근 FTA 등 농산물 수입자유화로 오렌지, 바나나, 포도, 키위, 양앵두 등의 수입량이 증가하고 있는 추세이다. 과수는 최

그림 1-1 | 과수원의 사과생산

근 지속적인 이상 고온 현상으로 사과의 재배지가 점차 북상하는 것으로 나타났고, 그동안 제주도에서 재배된 감귤과 열대과일이 일부 남부지방에서 재배되기에 이르렀다.

2) 채소원예

지금은 신선채소를 사시사철 이용하고 있지만 불과 반세기 전만 하여도 최소한의 채소 섭취도 어려웠다. 그러나 이제 우리나라의 1인당 채소소비량은 150kg을 넘어 세계 최고 수준이 되었고, 질적인 면에서도 김치용 채소뿐만 아니라 양배추, 결구상추, 토마토, 당근, 브로콜리, 파프리카와 같은 채소를 다양하게 이용하여 우리 식탁을 세계 최고의 균형 잡힌 식탁으로 변모시켜 국민건강에도 크게 기여하였다.

채소는 근채류, 엽채류, 과채류, 조미채소, 양채류 등으로 나눌 수 있다. 채소원예의 특징은 조미채소의 비중이 크며, 재배면적이 가장 넓은 것은 고추, 배추, 마늘, 무, 수박, 파, 양파, 참외 순이다. 특히 오이, 토마토 등 과채류의 생산성이 크게 향상되었는데 이는 노지재배보다 연중 생산이 가능한 시설재배면적이 크게 증가하였고, 우수한 품종개발과 방제기술 등 재배기술의 향상에 따른 것이다.

3) 화훼원예

우리나라는 1960년 이전만 해도 식량증산 및 자급화 정책이 우선시 되어 화훼가 사치품으로 간주되기도 했으나, 1980년대 이후 지속적인 국가 경제발전 속에 우리나라 화훼는 도약과 성장기를 맞이하게 되었다. 재배면적은 과수나 채소에 비해 미미한 편이었지만 절화와 분화류를 중심으로 크게 성장해왔다.

화훼는 2000년대에 들어 재배기술과 시설이 발전하고 육종기술 역량이 성숙되어 장미, 국화를 비롯하여 주요 작물의 품종이 발표되고 수출이 증가하는 등 2005년까지 꾸준히 발전해 왔다. 그러나 이후 화환과 선물 중심으로 이용되어온 화훼는 사회적인 환경의 변화로 인하여 수요가 감소하고, 최근에는 백합, 장미, 국화를 중심으로 한 수출도 저조한 것으로 나타났다.

4) 시설원예

우리나라에서는 1954년 공업용 폴리에틸렌 필름이 국내에서 생산되고, 1960년대에 농업용으로 확산되면서 비닐하우스에 의한 시설원예가 시작되었다. 1970년대 말 목재 중심의 하우스 골조가 철파이프로 바뀌면서 단동 및 연동형 하우스모델로 교체되었고, 피복자재는 초산비닐(EVA)과 염화비닐(PVC)이 이용되기 시작했으며 다양한 관수자재가 보급되면서 관수자동화가 시작되었다.

왼쪽 그림 1-2 | 시설 채소재배
가운데 그림 1-3 | 첨단 시설에서 재배되는 국화
오른쪽 그림 1-4 | 재배환경이 자동으로 제어되는 첨단 유리온실 경기도 농협농장

1990년대에는 유리온실 등 시설재배에 다양한 기술이 도입되었으나 초기에는 부작용이 있어 문제시되기도 했다. 이후 유리온실과 연동형 자동화 비닐하우스의 발달 그리고 품질향상을 위한 정밀 환경조절 자동시스템의 발달과 효율적인 소프트웨어의 개발 등 시설원예는 우리나라의 화훼산업을 선진국 수준으로 끌어올리는 데 큰 역할을 하고 있다.

5) 화훼장식

화훼산업은 크게 생산, 유통, 이용으로 나누어 볼 수 있는데 2000년대에 들어 생산 부분은 다소 저조하지만 이용과 관련된 화훼장식 영역의 질적인 부분은 크게 향상되고 있다. 최근 화훼장식의 기능은 단순히 시각적 즐거움을 주는 기능에서 국민의 정서생활을 비롯한 정신적 · 육체적 건강의 기능, 공기를 정화하는 환경적 기능, 경제적 · 교육적 기능 등으로 점차 확대되고 세분화됨에 따라 화훼장식산업 또한 다양화되고 전문화되어 가고 있다. 1950년대의 화훼장식이 여성들의 취미활동과 정서교육을 담당해 왔다면, 1960년대 후반부터는 취미 차원을 넘어 실용적인 목적으로 이용되었고, 1970년대 초에는 일본을 통해 미국의 서양식 화훼장식이 도입되면서 다양한 절화식물이 이용되었다.

그림 1-5 | 조형미가 돋보이는 대형 화훼장식품 대구

또한 주거환경이 서구식으로 변화함에 따라 이에 어울리는 화훼장식과 재료 식물이 필요하게 되면서 한국 전통꽃꽂이와 북미와 유럽의 현대적인 양식이 혼합하여 독특한 양식으로 변화하면서 화훼장식은 더욱 발달하게 되었다. 2000년대에 들어 우리나라의 화훼장식은 조형예술적인 작품과 실용적인 상품 등으로 점점 다양화되고 전문화되면서 화훼산업의 큰 축으로 자리매김하고 있다.

6) 생활원예

생산원예와는 달리 가정원예를 포함한 생활원예는 우리 가정은 물론 생활 주변 공간에서 할 수 있는 모든 원예작물 재배를 말하는 것으로, 생활공간을 원예식물로 아름답게 가꾸는 과정을 통해 정신적 · 육체적 스트레스를 완화시킴은 물론 우리 사회를 건강하게 회복시킬 수 있다는 점에 큰 의미가 있다.

생활공간에서 취미적으로 재배하는 과정은 경제적인 측면을 고려하는 것이 아니고 심미적 가치에 의미를 두는 것이기에, 식물을 심고 가꾸고 수확하는 과정을 통해 성취감과 자연의 신비로움과 아름다움을 체험하고 이웃과 함께 기쁨을 나눌 수 있다. 따라서 가정에서는 실내원예를 중심으로 한 식물재배 같은 것이 있고, 실외공간에서는 화단가꾸기, 쌈채류와 같은 채소류 및 가정과수 재배 등에 관심이 많다.

생활원예 활동에서 무공해 청정재배로 생산된 채소와 과실에 함유된 성분들은 우리의 건강을 지켜주는 데 매우 효과적이고, 원예식물을 심고 가꾸는 취미생활은 일상생활에서 오는 스트레스를 크게 완화시킴은 물론 심성을 순화시킬 수 있다는 것이 밝혀지기도 했다. 따라서 도시인 대부분의 주거형태인 아파트와 같은 제한된 공간의 가정이나 사무공간 등에서 이루어지는 취미적이고 공간장식적인 식물재배는 삶의 질을 향상시키는 데 매우 효과적인 것으로 권장되고 있다.

7) 도시원예

도시민이 주체가 되어 생활 주거공간이나 도시 여유공간에 각종 원예식물을 심는 원예활동을 통해 경관을 아름답게 하거나, 신선한 농산물을 직접 생산하여 먹는 등의 능동적인 여가 활동으로 정신과 육체적 건강을 증진하여 삶의 질을 향상하는 것을 말한다. 최근에는 도시원예에서 보다 확대된 「도시농업의 육성 및 지원에 관한 법률」[약칭: 도시농업법]이 제정되어 활성화되고 있는데, 도시농업은 자연친화적인 도시환경을 조성하고 도시와 농촌이 함께 발전하는 데 목적을 두고 있다.

「도시농업법」의 목적에서 보듯 도시농업은 각종 농작물은 물론 곤충, 동물, 어류에 이르기까지 광범위하게 관官 주도로 진행되는 경향이 있다. 넓게는 도시농업에 포함되는 도시원예는 원예작물을 중심으로 하여 도시의 크고 작은 녹지공간을 활용하는 것으로 도시환경을 보다 쾌적하게 하여 도시민의 주거환경을 개선하여 삶의 질을 증진시키는 데 목적이 있다.

그림 1-6 | 가정에서 다양한 식물을 취미 재배하는 모습 경기도 강화군

그림 1-7 | 도시 인근 텃밭 경기도 양주군

최근에는 도시 주변의 경작이 가능한 녹지공간에 주말농장이 활성화되고

있는데 가족중심으로 운영되어 유아에서 청소년에 이르기까지 텃밭활동을 통한 여가선용은 학업에 지친 스트레스를 감소시키는 등 좋은 반응을 얻고 있다.

5 새로 전개되는 원예개념

우리나라의 원예는 과수와 채소 그리고 화훼식물의 재배 생산을 의미해왔으며, 경제성과 연결시켜 농민의 소득증대를 위한 것으로 인식되어 왔다. 이와 같이 연구나 농정행정 등에서 생산중심이었던 우리나라의 원예계에 1984년 곽병화 교수는 '새로 전개되는 분야의 원예와 원예학'이라는 특강에서 해외의 원예는 어떻게 변하고 있고, 우리의 원예는 어떻게 나가야 할 것인가를 역설하였다.

미국의 Ganick은 '원예학horticultural science은 원예생물학h.biology, 원예기술공학h.technology과 원예산업학h.industry으로 나누는데 원예식물의 재배를 통하여 수입monetary profit과 취미personal pleasure를 가지며 나아가 식물과 환경, 그리고 인간과의 관계로 복지사회를 만들고 사람으로 하여금 이로움을 갖게 한다'고 소개하였다.

인간생활의 복잡성이 더해 가고 있는 도시환경에서는 원예를 통하여 특히 정서생활에 필수 불가결한 도시공원, 식물원 등에서의 과수, 채소 그리고 관상식물 등과 같은 재배가 있다. 원예의 범위는 도시원예urban horticulture와 가정원예home horticulture, 조경원예landscape horticulture, 숙박 및 오락시설이 있는 관광원예recreational horticulture나 주말농원week-end garden 등으로 주택 주변이나 실내, 아파트의 베란다에서도 원예활동이 이루어지고 있으며 학교교정, 교실, 관공서, 형무소, 병원이나 요양원, 공원 그리고 가로, 점포, 호텔 등 사람이 닿는 곳곳에까지 확대되고 있다.

따라서 앞으로의 원예는 이제까지 생산원예라는 입장에서 생산물을 판매하여 소득을 얻는 것 외에 육체와 정신적인 스트레스를 완화시키고 또 순화하기 때문에 사회문제와 연결하여 연구하고 발전해야 할 것으로 보고 있다.

그림 1-8 | 공공정원의 유형 중 실내 전시디자인을 강조한 전시정원 미국 롱우드가든

2 원예학과 사회원예학

1 원예의 다면적 기능

산업원예의 형태로 발전해온 세계의 원예는 주거지 중심 가까이에서 재배되어 왔으나 1945년 종전 이후 주거지 중심에서 도시 근교로 나가 생산원예로 발전했다. 따라서 원예작물은 일반 시민과 점차 거리가 멀어지기 시작했으며, 주거형태 또한 아파트와 연립주택 같은 집단 주거형태로 고밀도화되어 감에 따라 원예식물과 접할 기회는 점차 멀어지게 되었다.

그러나 국제사회의 정치 · 경제가 점차 안정화되기 시작하면서 주거지를 중심으로 한 지역에서 원예 그 자체를 즐기고 집과 정원을 꽃으로 꾸미려는 사람이 점차 증가하게 되었다. 또한 원예산물은 영양이 풍부하여 건강과 밀접한 관계가 있다는 인식이 널리 퍼지면서 유기농채소를 기대하며 건강증진을 위한 목적으로 원예식물을 재배하는 사람이 늘어나기 시작하였다. 그리고 초 · 중등학교에서는 원예활동으로 학생들의 학습과 정서함양을 목적으로 학교정원을 조성하는 등 식물이 다양하게 이용되고 있다.

원예활동에 의한 지적, 육체적 기능의 회복효과는 일찍부터 주목받아 왔다. 미국과 영국을 중심으로 1970년 초부터 원예치료[hort-therapy]가 행하여져 왔고, 1990년 미국 Virginia주에서 '인간의 행복과 사회의 발전에 대한 원예의 역할'이라는 제목의 심포지엄이 국제회의 테마가 될 수 있을 정도로 선진국의 생활과 환경은 산업원예와 또 다른 생활원예의 시점으로 들어오게 되었다. 이후 1994년 교토에서 개최된 제24회 국제원예학회의 주제는 '건강한 생활과 아름다운 환경을 창조하는 원예'였는데 이것은 우리들의 생활과 그 환경 중에서 원예가 어떻게 큰 역할을 맡고 있는가를 간결한 표어의 형식으로 표현한 것이라고 할 수 있다.

유럽이나 미국에서 발달하기 시작한 사회원예는 일찍부터 주목을 받아 여러가지 형태로 활동이 행해져, 유럽에서는 Leisure Gardening협회가 결성되어 국제적인 연구, 보급 활동이 이루어지고 있다. 미국에서는 도시원예[urban horticulture], 가정원예[home horticulture], 사회원예[socio horticulture], 소비자원예[consumer horticulture]라고 하는 여러 형태의 연구회활동이 행해져 왔다. 그리고 1980년에는 Washington대학에 도시원예센터가 설치되어 도시화 사회에 있어서 원예가 연구대상으로 취급되기에 이르렀다.

원예선진국에서는 지적 · 창조적 활동으로 농촌에 토지를 마련하여 주말이나 휴일에 원예를 즐기는 풍조가 정착되어 자연과 함께 하는 창조적인 생활을 추구하려는 경향이 강하게 나타났다. 이것은 사람들이 좀 더 풍요롭고 여유있으며 인간다움을 느낄 수 있는 생활을 추구하려는 것과 더불어 원예가 우리에게 가져다주는 신체적, 정신적 효용을 활용하여 심신의 건강회복, 유지, 증진을 꾀하려고 하기 때문이다. 이러한 일련의 상황과 과정들은 산업혁명 이후 중시되어 온 원예생산의 경제적 효과와는 다른 관점에서 원예의 가치를 재평가하는 계기가 되었다.

2 사회원예학

이제까지 원예는 식물학을 중심으로 생산물을 양적 · 질적으로 어떻게 향상시킬 것인가를 중심으로 한 생산원예 분야가 중심이 되어왔으나, 일반 시민을 중심으로 발전되기 시작한 다기능적인 원예인 가정원예나 생활원예, 도시원예와 같은 영역은 사회원예라고 부르게 되었다.

사회원예학은 원예의 생산 그 자체보다 생산을 위한 행동이나 활동, 그 생산물의 이용, 생산에 따르는 과정에서 발생하는 직 · 간접적인 효과, 그리고 그것들을 매체로 한 인간관계 등, 원예와 인간과의 관계가 주제가 된다. 즉, 문화, 교육, 환경, 경제, 심신의 건강, 역사 등 어떻게 인간과 원예가 관계되어 있는가라는 관점에서 이해되는 분야가 사회원예학의 영역에 속한다. 그러나 원예와 인간과의 관계를 다루는 사회원예학이 원예와 관련된 각 분야에서 아직까지는 세분화되어 있지 않아 발전 가능성을 가진 분야임은 분명하다.

표 1-1 | 원예의 구분 (松尾, 2009)

구분	생산원예	사회원예	
목표	경제성 추구	인간과의 관계	
		직접적	간접적
구체적 명칭	채소원예 과수원예 화훼원예	아마추어원예, 소비자원예, 취미원예, 가정원예, 생활원예, 후생원예	환경원예 회복원예
		도시원예	
		경관원예	

앞으로 사회원예학이 발전되면 생산원예 농가나 원예생산물의 유통, 가공 관계자뿐만 아니라 일반 가정원예나 취미원예를 하는 사람들의 인간다움과 삶의 보람, 삶의 질적 향상과 심신의 건강 등의 면에서 이익을 줄 것으로 본다. 이외에도 원예 관계자들에게는 연구와 교육영역의 확대, 나아가 새로운 직업의 기회가 있을 것으로 기대된다.

그림 1-9 | 시민이 참여하는 가족화분 만들기 대회 서울특별시

표 1-2 | 사회원예학에 연관된 여러 가지 분야 (松尾, 2002)

분야	내용
생활원예 horticulture in life	생활 속에서 관련된 원예를 다룸
경관원예 landscape horticulture	보고 즐길 수 있는 미적 가치를 창출하기 위한 원예 활동
원예복지 horticultural well-being	심신의 건강과 생활의 질적 향상, 사회생활과 삶의 보람 등에 관계
원예치료 horticultural therapy	원예복지 중에서 의료나 협의의 복지적 관계를 필요로 하는 사람을 대상으로 한 분야
원예사회학 horticultural sociology	원예를 통한 교류, 마을 만들기, 커뮤니티의 형성이나 지역사회의 발전 등을 다룸
환경원예 environmental horticulture	환경문제에서 원예적 관계를 모색

3 사회원예학의 발달

사회원예에 대한 연구는 주로 미국에서부터 발전되었으며, 미국은 원예와 인간과의 관계를 인간과 식물과의 관계people plant interaction라는 관점에서 다루어 왔으며, 정신의학적 치료나 조경, 풍치계획 등의 분야에서 찾아볼 수 있다.

원예와 인간과의 관계는 먼저 의학자나 심리학자로부터 주목을 받기 시작했다. 이는 농 · 원예작업은 정신질환자의 치료방법으로 사용되어 왔고, 제2차 세계대전 후에는 상이군인이나 제대군인을 대상으로 한 직업훈련의 일환으로 사용되어 신체적 장애뿐만 아니라 정신적 장애의 치료와 사회복귀 재활rehabilitation에 효과가 인식되었기 때문이다. 이와 같이 치료나 재활 목적으로 원예를 실용적으로 활용하는 프로그램은 1949년 매캔들리스R.McCandliss에 의해 처음 만들어졌고, 1955년에는 처음으로 미시간주립대학이 원예를 배운 작업치료사를 배출하였다. 그 후 1971년 캔자스주립대학 학부에 원예치료전공 프로그램이 개설되었고, 1975년 동 대학 대학원에 원예치료 프로그램이 주 정부로부터 공식적으로 승인을 받았다.

인간과 자연 또는 원예와의 관계에 대해서는 원예학자인 루이스C.Lewis가 '원예가 인간에게 주는 효용에 대한 연구'를 시작한 선구자였으며, 원예를 통해 치유와 안정을 얻었을 뿐만 아니라 자신감도 가져다준다고 하였다. 그러나 일반 원예학자들의 반응은 둔감하여 심리학자, 조경 및 풍치계획 관계자와 연구를 진행하였고 원예 관계자 사이에서 주목을 받게 된 것은 1990년대가 되어서였다.

1) 미국의 사회원예

1970년대 미국을 비롯한 선진국은 도시에서 자연의 회복과 환경오염 방지가 주 관심거리였으며, 1982년 서독에서 개최된 제21회 국제원예학회IHC에서는 도시원예 분과가 설립되었고, 1983년에는 미국원예학회 내에 가정원예와 도시원예 모임working group이 결성되었다. 1989년에 렐프D.Relf 박사는 소비자원예에 관한 학제간연구팀IRTCH : The Interdisciplinary Research Team of the Office of Consumer Horticulture을 결성하여 인간과 식물과의 관계 분야에 대한 연구와 정보교환을 주도하였다. 1990년 4월 IRTCH그룹은

'인간의 행복과 사회의 발전에 대한 원예의 역할The Role of Horticulture in Human Well-Being and Siocial Development'을 주제로 한 심포지엄을 개최하였는데, 이는 인간과 원예와의 관계를 주제로 다룬 세계 최초의 연구모임이었다.

1991년 미국원예학회가 창간한 원예과학기술지HortTechnology에는 사회원예학 부문sociohorticulture section이 설치되어 진행되다가 원예에서의 인간문제Human Issues in Horticulture로 개칭되었다. 이와 같이 인간과 원예, 식물과의 관계에 대해서 오랜 역사가 있음에도 불구하고 사회원예학sociohorticulture이라는 용어가 미국원예학계에 받아들여지지 않았다. 그 이유는 사회원예를 과학적 근거가 없는 의사과학擬似科學, pseudoscience으로 간주하여 이 용어를 피한 것으로 판단된다. 이후 1994년 제3회 인간·식물심포지엄은 '인간과 식물 관계에서 보는 치유의 효과The Healing Dimensions of People-Plant Relations'라는 주제로 개최되었고 우리나라를 비롯해 일본, 영국, 호주 등에서 원예가 인간의 삶에 미치는 영향 및 역할에 대한 관심이 급속하게 높아지게 되었다.

2) 일본의 사회원예

일본은 1945년 전후부터 원예에 대한 붐boom이 일기 시작하여 원예활동을 하는 사람이 3,000만 명을 넘게 되었고, TV 원예서적이 매월 90만 부가 판매되는 등 큰 변화가 일어났다. 원예용품은 슈퍼나 가정용품점만이 아니라 번두리 가게에서도 볼 수 있게 되었고, 나무시장, 각종 꽃과 식물 전시회, 꽃문화교실, 플라워쇼 및 1990년에는 꽃박람회도 개최되었다. 그러나 학회 등에서는 이런 점을 반영한 연구가 거의 없었고 오히려 냉담하였다.

일본은 1990년대 이후부터 사회 문화적 생활환경이 현저하게 변화하면서 원예가 본래의 모습으로 활발하게 발전하였으며, 사회원예가 국제회의 테마가 될 정도였다. 1994년 교토에서 개최된 제24회 국제원예학회의 표어를 '건강한 생활과 아름다운 환경을 창조하는 원예'로 결정할 정도로 원예학자들의 시각은 크게 변화하였다. 이후 학계 연구자뿐만 아니라 일반 시민과 산업계에서도 원예와 인간관계에 대한 관심이 높아지게 되었으며, 1996년에는 '사회원예'가 원예사전에 올랐고, 1997년 일본 농림수산성은 '사회원예'라는 단어를 채용하기 시작하였다. 최근에는 원예복지에 대한 관심이 일어나기 시작해 2001년에는 일본 원예복지보급협회가 결성되기에 이르렀고, 2003년 일본 농림수산성에서는 원예복지보급에 관한 예산을 책정하였다.

3) 우리나라의 사회원예

우리나라는 1990년대에 들어 국제학술대회 등의 영향으로 사회원예에 대한 관심이 일어나기 시작했으나, 개념은 이보다 앞선 1984년 한국원예학회에서 곽병화 교수의 '새로 전개되는 분야의 원예와 원예학'이라는 제목으로 소개되었다. 곽병화 교수는 특강에서 '원예와 그 학문 원예학은 종래는 주로 생산원예라는 입장에서 많이 알려져 왔고, 또 다루어졌지만 이제부터는 원예와 원예학의 상당한 비중이 생활원예의

측면으로도 다루어져야 하고, 또 외국에서는 이미 도입되어 있으며 이제 우리나라도 원예식물이 물질적인 면 외에 정신적으로도 이용되어야 한다'고 소개하였다. 그러나 과학적인 사고에 젖어있던 원예학자들의 관심은 냉담하였다.

이후 1991년 효성가톨릭대학교 화훼학과에 원예치료 강의가 시작되었고, 1993년에는 고려대학교에 사회원예방법론이 개설되기 시작하였다. 1997년에는 오늘의 한국원예치료복지협회의 전신인 한국원예치료연구회가 손기철를 교수 중심으로 결성되었으며, 1998년에는 한국인간식물환경학회가 심우경 교수를 중심으로 설립되어 원예와 인간과의 관계는 물론 환경문제에 이르는 폭넓은 사회원예 분야 연구가 수행되고 있다.

그림 1-10 | 발달장애인을 위한 '나도 그린가드너' 프로그램 (사)한국원예치료복지협회 서울지회

II

원예식물의 분류

원예식물은 화훼, 채소, 과수 및 조경식물로 분류된다. 이때 분류 특성은 원예식물의 종류에 따라 차이가 나며, 이러한 분류기준에 따라 원예활동 시 알맞은 식물을 선택하게 된다. 원예치료사[복지원예사]는 원예치료 프로그램의 효과를 극대화하고 대상자에게 적합한 식물을 선택하기 위해서 각 원예식물의 분류기준과 이에 해당하는 식물별 종류들을 이해할 필요가 있다.

1 채소류의 분류

원예치료사가 알아야 할 채소류의 분류기준은 다음과 같다. 각 원예치료 프로그램에 맞게 채소들을 이용하거나 재배할 때 기본지식이 될 수 있다.

- ✔ **채소를 이용 부위에 따라 분류할 수 있다.**
- ✔ **채소를 생태적 특성에 따라 분류할 수 있다.**
- ✔ **채소의 효능에 대하여 설명할 수 있다.**

1 식용이용 부위에 따른 분류

채소 영양기관잎, 줄기, 뿌리의 이용 부위에 따른 분류는 다음과 같다.

1) 잎줄기채소 엽경채류, 葉莖菜類

① 잎채소 엽채류, 葉菜類

잎을 이용하는 채소로서 배추, 양배추, 갓, 청경채, 상추, 머위, 쑥갓, 미나리, 파슬리, 참나물, 부추 등이 있다.

② 비늘줄기채소 인경채류, 鱗莖菜類

잎이나 줄기가 땅속에서 두꺼운 형태로 변형된 비늘잎 또는 비늘줄기를 사용하는 채소로서 마늘, 양파, 파, 달래 등이 있다. 이때 비늘줄기란 양파와 마늘에서 먹을 수 있는 부분을 의미하는 것으로, 줄기 주변에 양분을 저장하여 짧고 두껍게 된 잎이 겹쳐 공 모양이나 타원 모양으로 변형된 것을 의미한다.

③ 꽃채소 화채류, 花菜類

꽃 덩어리 전체나 꽃잎을 이용하는 채소로서 꽃양배추, 브로콜리 등이 있다.

방울양배추 상추 브로콜리

그림 2-1 | 잎줄기채소

2) 뿌리채소 根菜類

① 곧은뿌리채소 직근류, 直根類

원뿌리가 크고 땅속으로 곧게 뻗은 뿌리를 이용하는 채소로서 무, 순무, 당근, 우엉, 도라지, 더덕 등이 있다.

② 덩이줄기채소 괴경류, 塊莖類

땅속줄기가 덩어리 형태인 것을 이용하는 채소로서 감자, 토란 등이 있다.

③ 뿌리줄기채소 근경류, 根莖類

땅속줄기가 뿌리 형태로 수평으로 뻗어 있는 것을 이용하는 채소로서 생강, 연근 등이 있다.

④ 덩이뿌리채소 괴근류, 塊根類

땅속뿌리가 덩어리 형태인 것을 이용하는 채소로서 고구마, 마 등이 있다.

당근 감자 고구마

그림 2-2 | 뿌리채소

3) 열매채소 과채류, 果菜類

① 과를 기준으로 분류할 경우

가지과채소로는 고추, 피망, 파프리카, 토마토, 가지 등이, 박과채소로는 호박, 오이, 수박, 참외, 멜론 등이, 콩과채소로는 강낭콩, 완두, 녹두, 팥 등이 있으며 기타로는 딸기 등이 있다.

② 익은 상태로 분류할 경우

완전히 익은 상태로 이용하는 열매채소로는 수박, 참외, 멜론, 완숙 호박, 토마토, 붉은 고추, 딸기 등이, 덜 익은 상태로 이용하는 열매채소로는 오이, 애호박, 가지, 풋고추, 풋대콩, 완두, 강낭콩 등이 있다.

토마토 수박 완두

그림 2-3 | 열매채소

4) 싹 채소

특정 채소를 일컫는 것이 아니라 각종 채소 또는 곡물 종자의 싹이 트고 자라면 떡잎이나 잎 또는 줄기를 수확하여 신선한 상태로 이용하는 종류를 의미한다. 보통 씨가 발아된 후 본잎이 1~3매 정도가 출현한 어린잎이 싹 채소에 해당된다.

① 콩나물형

어두운 곳에서만 키워서 싹이 녹화綠化되지 않은 것을 뜻하며 전체를 식용한다. 콩나물, 숙주나물, 알팔파 등이 있다.

② 무순형

줄기가 클 때까지 어두운 곳에서 키우고 그 후 충분한 빛에 노출시켜 싹이 녹화된 것을 뜻하며 대개 뿌리를 제외한 모든 부위를 식용한다. 대다수 싹 채소가 무순형에 해당한다. 무, 브로콜리, 겨자, 콩, 메밀 등이 있다.

③ 중간형

어두운 곳에서 발아하여 녹화시킨 것으로 식물 전체를 이용한다. 브로콜리 등이 있다.

④ 발아형

발아 직후에 먹는 것을 뜻하며 발아 현미가 있다.

콩나물

부순

그림 2-4 | 싹 채소

2 생태적 특성에 따른 분류

빛, 온도, 수분, 토양 등과 같은 재배 지역별 환경에 적응하여 대량 생산이 가능해진 채소를 종류별로 분류하는 기준으로 이를 대별하는 기준으로는 온도 적응성과 빛 적응성이 있다. 원예치료 프로그램에 시기별, 계절별 활용이 가능하다.

1) 온도 적응성에 따른 분류

① 호온성 채소

생육에 알맞은 온도가 25℃ 내외인 채소로서 고추, 가지, 토마토, 수박, 참외, 멜론, 오이 등의 열매채소와 토란, 생강 등의 뿌리채소가 포함된다.

② 호냉성 채소

생육에 알맞은 온도가 20℃ 내외인 채소로서 딸기, 완두 등의 열매채소와 배추, 양배추, 시금치, 상추 등과 같은 잎채소, 양파, 마늘, 파, 무, 당근 등의 뿌리채소가 있다.

2) 빛 적응성에 따른 분류

빛 적응성에 따라 생육에 강한 햇빛을 요구하는 양생채소와 약한 햇빛을 요구하는 음생채소로 나누고, 일장에 대한 생육 반응에 따라 장일성 채소, 중일성 채소, 단일성 채소로 나눈다.

① 광도에 따른 분류

강한 빛에 견딜 수 있는 양생채소로서 수박, 멜론, 호박, 토마토, 가지, 시금치, 무 등이 있다. 또한 약한 빛에도 견딜 수 있는 음생채소로서 토란, 파, 아스파라거스, 부추, 마늘, 생강 등이 있다.

② 광주기성에 따른 분류

하루의 일조 시간이 보통 12~14시간 이상일 때 꽃눈을 형성하는 장일성 식물에는 시금치, 쑥갓 등이 있다. 또한 하루의 일조시간이 12시간 이하가 되어야 꽃눈을 형성하는 단일성 식물에는 딸기, 들깨 등이 있다. 그 외에 일조시간에 상관없이 꽃눈이 형성되는 중일성 채소에는 토마토, 가지, 고추, 오이, 호박 등이 있다. 그 외에 원예치료사가 알아두어야 할 채소류의 실용적인 분류기준은 다음과 같다.

표 2-1 | 키에 따른 분류 (유, 2016)

구분	분류	작물
키	키가 작은 것	쌈채소류, 김치류, 채심, 비트, 콜라비, 당근, 마늘, 양파, 근대, 시금치, 대파, 부추, 나물류, 키 작은 허브류, 호박
	1m 내외	잎들깨, 참깨, 가지, 고추, 울금, 아욱, 쑥갓, 감자, 콩류, 오크라, 키 큰 허브류
	1.5m 내외	옥수수, 야콘
지주	1m 지주	가지, 고추, 왜성종 껍질콩
	2m 지주	오이, 토마토, 마, 여주, 시금치, 작두콩, 채두, 키 큰 껍질콩
속성	넓게 퍼지며 자라는 것	호박류, 박류, 참외, 고구마
	지상부 면적을 넓게 차지하는 것	토란

표 2-2 | 재배시기별 분류 (유, 2016)

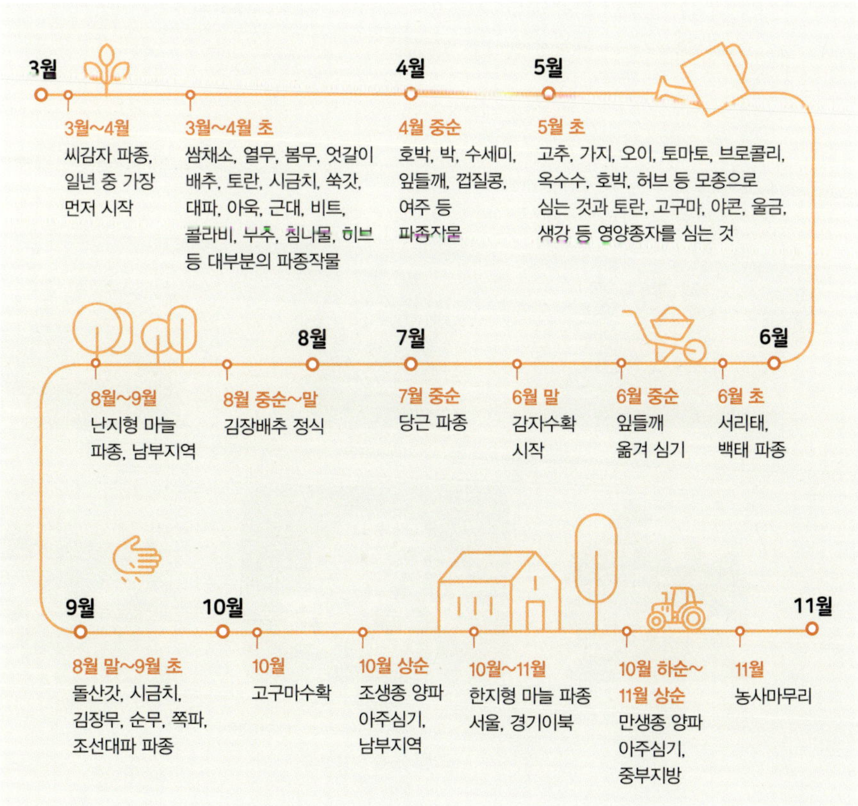

표 2-3 | 채소류의 식생활 쓰임에 따른 분류 (유, 2016)

분류		종류
쌈채소류		양상추, 상추생채, 축면상추, 치마상추, 치커리, 레드치커리, 로메인 상추, 쌈추, 청경채, 다채, 배청채, 케일, 겨자
반찬류		근대, 아욱, 부추, 시금치, 쑥갓, 채심, 잎들깨, 양배추, 대파, 쪽파, 콜라비, 브로콜리, 오크라, 비트, 당근, 양파, 마늘, 생강
김치류		무[열무, 알타리무, 봄무, 순무, 보라무, 김장무], 배추[엇갈이배추, 봄배추, 김장배추], 갓[돌산갓, 청갓, 적갓]
1m 지주		고추[풋고추, 아삭이고추, 청량고추, 꽈리고추], 피망, 파프리카, 가지
2m 지주		토마토, 오이[조선오이, 피클오이, 다다기오이], 마, 여주, 작두콩, 껍질콩
식량채소		감자, 고구마, 옥수수, 콩[백태, 서리태, 오리알태], 땅콩
열매류		호박[애호박, 단호박, 국수호박, 주키니호박, 동아박], 토란, 야콘, 울금, 줄기콩[채두, 스위트피, 그린빈], 참외, 울외
허브류	차	캐모마일, 스테비아, 레몬밤, 민트[스피아민트, 페퍼민트, 파인애플민트, 애플민트], 레몬버베나
	향신료	고수, 바질, 오레가노, 마조람, 타임, 딜, 세이지
	요리용	루콜라, 아스파라거스, 셀러리, 파슬리, 차이브
나물류		곤드레, 참나물, 잎당귀

그림 2-5 | 허브류

표 2-4 | 대표 채소 종류별 특수성분과 기능성 (유, 2016)

구분	성분	기능 및 효능
고추	캡사이신	체지방 분해, 혈액순환 촉진 등
토마토	라이코펜, 베타카로틴	항암
감귤	루틴	소화촉진, 고혈압 예방
백합과 채소	Allyl suifide, allyl methyl sulfide	해독, 심장기능 강화, 면역기능 강화
가지		고혈압, 동맥경화 예방
상추	락투신	최면, 진통 및 수면효과
들깨	Perillaldehyde	방부작용, 혈액순환 촉진, 강장제
당근	베타카로틴	항암
미나리	카로틴	해독, 신경통 및 관절염치료, 항암 등
샐러리		뇌신경 강화, 혈액순환 촉진
파슬리	키닌	이뇨, 혈액정화, 항산화작용
십자화과(배추과)	플라보노이드, 베타카로틴, 글루코시놀레이트, 설포라민	항암, 소화흡수 및 배설
우엉	Inulin	혈액순환 개선
양파	프로스타글란린	콜레스테롤 억제, 고혈압예방 및 치료, 항산화 작용[노화방지, 항암작용]
마늘	알리신	소화 촉진, 항균, 충치예방, 혈관확장 작용
오이	쿠쿠비타신	항암
근대	Belsioe	이뇨, 발한제

2 과수류의 분류

원예치료사가 알아야 할 분류기준은 다음과 같다.

- ✔ **과수를 기후 적응성에 따라 분류할 수 있다.**
- ✔ **과수를 과실의 구조에 따라 분류할 수 있다.**
- ✔ **과수를 줄기의 형태에 따라 분류할 수 있다.**

1 기후 적응성에 따른 분류

생태적으로 적응하여 자생하고 있는 재배지의 기후로서 특히 온도에 따라 온대, 아열대 및 열대과수로 분류되며 이들을 재배나 이용에 활용할 수 있다. 원예치료 기간, 시기, 대상지 특성에 따라 활용 가능하며, 프로그램 특성이나 목표에 따른 난이도 조절이 가능하다.

1) 온대 과수

연평균 기온이 0~20℃인 온대지방에서 재배하는 과수로서 우리나라에서 생산하는 대부분의 낙엽성 과수가 포함된다. 겨울 저온에 적응성이 높고 휴면을 하며 일정한 저온을 거쳐야만 휴면 타파가 이루어져서 개화 및 결실과 같은 정상적 생육이 가능하다. 사과, 배, 복숭아, 포도, 감 등이 있다.

사과 포도 감

그림 2-6 | 온대 과수

2) 아열대 과수

연평균 기온이 17~20℃의 아열대지방에서 재배하는 상록성 과수이다. 온대 과수보다 추위에 약해서 동해[凍害]의 우려가 있어 국내에서는 제주도 지방과 남해안 일부 지방에서만 재배가 가능하다. 감귤, 비파, 올리브, 구아바, 키위 등이 있다.

감귤 올리브 키위

그림 2-7 | 아열대 과수

3) 열대 과수

추위에 견디는 능력이 매우 약해서 노지[露地]에서는 열대지방에서만 재배가 가능한 상록과수이다. 국내에서는 제주도를 포함한 남부 해안 지방의 가온이 가능한 시설 내에서 재배하고 있다. 바나나, 파인애플, 망고, 아보카도, 파파야, 망고스틴 등이 있다. 이중에서 목본인 과수의 정의와 달리 바나나와 파인애플은 예외적으로 과수로 분류하고 있다.

망고 파파야 망고스틴

그림 2-8 | 열대 과수

2 과실의 구조에 따른 분류

1) 꽃과 과실

꽃이 피어 수분受粉과 수정受精이 이루어지면 씨방子房 내의 밑씨胚珠는 종자가 되고, 씨방 또는 씨방 주위는 세포 분열에 의하여 비대해져서 일반적으로 과실이 된다. 이때 꽃자루는 열매자루가 되고, 씨방벽은 과피로 발달하여 종자를 보호하게 된다.

2) 구조

과육이나 과실 안에 들어 있는 종자의 형태와 식용으로 이용하는 부위에 따라 다음과 같이 분류한다.

① 인과류 仁果類

꽃받기花托의 피층皮層이 발달하여 먹을 수 있는 과육 부위가 되고 씨방은 과실의 가장 안쪽에 의하여 먹을 수 없는 과심 부위가 되는 사과, 배, 모과, 비파 등이 포함된다.

② 준인과류 準仁果類

먹을 수 있는 과육은 씨방벽이 생장한 것으로 감귤과 감 등이 있다. 특히 감귤의 두꺼운 껍질은 외과피가 발달한 것이고, 다육질로서 주로 섭취하는 부위는 중과피가 발달한 것이다.

③ 핵과류 核果類

과육의 내부에 단단하고 큰 종자를 형성하는 복숭아, 자두, 살구, 매실 등이 있다. 종자를 둘러싸고 있는 단단한 부위는 내과피가 발달한 것이고 중과피는 과육으로서 식용하는 부위가 된다.

④ 장과류 漿果類

씨방이 발육하여 이루어진 과실로서 과즙이 많은 포도와 산딸기, 복분자 등과 같은 나무딸기류, 석류, 블루베리 등이 해당된다. 예를 들면 포도는 과립들이 모여서 송이를 형성하는데 개개의 과립은 씨방이 비대하여 발달한 것으로 중과피가 식용 가능한 과육에 해당된다.

⑤ 견과류 堅果類, 각과류 殼果類

다육질의 과실과 달리 씨방벽이 변하여 된 단단하고 두꺼운 과피가 밀착하고 건조하여 단단하게 발달한 것으로 밤과 호두, 개암, 아몬드, 은행 등이 있다. 이들 과실은 종자로 오인되기 쉽다. 식용 부위는 떡잎이 발달한 것이다.

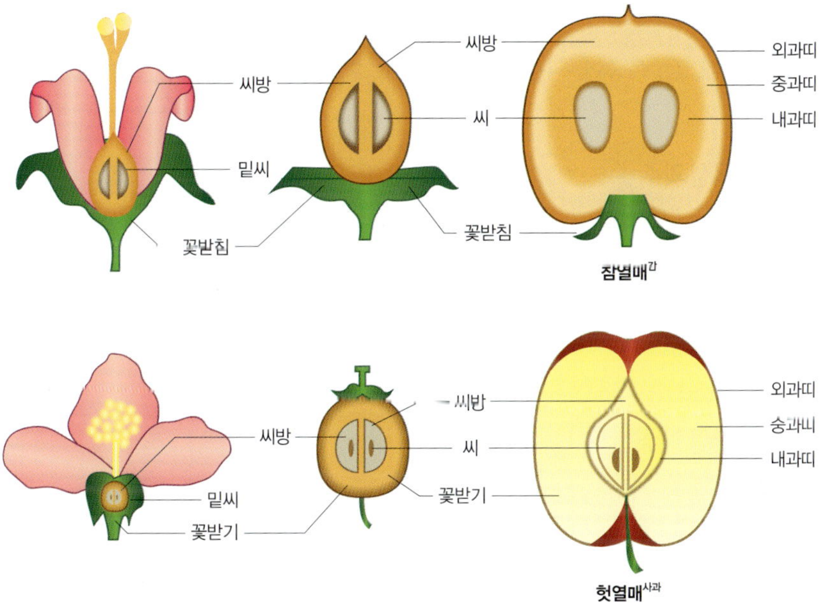

그림 2-9 | 과실의 구조

3 줄기의 형태에 따른 분류

과수는 나무의 형태, 이용 및 관상 부위 등에 따라 분류할 수 있으며 형태에 따라 다음과 같이 나눌 수 있다. 원예치료에 계절별, 대상지별 특성적으로 활용이 가능하다.

1) 교목성 과수

한 개의 굵은 원줄기가 곧게 자라고 이 부위에서 가지가 생장하여 전체 수형을 형성하는 과수이다. 대체로 크기가 커서 농약 살포, 수분, 열매 따기 등과 같은 관리에 어려움이 있으므로 정지 및 전정을 통해 키를 낮추는 방식으로 수형을 만들어 재배한다. 사과, 배, 감, 복숭아, 자두, 살구, 양앵두, 매실, 대추, 밤, 호두, 무화과 등이 있다.

2) 관목성 과수

1개의 원줄기가 있는 교목성 과수와 달리 다수의 줄기로 구성된 과수로서 비교적 키가 작다. 따라서 원줄기와 가지의 구별이 분명하지 않은 경우가 많다. 예로서 나무딸기, 블루베리, 앵두나무 등이 있다.

3) 덩굴성 과수

줄기가 곧게 서지 못하고 길게 뻗어 나가면서 바닥을 기거나 기둥 등에 의존하여 자라는 과수이다. 포도, 양다래[키위], 으름, 오미자 등이 있다.

살구나무 블루베리 오미자

그림 2-10 | 줄기의 형태에 따른 과수의 분류

3 화훼류의 분류

원예치료사가 알아야 할 분류기준은 다음과 같다.

- **화훼를 생육 특성에 따라 분류할 수 있다.**
- **화훼를 형태에 따라 분류할 수 있다.**
- **화훼를 이용 목적에 따라 분류할 수 있다.**

1 생육 특성 및 형태에 따른 분류

화훼류는 수많은 종과 품종이 있기 때문에 최적의 재배와 적절한 이용 및 취급을 위해서는 우선적으로 분류에 따른 개별 식물의 특성과 원예적 가치를 이해해야 한다. 화훼류의 분류는 크게 원예학적 분류와 식물학적 분류로 구분할 수 있는데, 원예치료에 있어 활용을 염두에 둔 실용적인 면에서는 원예학적 분류에 근거한 생육특성과 용도를 알아두는 것이 실용적이다.

1) 한해살이 화초 일년생 초화, 一年生草花

일년생 초화류라고도 하며 종자를 뿌리면 발아하여 1년 이내에 꽃이 피고 열매를 형성한 후 일생을 마치는 기간이 1년 미만인 식물로서 꽃을 감상한다.

① 봄뿌림 한해살이 화초 춘파일년생초화, 春播一年生草花

봄에 씨를 뿌려서 여름부터 가을까지 꽃이 피는 초본식물로 추위에 견디는 성질이 약한 식물이다. 원산지는 열대 및 아열대지방이고 고온에서 잘 자라며, 봄에 발아하여 여름철을 지나 일장이 짧아지는 늦여름에서 가을에 개화하는 단일성 식물이 이에 속한다. 종류로는 코스모스, 맨드라미, 채송화, 색비름, 샐비어, 봉선화, 해바라기 등이 속한다.

② 가을뿌림 한해살이 화초 추파일년생초화, 秋播一年生草花

가을에 씨를 뿌려서 봄에 꽃이 피는 초본식물로 추위에 견디는 성질이 강한 식물이다. 원산지는 우리나라와 같은 온대지방이고 가을이나 이른 봄에 파종하여 저온을 경과하고 봄에서 여름에 개화하는 장일성 식물이 이에 속한다. 종류로는 팬지, 금잔화, 프리뮬러, 시네라리아, 패랭이꽃 등이 있다.

샐비어 금잔화 시네라리아

그림 2-11 | 한해살이 화초

2) 두해살이 화초 이년생초화, 二年生草花

씨를 뿌린 후 1년이 지난 후 개화하여 열매를 형성하고 죽어 버리는 식물로 온대지방이 원산이고 꽃을 감상한다. 디지털리스, 초롱꽃, 접시꽃, 물망초 등이 있다.

디지털리스 초롱꽃 접시꽃

그림 2-12 | 두해살이 화초

3) 여러해살이 화초 다년생초화, 多年生草花

겨울에는 지상부가 죽고, 식물의 뿌리가 지하에 살아남아 일생을 반복하는 초본성 식물로 숙근초라고도 한다. 주로 꺾꽂이 등 영양번식을 주로 하기 때문에 품종 고유의 특징을 유지할 수 있다. 여러해살이는 화단이나 절화용으로 이용되며 우리나라의 추위에 약한 여러해살이 화초에는 열대 원산인 군자란, 제라늄, 란타나, 임파치엔스 등이 있고 대부분 온실재배만이 가능하다. 추위에 강한 여러해살이 화초에는 숙근플록스, 루드베키아, 금계국, 옥잠화, 작약, 원추리, 맥문동 등이 있다.

군자란 제라늄 란타나

그림 2–13 | 여러해살이 화초

① 알뿌리 화초

식물체가 불리한 환경에서 살아남기 위하여 땅속에 있는 식물체의 잎, 줄기, 뿌리 등과 같은 일정 부분에 양분과 수분을 저장함에 따라서 비대해진 덩어리 모양을 지니게 된 화초이다. 비대해진 부위와 모양에 따라서 잎이 비대한 비늘줄기[인경], 줄기가 비대한 덩이줄기[괴경], 줄기가 둥근 모양인 알줄기[구경], 줄기가 비대한 뿌리 모양인 뿌리줄기[근경], 뿌리가 덩어리 모양인 덩이뿌리[괴근]로 나눈다. 심는 시기에 따라서는 춘식구근, 가을심기구근, 온실구근 등으로 나눈다. 종류로는 춘식구근에 칸나, 다알리아, 글라디올러스, 아마릴리스 등이, 가을심기구근에는 튤립, 나리, 아이리스, 수선화 등이, 온실구근에는 아네모네, 시클라멘, 히아신스, 프리지어 등이 있다

다알리아 아이리스 프리지어

그림 2–14 | 알뿌리 화초

② 관엽식물

대부분 꽃이 화려하지 않으나 잎이 크고 두꺼우며 광택을 띠고 있는 상록성 푸른 잎이 주요 관상 부위인 식물이다. 원산지가 대부분 열대 및 아열대지방으로 25~35℃의 높은 온도와 저광도 및 높은 상대습도인 환경 조건을 선호한다. 일부 식물은 우리나라의 남부 지방과 같은 온대지방에서 서식하는 식물도 포함된다. 특히 그늘에서 잘 자라기 때문에 실내에서 많이 기른다. 잎이 넓고 증산작용이 활발하여 실내 공기정화식물로 수요가 많은 식물이다. 관엽식물에는 초본성과 목본성 관엽이 있는데 초본성 관엽에는 베고니아, 칼라디움, 필로덴드론, 몬스테라, 아나나스류, 네프롤레피스류 등이 있고 목본성 관엽에는 고무나무, 드라세나류, 크로톤, 야자류, 소철, 파키라, 팔손이나무 등이 있다.

그림 2-15 | 관엽식물

③ 선인장과 다육식물

대부분 증산작용을 억제하려고 잎이 가시로 변형되거나 잎이나 줄기에 수분을 저장하여 건조에 견딜 수 있도록 진화된 식물이다. 꺾꽂이 또는 접목과 같은 영양번식을 주로 하며 고온에서 잘 자란다. 최근에는 화분에 심어 실내미화용으로 많이 이용되고 있다. 선인장cacti은 다육식물의 일종이기는 하지만 종류가 다양하고 선인장과라는 독립된 과로 분류되기 때문에 별도로 분류하는 것이 일반적이다. 선인장의 가시는 잎이 변형된 것으로 생장이 비교적 늦은 편이다. 선인장에는 비모란, 공작, 게발, 부채, 기둥선인장, 다육식물에는 채송화, 칼랑코에, 용설란, 알로에, 에크베리아, 유카, 돌나물 등이 있다.

그림 2-16 | 선인장과 다육식물

④ 수생 및 습생식물

항상 물이 고여 있거나 토양에 수분이 많은 곳에서 생육하는 식물로 잎자루와 뿌리에 통기조직이 발달되어 있다. 수생식물이란 물가나 물속에서도 정상적으로 생육되며 생활사의 한 시기를 수중에서 지내는 식물을 말하며, 수생식물의 생육특성에 따라 분류하는 것이 일반적이다. 종류로는 토양에 뿌리줄기를 내리고 줄기와 잎은 수면 위에 나오는 정수[emergent]식물에는 갈대, 부들, 줄 등이, 수면 바닥에 뿌리줄기를 내리고 줄기와 잎이 떠 있는 부엽성[floating- leaved]식물에는 마름, 어리연 등이, 수면 바닥에 뿌리줄기를 내리고 줄기와 잎 모두 수중에 침수되어 살고 있는 침수성[submerged]식물에는 물수세미, 붕어마름 등이, 뿌리를 비롯하여 줄기와 식물 몸체가 대부분 물 위에 떠 있는 부유성[free-floating]식물에는 개구리밥, 네가래, 참통발 등이 있다.

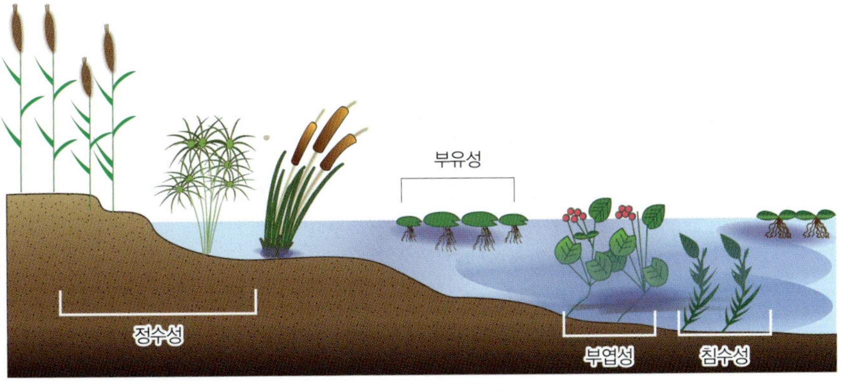

그림 2-17 | 수생 및 습생 식물

⑤ 난초류

난은 단자엽식물 가운데서 가장 진화된 식물로 일반적으로는 원산지에 따라 보세란, 춘란, 한란, 풍란, 석곡 등의 동양란과 심비디움, 덴드로비움, 팔레놉시스, 덴파레 등의 서양란으로 분류한다. 또는 속명에 따라 심비디움, 카틀레야, 반다, 덴드로비움 등으로 분류하기도 한다. 동양란에는 춘란, 한란, 대명란, 보세란, 소심란, 건란, 옥화란, 석곡, 풍란, 나도풍란 등이 있고, 서양란에는 카틀레야, 온시디움, 심비디움, 팔레놉시스, 덴드로비움, 덴파레, 반다, 파피오페딜럼 등이 있다. 또한 뿌리 뻗음의 특성에 따라 뿌리를 수목의 줄기나 바위 표면에 뻗는 착생란과 뿌리를 주로 땅 속에 뻗는 지생란으로 분류하기도 한다.

심비디움　　덴파레　　춘란

그림 2-18 | 난초류

⑥ 식충식물

식충식물은 잎 표면에서 점액질의 액체를 분비하거나 잎자체의 변형기관을 이용하여 벌레를 먹이로 이용하는 식물로 빛과 양분이 부족한 환경에서 주로 서식한다. 기본적으로는 광합성에 의하여 생육에 필요한 대부분의 양분을 얻는다. 비너스파리잡이풀, 벌레잡이통풀[네펜데스], 끈끈이주걱, 사라세니아 등이 있다.

비너스파리잡이풀　　벌레잡이통풀　　끈끈이주걱

그림 2-19 | 식충식물

⑦ 허브류

잎이나 꽃의 관상 가치는 적지만 잎에서 향을 방출하는 식물로 향수, 향신료, 음료, 살균, 미용 등의 목적으로 이용된다. 제라늄, 로즈마리, 라벤더, 타임, 애플민트, 백리향, 야래향 등이 있다.

⑧ 꽃나무류

주로 꽃을 감상하고 이차적으로 잎이나 과실을 감상할 수 있는 목본성 식물이다. 키 높이에 따라 관목과 교목으로 나눈다. 관목에는 꽃을 감상하는 장미, 라일락, 무궁화 등과 잎을 감상하는 남천, 사철나무, 회양목 및 열매를 감상하는 백량금, 피라칸사 등이 있다. 교목에는 꽃을 감상하는 목련, 매화나무, 벚나무 등과 잎을 감상하는 단풍나무, 향나무, 소나무류, 열매를 감상하는 모과나무, 꽃사과나무 등이 있다.

2 이용 목적에 따른 분류

1) 관상 부위에 따른 분류

① 관화식물

꽃을 주로 감상하기 위해 가꾸는 화훼류로 금어초, 팬지, 금잔화, 카네이션, 튤립, 수선, 나리류, 모란, 장미 등이 있다.

② 관엽식물

미관적인 가치가 있고 특이적인 잎을 주로 감상하기 위해 가꾸는 화훼류로 드라세나, 몬스테라, 고무나무, 칼라디움, 아스파라거스, 소철, 야자류 등이 있다.

그림 2-20 | 관상가치가 높은 관엽 몬스테라*Monstera obliqua*

③ 관실식물

열매를 감상하기 위해 가꾸는 화훼류로 석류나무, 피라칸서스, 백량금, 호랑가시나무, 귤나무[청귤] 등이 있다.

백량금 호랑가시나무 귤나무

그림 2-21 | 관실식물

2) 이용 목적에 따른 분류

① 절화 折花

화훼류의 꽃을 줄기 채 잘라 이용하는 것으로 국화, 장미, 안개초, 나리, 카네이션, 거베라, 글라디올러스, 스타티스, 프리지어, 튤립, 극락조화, 금어초, 칼라, 해바라기, 작약 등이 있다.

② 분화 盆花

화분에 심어 관리하는 화훼류로 프리뮬러, 국화, 베고니아, 서양란, 고무나무, 야자류, 포인세티아, 철쭉류, 선인장류, 관음죽, 소철, 동양란, 군자란, 몬스테라, 드라세나 등이 있다.

그림 2-22 | 장미 절화

그림 2-23 | 최근 분화식물로 가장 각광 받고 있는 몬스테라

그림 2-24 | 수국 분화

4 조경식물의 분류

원예치료사가 알아야 할 분류기준은 다음과 같다.

- ✔ **성상에 따른 조경식물의 분류 기준을 설명할 수 있다.**
- ✔ **이용 목적에 따른 조경식물의 분류 기준을 설명할 수 있다.**
- ✔ **관상 부위에 따른 조경식물의 분류 기준을 설명할 수 있다.**

1 성상에 따른 분류

원예치료 기간, 내상지 특성 및 능력 정도에 따라 활용이 가능하다. 프로그램 특성이나 목표에 따른 난이도 조절이 가능하다.

1) 교목 喬木

대개 주간[主幹]이 뚜렷하고 높이가 7m 이상 자라는 종류를 말한다. 키가 크고 굵은 줄기가 1개 있고, 줄기와 가지의 구별이 명확하여 줄기의 길이 생장이 뚜렷한 수목이다. 종류로는 상록성과 낙엽성이 있는데 상록성으로는 소나무, 잣나무, 구상나무, 향나무, 히말라야시다, 붉가시나무, 녹나무, 먼나무, 후박나무 등이 있고 낙엽성 교목은 백목련, 단풍나무, 왕벚나무, 꽃아그배나무, 살구나무, 모과나무, 마가목 등이 있다.

(2) 관목 灌木

교목보다 키가 작고, 일반적으로 곧은 뿌리가 없으며, 목질이 발달한 여러 개의 가는 줄기로 이루어진 수목이다. 키가 작고 원줄기가 뚜렷하지 않으며 뿌리 부근에서 여러 개의 줄기가 총생으로 자라는 종류를 말한다. 상록성과 낙엽성이 있는데 상록성으로는 서향, 남천, 사철나무, 호랑가시나무, 백량금, 식나무, 회양목 등이 있고 낙엽성으로는 산철쭉, 장미, 모란, 명자나무, 개나리, 조팝나무, 미선나무, 산수국, 진달래 등이 있다.

3) 만경목 蔓莖木

덩굴성의 나무를 말하며 물체에 부착하여 줄기를 지탱하는 흡착형과 물체에 의지하여 줄기를 지탱하는 의탁형으로 분류한다. 의탁형의 덩굴성 나무는 우측방향으로 감고 올라가는 우회성인 것과 좌측방향으로 감고 올라가는 좌회성인 것 등이 있다. 흡착형에는 능소화, 담쟁이덩굴, 등수국, 줄사철나무, 송악, 모람 등이, 의탁형에는 등나무, 인동덩굴, 오미자[이상 우회성], 노박덩굴, 다래나무, 으름덩굴[이상 좌회성] 등이 있다.

4) 지피식물 地皮植物

다양한 종류의 지표면을 조밀하게 피복할 수 있는 식물을 총칭한다. 지상부의 성장이 더디어서 약 100㎝ 이하로 성장하는 반면, 지하부의 땅속줄기는 기관의 성장 속도가 빠른 식물이 적합하다. 지피식물은 일반적으로 키가 작기 때문에 교목의 하부 식재용이나 노지의 피복을 목적으로 주로 이용한다.

구상나무[교목] 조팝나무[관목] 담쟁이덩굴[만경목]

그림 2-25 | 성상에 따른 조경식물의 분류

2 이용 목적에 따른 분류

1) 녹음용

여름철에 강한 햇빛을 차단하는 기능을 갖는 수종으로 일정한 높이를 유지할 수 있는 교목성이며 수관 폭이 넓은 수종이다. 가중나무, 느티나무, 단풍나무, 플라타너스, 백합나무, 은행나무, 이팝나무, 회화나무 등이 있다.

2) 생울타리용 및 차폐용

경계 기능 또는 미관상 시선의 차단과 통행의 조절 목적 등에 사용하는 수종이다. 가이즈까향나무, 개나리, 꽝꽝나무, 동백나무, 명자나무, 사철나무, 삼나무, 아왜나무, 탱자나무, 측백나무, 쥐똥나무, 회양목 등이 있다.

3) 방풍용

강한 바람으로부터 인공 구조물 등을 보호하기 위해 식재하는 수종으로 토양에 뿌리가 깊게 뻗어 있으며 잎과 줄기가 치밀하고 살 부러지지 않는 상록수종이다. 감탕나무, 곰솔, 동백나무, 사철나무, 삼나무, 후박나무 등이 있다.

4) 방진용, 방사용, 방연용

대기 먼지나 가스 등의 흡착력이 우수하고 대기 오염에 강한 수종으로서 동백나무, 사철나무, 쥐똥나무, 양버즘나무, 은행나무 등이 있다.

5) 방조용, 임해 매립지용

해안 지방 등의 강풍과 염분 피해 등에 강한 수종으로 곰솔, 다정큼나무, 돈나무, 동백나무, 순비기나무, 아왜나무, 쥐똥나무, 팽나무 등이 있다.

6) 방화용

잎과 나무껍질이 두껍고 잎에 수분 함량이 높은 활엽수종으로 참나무류, 동백나무, 은행나무, 굴거리나무 등이 있다.

그림 2-26 | 이용 목적에 따른 조경식물의 분류

3 관상 부위에 따른 분류

1) 꽃을 감상하는 식물

교목의 목련, 왕벚나무, 동백나무, 매화나무, 배롱나무, 관목의 철쭉류, 개나리, 명자나무, 라일락, 만경목의 등나무, 으아리, 능소화 등이 있다.

2) 열매를 감상하는 식물

교목의 산수유, 모과나무, 산사나무, 마가목, 관목의 낙상홍, 호랑가시나무, 작살나무, 백량금, 감나무, 만경목에 속하는 노박덩굴, 머루, 청미래덩굴 등이 있다.

3) 잎을 감상하는 식물

교목의 단풍나무, 칠엽수, 주목, 느티나무, 양버즘나무, 녹나무, 후박나무, 관목의 사철나무, 돈나무, 쥐똥나무, 호랑가시나무, 회양목, 만경목에 속하는 담쟁이덩굴, 줄사철 등이 있다.

4) 단풍을 감상하는 식물

교목의 단풍나무, 칠엽수, 느티나무, 은행나무, 낙엽송, 관목의 철쭉류, 화살나무, 만경목에 속하는 담쟁이덩굴, 줄사철 등이 있다.

5) 줄기의 색이나 무늬를 감상하는 식물

줄기의 색이 관상 부위가 되는 백송, 자작나무, 흰말채나무, 무늬가 주로 관상 부위가 되는 배롱나무, 모과나무, 노각나무 등이 있다.

능소화[꽃] 산수유[열매] 단풍나무[단풍]

그림 2-27 | 관상 부위에 따른 조경식물의 분류

III

원예식물의 생육환경

1. 온도환경
2. 광환경
3. 수분환경
4. 토양환경
5. 공기환경

원예식물이 정상적으로 생육하기 위해서는 온도, 광, 수분, 토양, 공기 등의 환경 조건들이 적절하게 유지되어야 한다. 식물의 가장 기초적 생리작용인 광합성은 빛에너지를 화학에너지로 전환하는 과정으로 햇빛[광], 물[수분], 공기 중의 이산화탄소가 필요하며, 식물이 필요로 하는 에너지를 만드는 호흡은 영양분과 산소가 필요하다. 또한 증산작용을 통해 토양 중의 양분과 수분을 흡수하여 식물체의 팽압이 유지되고 식물체가 필요로 하는 다양한 물질들을 만들어 낸다. 이러한 모든 대사작용들은 적정 생육온도 조건이 유지되어야 활발하게 진행된다. 따라서 이 장에서는 원예식물이 생육하는 데 필요한 온도, 광, 수분, 공기 등의 환경 조건에 대해 알아보고자 하였다.

1 온도환경

1 생육과 온도

1) 온도의 개념

온도는 광과 더불어 작물의 생육에 가장 영향을 주는 기본적인 환경요인 중 하나이다. 온도는 기온, 지온, 수온 등이 원예작물 생육에 영향을 미치는데, 광합성과 호흡과 같은 체내의 각종 물질대사와 물질의 흡수, 세포분열과 신장뿐만 아니라 개화와 휴면에도 영향을 미친다. 기온은 공기온도로서 일반적으로 생육온도는 기온을 의미하는데, 지역, 계절, 하루 중 시간대에 따라 변한다. 지온은 뿌리가 있는 지하부의 토양온도로, 기온에 비해 변화의 폭의 작다. 수온은 관수하는 물의 온도를 의미하며, 여름철 고온기와 겨울철 저온기에는 수온에 주의하여 관수해야 한다.

2) 생육 온도

① 생육 적온

작물들은 생태적으로 생육이 가능한 온도범위가 있는데, 이를 유효온도라 한다. 대체로 유효온도의 범위는 0~40℃인데, 이 범위에서 온도가 상승하면 생육속도가 증가하나 어느 일정 온도 이상이 되면 생육속도가 감소하거나 정지된다. 원예작물은 생육속도가 가장 최고로 되는 온도가 최적온도이고, 생육이 정지되는 가장 낮은 온도를 최저온도, 생육이 정지되는 가장 높은 온도를 최고온도라고 한다. 이러한 생육온도는 원산지에 따라 다른데, 열대 원산인 고추, 토마토, 수박, 열대식물류는 최적온도가 25~30℃이고, 온대 원산의 작물들은 최적온도가

15~20℃이며, 아한대와 고산성식물은 최적온도가 10℃ 정도이다.

채소류들은 온도적응성에 따라 호온성과 호냉성 채소로 분류하는데, 대부분 과채류와 옥수수, 고구마, 생강, 토란, 죽순과 같은 생육적온이 25℃ 내외의 높은 기온에서 생육이 잘되는 채소들은 호온성 채소이다. 반면에 영양기관을 이용하는 엽근채류의 대부분과 딸기, 완두, 잠두와 같은 생육적온이 20℃ 내외의 기온에서 생육이 잘되는 채소들은 호냉성 채소이다.

표 3-1 | 호온성과 호냉성 채소의 종류

구분	종류
호온성 채소	수박, 참외, 멜론, 오이, 호박, 고추, 토마토, 가지, 옥수수, 고구마, 토란, 생강, 죽순, 동부 등
호냉성 채소	마늘, 양파, 파, 배추, 양배추, 상추, 심금치, 셀러리, 파슬리, 아스파라거스, 근대, 갓, 무, 순무, 당근, 감자, 비트, 고추냉이, 딸기, 잠두, 완두 등

② 주간과 야간 온도

생육적온은 하루 중에 주간과 야간에 따라 다르며, 주간보다 야간이 생육적온이 낮다. 이러한 주간과 야간의 기온 차이를 일교차라고 한다. 주간에는 광합성을 하기 때문에 온도가 높은 것이 좋고, 반면에 야간에는 호흡을 하기 때문에 온도가 낮아야 호흡작용이 억제된다. 또한 식물들은 야간에 잎과 줄기가 신장되며, 광합성 동화물질의 전류도 일어나므로 야간온도는 주간온도보다 3~5℃ 낮은 것이 생장에 유리하다. 주간과 야간의 기온 차이를 DIF[difference]라고 하며, DIF를 이

(좌) 주간 25℃, 야간 18℃(DIF +7),
(중) 주간 21.5℃, 야간 21.5℃(DIF 0),
(우) 주간 18℃, 야간 25℃(DIF −7).
DIF 값이 커질수록 초장이 길어졌음
(Hwang 외, 2005)

그림 3-1 | 주야간 온도 차이에 의한 장미의 생육 모습

용하여 화훼류의 생장을 조절할 수 있다. 주간온도가 야간온도보다 높을수록, 즉 DIF가 (+)값이 커질수록 절간장이 길어져 초장이 길어지고, DIF가 (−)값일 경우 초장이 짧아진다.

표 3-2 | 주요 원예작물의 주야간 최적온도 (박 외, 2009; 한국화훼연구회, 1999)

화훼류	최적온도℃		채소류	최적온도℃	
	주간	야간		주간	야간
국화	18~20	16~17	고추	26~36	18~22
장미	21~24	16~17	피망	25~30	15~20
나팔나리	18~21	14~17	오이	23~28	10~15
카네이션	16~21	11~12	참외	20~25	10~15
샐비어	16~23	13~18	호박	20~25	10~15
페튜니아	15~21	10~16	무	15~20	10~15
팬지	8~13	5~10	배추	13~18	10~15
심비디움	18~26	15~20	셀러리	13~18	8~13
수국	18~20	13~16	상추	15~20	10~15

③ 종자 발아와 온도

종자의 발아에 온도가 영향을 미치는데, 종자 발아의 최적온도는 원산지에 따라 다르다. 예를 들어 열대산 식물들의 발아적온은 25~35℃인데, 온대산 식물들은 12~21℃이다.

표 3-3 | 각종 원예작물 종자의 발아적온 (이 외, 2008; 한국화훼연구회, 1999)

종류	발아적온℃	종류	발아적온℃
맨드라미	20~25	페츄니아	20~27
콜레우스	20~25	팬지	15~20
아프리카봉선화	20~25	한련화	15~20
메리골드	20~27	국화	15~18
샐비어	20~25	고추	25
천일홍	20~25	수박	25~35
나팔꽃	25~30	무, 배추	20~30
일일초	20~27	파, 양파	15~25
백일홍	20~30	상추	15~20

④ 광합성과 온도

식물의 광합성에도 온도가 영향을 미치는데, 온도가 적온범위에서 유지되지 않으면 광합성량은 작아진다. 미나리의 경우 70klux의 광도에서는 25℃에서 최대광합성량을 보이고, 이보다 온도가 높거나 낮으면 광합성량이 감소한다. 또한 광도가 낮아지면 최대광합성량을 나타내는 온도도 낮아져 14klux에서는 15℃에서 최대광합성량을 나타낸다.

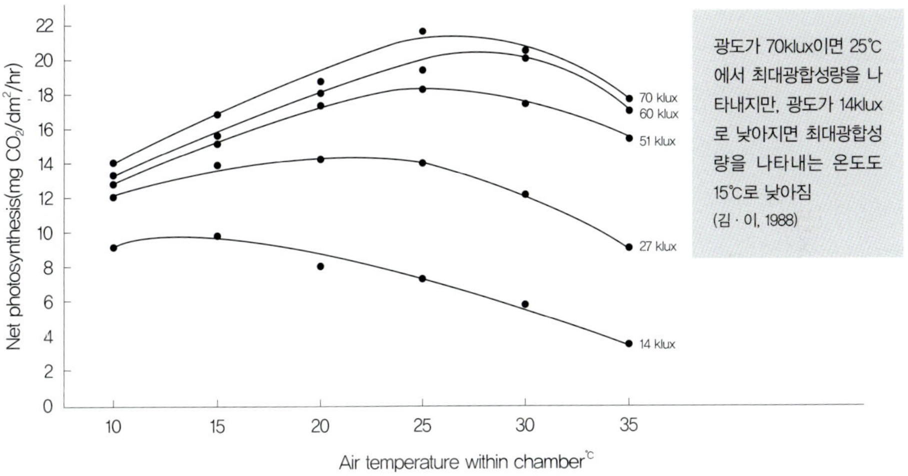

그림 3-2 | 미나리의 다양한 광도 조건14~70klux에서 최대광합성량에 대한 온도의 영향

⑤ 휴면과 온도

㉮ 휴면이란

식물들은 생육에 부적합한 온도 또는 일장조건에서 일시적으로 생장이 둔화되거나 정지하게 되는데, 이를 휴면이라고 한다. 휴면은 자연상태에서 식물이 생존하기 위한 생리적 수단이며, 식물의 종류에 따라 휴면 형태는 다양하다. 식물의 종류에 따라서는 휴면이 타파되었으나 외부의 환경조건이 적합하지 않아 발아나 생장을 하지 않는 것을 타발적 휴면강제적 휴면이라 하고, 생장하기 좋은 환경이 주어졌더라도 계속 휴면을 하는 것을 자발적 휴면생리적 휴면이라고 한다.

㉯ 휴면의 유기

열대산 식물들은 연중 기온이 높아 생육에 적합한 조건이므로 휴면을 하지 않거나 하더라도 휴면의 깊이가 얕다. 온대산 식물들은 저온기나 고온기에 접어들면 휴면을 하게 되는데, 딸기와 온대산 수목樹木은 저온 단일 조건에 의하여 휴면이 유기되고, 마늘, 양파, 상추와 같은 작물들은 고온에서 휴면한다. 온대산의 화목류는 대부분 11월부터 12월까지 자발적 휴면이 타파되고, 이후 겨울철 저온으로 인하여 타발적 휴면을 하고 있다가 따뜻한 봄이 오면 발아 또는 개화한다.

㉰ 휴면 타파

식물체의 휴면은 고온, 저온 또는 변온 처리에 의해 타파될 수 있다. 사과, 복숭아, 단풍나무, 찔레, 쥐똥나무 등과 같은 온대산 수목의 종자들은 습한 상태에서 저온처리를 해야 휴면이 타파되는데, 젖은 모래나 용토와 종자를 혼합하여 땅에 묻어 월동을 시키거나 저온처리를 하면 휴면이 타파되어 이듬해 봄에 파종하면 발아하게 된다. 이를 노천매장露天埋藏 또는 저온습윤층적처리低溫濕潤層積處理, stratification라고 한다. 온대산 수목의 동아冬芽도 저온을 경과해야만 휴면이 타파되어 다음해 봄에 싹이 트거나 개화하게 된다. 추식구근인 백합이나 튤립의 구근도 저온처리를 실시하여 휴면을 타파시킬 수 있다. 저온처리 온도와 기간은 식물마다 다른데, 보통 0~10℃ 내외에서 10~60일간 처리를 하면 휴면이 타파된다. 예를 들어 딸기 '다너' 품종은 0~2℃에서 21~29일간, 사과와 배는 0~7℃에서 8~58일간, 백합은 2~8℃에서 40~60일간, 튤립은 5℃에서 50~60일간 처리하는 것이 일반적이다.

고온에 의해 휴면이 타파되는 경우도 있는데, 포도의 휴면아는 45~50℃ 열풍처리에 의해 휴면이 타파되며, 온대산 화목류인 개나리, 진달래, 벚나무의 가지를 30~35℃의 온수에 10시간 정도 담갔다가 15~18℃의 온실로 옮겨 관리하면 휴면이 타파되어 개화가 촉진된다.

그림 3-3 | 백합의 휴면타파를 위한 저온처리네덜란드

⑥ 개화와 온도

㉮ 화아분화와 온도

식물이 꽃을 피우기 위해서는 화아가 분화되어야 한다. 대부분의 온대산 식물들은 종자나 식물체가 생육과정 중 저온에 일정기간 동안 놓이게 되면 생장점이 화아로 바뀌게 되는데, 이를 춘화현상이라고 하고, 화아분화를 유도하기 위해 저온조건을 부여하는 것을 춘화처리라고 한다. 식물 중에서 저온을 지각知覺하는 부위는 종자의 배나 줄기의 생장점인데, 춘화처리를 받으면 버날린vernalin이라는 가상의 화아형성물질이 생성되고, 이후 플로리겐으로 전환되어 화아분화가 진행된다고 알려져 있다. 춘화처리에 적당한 온도는 0~10℃ 범위이며, 식물 종류에 따라 차이가 많이 난다. 저온에 감응할 수 있는 생육단계는 작물의 종류에 따라 다른데, 종자단계에서 저온에 감응할 수 있는 식물을 종자춘화형이라고 하며, 무, 배추, 순무 등이 이에 해당된다. 반면에 식물체가 어느 정도 생장한 후에야 저온에 감응할 수 있는 식물을 녹식물춘화형이라고 하며, 국화, 스토크, 당근, 양배추, 양파, 셀러리 등이 있다.

㉯ 춘화현상을 이용한 개화 조절

추식구근들은 봄에 개화한 후 여름에 휴면에 들어가고, 가을에 발아하여 겨울의 저온을 경과한 후 봄에 다시 개화한다. 이 추식구근을 일찍 개화시키기 위해서는 여름에 휴면에 들어간 구근을 휴면타파한 후 인위적으로 저온처리를 하여 조기에 생육에 적당한 온도조건에서 재배하면 된다. 예를 들어 나팔나리의 경우 구근을 8℃에서 5~6주간 저온처리한 후 11~12월에 15~20℃ 조건에서 재배하면

1~2월에 개화시킬 수 있다.

숙근초인 국화 추국품종의 경우에도 모주 또는 동지아 상태에서 겨울 동안 저온처리를 받고, 이것들이 봄부터 여름까지 영양생장하다 8월 중순 이후부터 단일조건이 됨에 따라 화아분화가 되고 이후 10월 말 정도에 자연개화한다. 이 추국 품종을 조기에 개화시키고자 한다면 모주 또는 모주에서 채취한 삽수를 4~5℃에서 40일 정도 저온처리한 후 3월에 정식하면 7월에 개화시킬 수 있다. 그런데 이때 반드시 일장이 12시간 정도가 되도록 차광재배를 해야 한다.

⑦ 기타

온도는 암꽃과 수꽃의 형성에도 영향을 미치는데, 박과채소는 저온에서는 암꽃이, 고온에서는 수꽃의 비율이 높아진다. 또한 마늘과 같은 인경은 일정기간 저온을 경과한 후 고온 장일조건이 주어져야 인경이 형성되는데, 난지형에 비해 한지형 마늘이 인경 형성에 저온요구도가 더 크다. 잎과 꽃의 색소 발현에도 온도가 영향을 미치는데, 안토시아닌 색소는 고온보다는 저온에서 형성이 촉진된다.

2 저온과 고온장해

1) 저온장해

저온장해는 영상의 저온에서 조직이 동결되지 않은 상태에서 발생하는 냉해冷害, chilling injury와 영하의 저온으로 조직이 동결됨으로써 발생하는 동해凍害, freezing injury가 있다. 냉해는 보통 0~15℃ 범위에서 유발되는데, 작물들은 생육 최저온도 이하로 낮아지면 세포막의 상전환으로 원형질 분리 및 세포질 누출 등과 같은 직접적인 장해현상이 나타나며, 광합성 감소에 따른 영양부족, 혐기성 호흡의 증가로 독성물질 축적, 각종 물질대사의 교란 등의 간접적인 생리장해가 발생한다. 또한 생장이 둔화되고, 잎과 과실에 반점이 나타나고, 착과율이 낮아지며, 과실비대가 불량해져 수량이 감소하게 된다.

동해는 온도가 영하 이하로 떨어지면 세포 원형질 내에 결빙이 생기고, 원형질막을 파괴시켜 세포가 죽게 되며, 세포간극에 결빙이 생기면 세포 내의 수분을 빼앗아 얼음 결정이 더 커짐으로써 세포벽이 파괴되어 세포가 죽게 된다.

내한성耐寒性은 작물의 종류나 품종, 환경조건에 따라 다른데, 원산지가 온대 이북인 작물들은 강하고, 열대원산인 것들은 약하다. 또한 내한성이 약한 작물이라도 순차적으로 낮아지는 저온에 노출시키면 내한성이 증대되는데, 이를 굳히기 또는 경화硬化, hardening라고 한다.

2) 고온장해

식물은 최적온도 이상의 온도조건에서는 생장률이 저하되고, 최고온도 이상에서는 각종 장해가 나타나기 시작한다. 식물은 고온에서 광합성보다 호흡량이 많아져 영양결핍이 일어나 생장이 억제되고, 단백질 변성으로 효소활성이 억제된다. 원예작물 재배에서 주로 발생하는 고온장해로는 상추, 시금치, 금어초 등 저온발아성 종자의 발아 억제, 배추, 양배추와 같은 작물의 결구불량, 과수류의 착과불량, 상추의 조기추대, 수량과 품질저하 등이 있다. 배추는 호냉성 채소로 서늘한 기후를 좋아하는데, 그림과 3-4와 같이 결구 형성 단계에서 25℃ 이상의 고온 조건이 되면 세균성 무름병이 발생하여 품질이 저하된다.

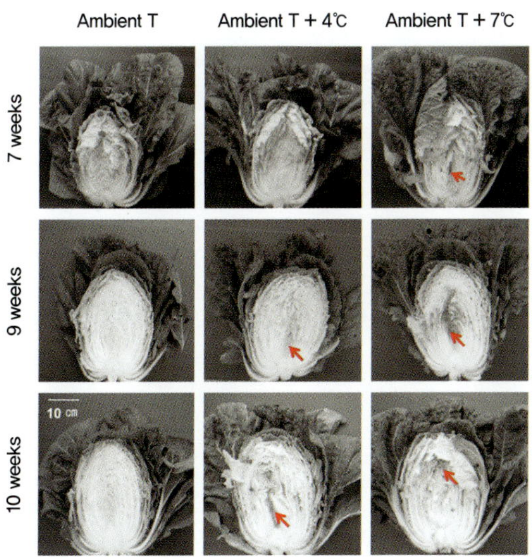

그림 3-4 | 배추를 대기온도Ambient T 보다 4℃Ambient T + 4℃와 7℃Ambient T + 7℃ 높은 조건에서 재배 시 결구형성기에 25℃ 이상의 고온기 일수가 많아짐에 따라 Ambient T + 4℃와 Ambient T + 7℃ 처리구에서 무름병화살표이 발생하였음 (오 외, 2014)

3 온도조절 방법

1) 냉방과 환기 방법

원예작물을 재배하는 시설 내의 여름철 온도는 40℃ 이상으로 올라가는 경우가 많다. 이럴 경우 시설 내에 차광 스크린을 설치하거나 스프링클러 또는 미스트 장치를 설치하여 물 또는 미스트를 살포하면 온도를 떨어뜨릴 수 있다. 또한 천창과 측창을 개방하고, 환기팬을 설치하여 시설 내외부의 공기를 교환하는 것도 한 방법이다. 적극적으로 시설 내부의 온도를 떨어뜨리기 위해서는 지하수를 비닐 또는 유리 피복재 위로 흐르게 하는 수막냉방법과 온실의 한쪽 측벽부에 젖은 패드를 설치하고 반대쪽 측벽부에는 팬을 설치하여 외부공기가 패드를 통해 들어와 실내 기온을 낮추는 기화냉각법 중 하나인 팬앤드패드[fan and pad] 냉방방법을 사용하고 있다.

그림 3-5 | 팬앤패드 시스템을 이용한 냉방

2) 난방과 보온 방법

내한성이 약한 작물을 야외에서 보온하기 위해 월동 시에 비닐이나 짚으로 줄기를 감싸주거나 멀칭 또는 비닐터널을 씌워주는 방법이 사용되고 있다. 온실에서 작물을 재배할 때 보온 방법으로 이엉이나 카시미론 솜을 온실 피복재 위에 덮어주는 방법이 있는데, 이는 보온 효과는 좋으나 시설 내 광도가 너무 낮아 최근에는 일부 관엽식물 재배농가에서만 사용하고 있다. 시설 내에 커튼을 설치하여 보온하는 경우가 많은데, 다겹보온커튼을 사용하거나 보온 효과가 높은 알루미늄증착필름과 PE

필름을 2층커튼으로 설치하여 보온하면 효과적이다.

난방 방법으로는 난로난방, 온풍난방, 온수난방, 전열난방 등이 있다.

① 난로난방

난로난방은 연탄, 석유, 우드칩, 장작 등을 연소시키는 난로를 설치하여 난로 본체 또는 연통에서 방산되는 열로 난방하는 방식이며, 시설비가 저렴하나 열이용효율이 떨어지고, 난로 근처의 온도가 높아 전체적인 시설 내 기온 분포가 불균일한 단점이 있다.

② 온풍난방

온풍난방은 난방기 연소실의 표면에서 가열된 공기를 플라스틱 덕트[duct]를 통해 시설 내로 불어내 난방하는 방법이다. 설치가 쉽고 온수난방보다 시설비가 저렴하며 난방효율도 높은 편이다. 그러나 시설 내의 공기가 건조해질 수 있는 단점이 있다.

③ 온수난방

온수난방은 60~80℃의 물을 시설 내에 설치된 온수파이프나 방열기를 통해 순환시켜 방산되는 열을 이용하여 난방하는 방법이다. 온풍난방에 비해 잉여열이 많고, 난방을 중지한 후에도 보온성이 어느 정도 유지되어 급격한 온도변화가 없는 것이 특징이며, 시설비가 많이 드는 단점이 있다.

④ 전열난방

전열난방이란 전기온풍기와 전열선을 사용하여 난방하는 방식으로 취급이 용이할 뿐만 아니라 예열시간이 짧고 온도조절이 편리하다. 그러나 난방 중단 시 보온성이 떨어지고, 대규모 시설에서는 경제성이 없는 것이 단점이다.

2 광환경

모든 식물들은 태양광을 이용하여 광합성을 함으로써 활동에 필요한 에너지를 얻을 수 있다. 이와 같이 광은 작물의 재배환경 중에서 가장 기본적인 요인으로 광도, 광질, 일장이 작물의 광합성, 화아분화 및 개화, 휴면, 구근의 형성, 성분화, 색소생성 등 생장과 발육에 중요한 역할을 한다.

1 광의 본질

1) 전자기파

태양에너지는 전자기파로 지구에 도달하는데, 전자기파는 파장이 긴 것부터 차례로 전파[라디오파], 적외선, 가시광선, 자외선, X선, 감마선, 우주선으로 나뉜다. 자외선은 가시광선보다 짧고, X선보다는 긴 파장으로 1nm에서 400nm까지를 말하는데, 200~300nm를 기준으로 그 이상의 파장은 근자외선, 이하의 파장은 원자외선이라고 한다. 적외선은 가시광선보다 긴 파장으로 대략 750nm에서 1㎜까지의 파장 범위이고, 이 중 원적외선은 25㎛ 이상의 파장을, 근적외선은 25㎛ 이하의 파장을 말한다. 가시광선은 인간의 눈으로 감지할 수 있는 380~780nm 사이의 전자기파이다.

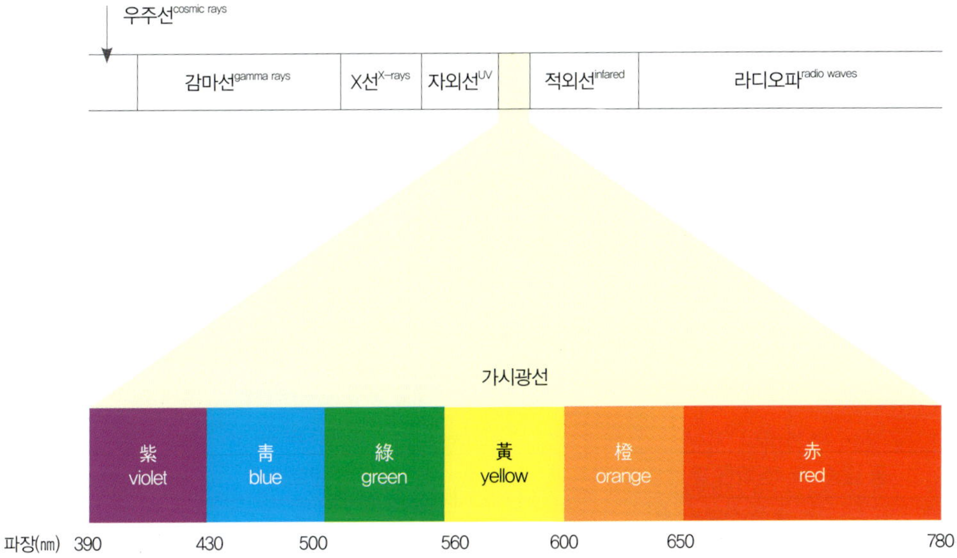

그림 3-6 | 태양광의 전자기파와 가시광선

2) 태양복사

태양복사란 태양에서 방사되는 전자기파를 말하는데, 지구상에 도달하는 태양복사 파장은 200~2,500nm이다. 이 파장보다 짧은 단파장은 오존층에 흡수되며, 이 파장보다 긴 장파장은 수증기나 탄산가스 등에 흡수되어 지구에 도달하지 못한다. 일사량은 태양광선에 직각으로 놓인 1㎠ 넓이의 수평면에 1분 동안의 태양복사량을 측정한 것이다. 단위는 $W \cdot m^{-2}$, $kcal \cdot m^{-2}$ 단위를 사용한다. 일반적으로 많이 이용하고 있는 lux 단위는 조도를 나타내며, 조도照度는 인간의 눈이 감지하는 밝기 정도를 나타내는 지표이므로 광강도를 나타내는 단위로서는 부적합하다.

2 광도와 생육

1) 광도와 광합성

작물의 생육에 광도는 광합성에 관련되어 결정적인 영향을 미치는데, 광합성과 광도의 관계는 그림 3-7에 나타나 있다. 암조건에서 식물은 호흡을 하면서 이산화탄소를 방출하다 광도가 높아지면서 이산화탄소를 흡수하면서 광합성을 하게 되는데, 이산화탄소 흡수량과 방출량이 같아지는 지점에 도달하게 된다. 이때의 광도를 광보상점光補償點이라고 하며, 이때는 순광합성량은 0이 된다. 즉, 광합성을 하여 생산한 영양분을 호흡으로 모두 소비해버리는 지점으로, 축적할 수 있는 영양분이 없으므로 식물체들이 건강하게 생육할 수 없다. 이후 광도가 계속 증가하면 광합성도 비례하여 증가하다 어느 시점에 도달하면 더 이상 광합성이 증가하지 않는데, 이때 최대 광합성 속도를 나타내는 지점의 광도를 광포화점光飽和點이라고 한다. 식물들은 광포화점까지 광도를 높여주었을 때, 가장 생육상태가 좋아진다. 광포화점은 원예작물의 종류마다 차이가 있는데, 주로 양지에서 잘 생육하는 양생양지식물들은 광포화점이 높고, 음생음지식물들은 광포화점이 대체로 낮다.

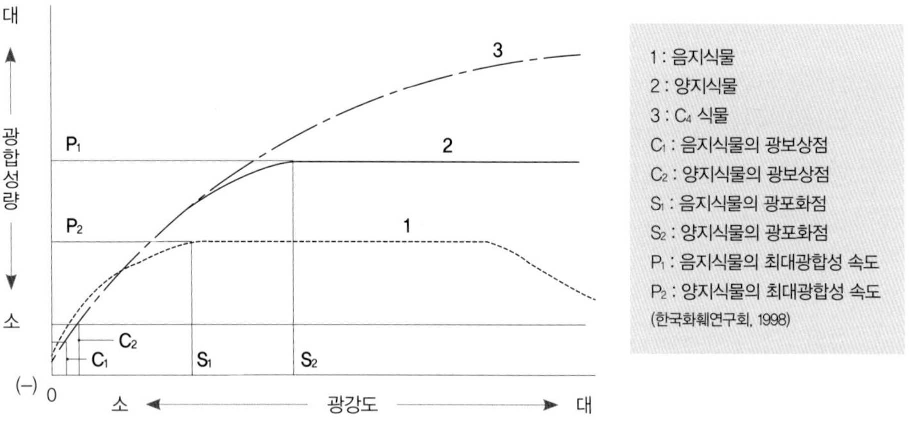

그림 3-7 | 광강도와 광합성 관계를 나타내는 모식도

표 3-4 | 주요 원예작물의 광보상점과 광포화점 (김 외, 2003; 박 외, 2009)

작물명	광보상점klux	광포화점klux	작물명	광보상점klux	광포화점klux
수박	4.0	80	장미	1.0	50
호박	1.7	45	꽃베고니아	0.2	30
셀러리	2.0	45	국화	0.3	29
배추	1.5	40	제라늄	0.2	29
양배추	2.0	40	네프롤레피스	0.5	17
가지	2.0	40	시클라멘	0.2	15
완두	2.0	40	드라세나	0.1	13
고추	1.5	30	심비디움	0.2	11
상추	1.5	25	디펜바키아	0.2	10
강낭콩	1.5	25	헤데라	0.1	9
생강	2.3	20	아디안텀	0.2	8
			덴드로비움	0.2	5

2) 광 과부족 조건에서의 생육

식물들은 일정 이하의 광도 조건에서는 광합성이 억제되면서 줄기가 가늘어지고 길게 도장하게 된다. 또한 잎의 면적은 커지나 얇아지고, 잎의 발생과 생장이 억제되며, 화아분화 및 발육이 억제되고, 구근의 비대가 불량하며, 결구가 늦어지고, 뿌리의 발달이 불량하게 된다. 이와 같이 광량이 부족한 것을 보충하기 위해 보광光補이 필요한데, 겨울철에 일장이 짧고 일사량이 적은 지역에서는 보광이 널리 이용되고 있다. 보광의 광원이나 필요 광량은 식물의 종류에 따라 다르다. 겨울철 장미 절화 재배에 있어서 보광은 꽃눈의 퇴화를 방지하고, 절화 생산일수 단축 및 생산량을 증대시킨다. 또한 보광은 국화의 경우에는 절화장이 길어지며 꽃잎의 수를 증가시키

그림 3-8 | 보광등을 이용한 국화재배(좌), 보광등으로 많이 이용하는 400 고압나트륨등(우)

는 효과가 있으며, 카네이션은 화아분화를 촉진시킨다.

보광을 위해 사용되는 인공광원으로 과거에 많이 사용되었던 백열등은 청색광이 부족하고 적색광이 많아 줄기가 도장하며 꽃이 일찍 피는 특성이 있으나, 전력 소모가 많아 비효율 문제로 인해 생산이 중지된 상태이다. 백열등에 비해 형광등은 광도가 낮으나 식물이 필요로 하는 광질이 골고루 분포되어 있어 생육이 좋고 전력 소모가 적으나 시설비가 많이 들어간다. 그 외에 고압수은등, 고압나트륨등, 메탈할라이드등이 사용되고 있으며, 최근에는 LED등이 개발되어 적색광, 청색광, 녹색광 등 단일 파장대의 광질을 지닌 제품이 개발되어 시판되고 있는데, 전력 소모가 형광등보다 적고 수명이 오래가는 장점이 있으나, 아직까지는 시설비가 많이 드는 단점이 있다.

반면 광량이 광포화점 이상으로 높을 경우 음지식물들은 잎의 엽록소가 파괴되는 일소현상이 나타나 잎이 갈색으로 괴사되어 생육과 관상 가치가 불량하게 되는데, 이럴 경우에는 한랭사, 망사, 대나무발 등을 이용하여 적정 광도를 유지할 수 있도록 차광할 필요가 있다.

(좌) 음지에서는 잎의 녹색과 노란색 반점의 구분이 뚜렷하다. (우) 양지에서는 엽록소가 햇빛에 의해 일소현상이 나타나 녹색 부분이 점차 누렇게 되어 노란 반점과 구분이 어려워지며, 심하면 잎끝부터 갈색으로 괴사한다.

그림 3-9 | 금식나무의 광도 조건에 따른 잎의 상태

그림 3-10 | 관엽식물의 차광재배

3 광질과 생육

태양광은 광선의 파장에 따라 자외선, 가시광선, 적외선 등의 광질로 구분할 수 있는데, 식물의 생육에 가장 큰 영향을 주는 광선은 가시광선이다. 적외선의 700~1,000nm 파장은 식물을 신장시키는 작용을 하고, 1,000nm 이상의 파장은 식물에 특별한 작용은 하지 않으며 식물체에 흡수되면 거의 열로 변한다. 자외선의 315~400nm 파장은 초장을 짧게 하고, 엽육을 두껍게 만들며, 315nm 이하의 파장은 식물에 유해하거나 죽게 된다. 가시광선에서 610~700nm의 적색광은 광합성과 일장반응에 가장 유효한 광선이며, 400~510nm의 청색광은 적색광 다음으로 광합성과 일장반응에 유효하다.

식물체에 존재하는 색소단백질인 파이토크롬^phytochrome^은 특정 파장의 광을 흡수하여 다양한 생리작용과 형태형성에 영향을 미치는데, 적색광^660nm^을 흡수하는 Pr형과 근적외광^730nm^을 흡수하는 Pfr형이 있다. 식물이 적색광을 흡수하면 활성형 Pfr로 전환되고, 근적외광을 흡수하면 불활성형 Pr로 전환된다. 종자발아에서 적색광을 비춰주면 발아가 촉진되고, 근적외광은 발아를 억제한다. 예를 들어, 광발아성 상추 종자에 적색광을 비춰주면 발아가 촉진되나 근적외광을 비춰주면 발아가 억제된다. 또한 단일성식물은 암기가 길어짐에 따라 Pfr형이 Pr형으로 전환되어 체내의 Pfr : Pr의 비율에서 Pr이 증가하면 화아형성이 촉진된다. 반면에 암기 중간에 적색광을 조사하면 Pr형이 Pfr로 전환되어 화아형성이 억제된다. 이 원예작물의 색소발현에도 광질이 작용하는데, 가지의 안토시아닌계 색소는 360~380nm의 자외선을 비춰주면 발현이 잘 된다.

그림 3-11 | 다양한 광질 조건에서의 난 배양

4 일장과 생육

1) 일장과 개화

일장은 하루의 낮의 길이로서, 날마다 길어지거나 짧아진다. 식물들은 주기적으로 길어지거나 짧아지는 반복되는 일장에 따라 다양한 반응을 보이는데, 이를 일장효과[일장반응, 광주반응, 광주성]라고 한다. 지구의 각 지역별로 계절과 위도에 따라 일장은 다른데, 우리나라는 북위 33~43°에 위치해 있어서 춘분과 추분의 일장은 약 12시간 정도, 하지의 일장은 15시간이지만, 동지의 일장은 9.5시간 정도이다. 이러한 일장 변화 때문에 지역별, 계절별로 식물의 분포와 개화 등이 결정된다.

식물의 일장에 대한 개화반응에 따라 장일성식물, 단일성식물, 중성식물 등으로 구분하는데, 그 기준은 한계일장이다. 한계일장은 개화를 유도할 수 있는 일장과 유도하지 못하는 일장과의 경계가 되는 일장은 말한다. 장일성식물은 한계일장보다 일장이 길어질 때 개화하며, 단일성식물은 한계일장보다 일장이 짧아질 때 개화하고, 중성식물은 일장에 관계없이 적정한 생육온도가 주어지면 개화한다. 장일성식물에는 시금치, 카네이션, 단일성식물에는 딸기, 추국, 코스모스, 샐비어, 맨드라미, 메리골드, 포인세티아, 중성식물에는 토마토, 가지, 고추, 오이, 호박, 장미 등이 있다.

식물이 일장을 감응하는 부위는 전개[展開]된 잎인데, 일장에 감응하면 잎에서 화아형성 물질인 플로리겐[florigen]이 만들어지고, 이 물질이 생장점으로 이동하여 화아분화를 유도하는 것으로 알려져 있다.

일장 감응에서 낮의 길이인 명기[明期]의 길이보다 암기[暗期]의 길이가 더 중요한데, 단일성식물의 경우 명기보다 암기가 일정시간 이상 확보되어야 화아형성이 이루어진다. 만약 암기 중에 짧은 시간 조명을 하면 암기의 연속성이 파괴되어 장일효과가 나타나 화아형성이 억제되는 현상이 나타나며, 이와 같은 처리를 광중단[야파효과]이라고 한다.

2) 일장과 구근비대, 휴면, 성표현

일장은 인경과 괴경의 형성에 영향을 미치는데, 마늘과 양파는 한계일장 이상의 일장이 주어져야 인경이 형성되며, 감자는 단일조건에서 괴경 형성이 촉진된다. 또한 낙엽성수목과 화목류, 딸기 등은 단일조건에서 휴면이 유도되지만, 마늘과 양파는 장일 고온조건에서 휴면이 발달하게 된다. 일장은 식물의 성표현에도 관련이 있는데, 오이와 호박과 같은 자웅동주식물은 장일조건이 되면 수꽃, 단일조건이 되면 암꽃의 착생비율이 높아진다.

3) 일장을 이용한 개화조절

화훼류들은 일장을 이용하여 인위적으로 개화하는 시기를 조절할 수 있다. 국화 중에서 추국 품종은 자연상태에서 10월 말경에 개화하는데, 온도 조절이 가능한 온실 내에서 삽목묘를 8월 말에 정식하여 야간에 4시간 정도 전조電照를 하여 장일상태로 만들어 주면 영양생장을 하게 된다. 이어서 10월 말에 소등을 하면 자연상태에서는 단일조건이 되므로 이때부터 화아가 분화되고 12월 말 정도면 개화할 수 있는데, 이를 추국을 이용한 전조재배 또는 억제재배라고 한다. 반대로 추국을 10월 말보다 더 일찍 개화시킬 수도 있는데, 삽목묘를 4월 중순에 정식하면 자연상태는 장일 조건이므로 영양생장을 하게 된다. 만약 6월 중순에 화아분화를 유도하려면 장일조건을 단일조건으로 만들어 주어야 하는데, 시설 내에 차광 장치를 이용하여 저녁 6시경부터 새벽 6시까지 차광을 하면 8월 초중순경에 개화하게 되며, 이러한 재배방식을 추국을 이용한 차광재배 또는 촉성재배라고 한다.

카네이션은 장일성식물인데, 겨울에 개화시키는 작형으로 재배할 때에는 시설 내에 조명장치를 이용하여 야간에 전조를 하면 카네이션이 장일상태로 인식하기 때문에 개화가 촉진되고 품질이 좋아진다.

그림 3-12 | 장일처리에 의한 포인세티아의 개화 억제

3 수분환경

식물체를 구성하는 요소 중 가장 많은 비율을 차지하는 것이 물인데, 다육식물에는 70~80%, 과실에는 85~95%, 세포 원형질에는 75%, 종자에는 10% 이상이 물이 함유되어 있다. 물은 자연계에서 액체, 고체, 기체 상태로 존재하는데, 끓는점이 높아 상온에서 액체 상태로 존재한다. 또한 비열이 높아 많은 열을 흡수하고 방출할 수 있어 식물체온을 조절하며, 많은 용질을 용해시키는 용매로서 작용한다. 또한 흡착력, 응집력, 표면장력을 가지고 있어 식물체내로 흡수와 이동이 가능하다.

1 수분과 생육

물은 식물체내에서 다양한 역할을 한다.

① 광합성의 원료이다. 식물은 기공을 통해 흡수한 이산화탄소와 물을 원료로 광에너지를 이용하여 탄수화물을 만들어낸다.

② 용매로서 물질의 용해, 흡수, 이동을 가능하게 한다. 식물 생육에 필요한 영양분들은 물에 용해된 상태에서 식물체내로 흡수와 이동이 가능하다.

③ 효소의 활성을 증대시켜 촉매작용을 한다.

④ 세포 내로 물이 흡수되어 팽압을 유지함으로써 식물의 형태를 유지할 수 있게 한다.

⑤ 식물체온을 조절한다. 식물체의 잎을 통해 증산작용을 함으로써 엽온과 체온의 상승을 억제한다. 강광하^{强光下}에서 일소현상이 나타나는 것은 어떤 원인에 의해

증산이 억제되어 엽온이 크게 상승하기 때문이다.

화훼류는 수분 요구도에 따라 수생식물, 습생식물, 중생식물, 건생식물로 구분한다. 수생식물들은 반드시 수중에서 자라야 하는 종류로 물옥잠화, 연꽃, 시페루스류 등이 이에 해당되며, 연못, 늪, 습원 등에서 생육한다. 이들의 잎 표면은 공기에 노출되어 있고, 줄기와 뿌리는 공기가 잎에서부터 뿌리까지 잘 공급되도록 통기조직이 발달되어 있어 호흡을 할 수 있도록 되어 있다. 습생식물은 비교적 습한 토양이나 연못가에서 잘 자라는 종류들로 붓꽃과 식물인 꽃창포와 노랑꽃창포, 천남성과식물, 물억새, 석창포, 물봉선 등이 있다. 중생식물은 수생과 건생 중간의 형태로 대부분의 화훼류가 이에 해당된다. 건생식물은 사막과 같은 건조한 토양에서 생육하는 식물로 선인장과 다육식물이 해당되며, 엽면적당 기공수가 적고, 잎이나 줄기가 비대되어 물을 저장하는 기능을 한다.

2 수분의 흡수와 배출

1) 수분의 흡수

물은 토양 속의 뿌리에서 흡수되어 줄기와 잎을 거쳐 대기 중으로 배출된다. 이때 토양에서 뿌리로, 뿌리에서 줄기로, 줄기에서 잎으로, 잎에서 대기 중으로의 물의 이동은 수분포텐셜의 구배에 따라 일어난다. 순수한 물의 수분포텐셜은 0으로 정하고, 용질이 용해되어 있는 용액은 수분포텐셜이 (−) 값을 갖게 된다. 수분포텐셜의 단위는 압력단위인 Pa 또는 bar를 사용하는데, 1MPa = 10^3kPa = 10^6Pa = 10bar이다. 물의 이동은 수분포텐셜이 높은 곳에서 낮은 곳으로 이동하는데, 일반적으로 수분포텐셜은 토양 −0.05MPa, 뿌리 −0.2MPa, 줄기 −0.5MPa, 잎 −1.5MPa, 대기 −100MPa이기 때문에 수분포텐셜이 높은 토양에서 수분포텐셜이 낮은 뿌리, 줄기, 잎, 대기 순으로 물이 이동하게 되는 것이다.

대기의 수분포텐셜이 잎보다 작기 때문에 구배가 생겨 잎에서 대기 중으로 물이 기화되어 이동하게 되며, 잎의 수분이 계속 빠져나감으로써 잎의 수분포텐셜은 줄기

그림 3-13 | 토양, 뿌리, 줄기, 잎, 대기의 수분포텐셜과 수분의 이동(→)

의 수분포텐셜보다 작아지게 된다. 이에 따라 줄기에서 잎으로 수분이 이동하게 되고, 줄기의 수분포텐셜은 뿌리의 수분포텐셜보다 작아지게 되어 뿌리에서 줄기로 수분이 이동하게 된다. 이러한 원리로 뿌리에서 줄기로, 토양에서 뿌리까지 연속적으로 토양-작물-대기 사이에 수분포텐셜의 구배가 생김으로 인하여 물이 토양으로부터 작물에 흡수되어 대기 중으로 이동하게 된다. 이러한 물의 흡수와 체내에서의 이동속도는 수분포텐셜의 구배뿐만 아니라 토양수분함량, 잎의 증산작용 등이 상호 연관되어 일어난다. 수분포텐셜의 구배에 의해 흡수되는 수분은 전체 흡수량의 대부분을 차지하고 있으며, 이를 수동적 흡수라고 한다. 능동적 흡수는 ATP를 사용하여 도관 내에 무기염류를 축적시킴으로써 수분포텐셜을 낮춰 수분이 흡수되며, 근압이 생기되어 뿌리의 흡수력에 의해 물이 흡수되는 것이다.

2) 수분의 배출

흡수된 수분은 식물체 외부로 수증기와 액체상태로 배출된다. 체내의 수분이 체외로 기화하여 대기 중으로 배출되는 것을 증산蒸散이라고 한다. 증산량의 90%는 표피에 있는 기공을 통해 일어나며, 나머지 10%는 각피나 기타 표피조직을 통해 증산된다. 증산에 영향을 미치는 환경 요인은 다음과 같다.

① 일사량 : 잎에 흡수된 태양복사 중 광합성에 이용되는 것은 5% 정도이고, 40% 정도가 증산작용에 이용된다. 나머지 45%는 열에너지로 전환되고, 10% 정도는 광반사된다.

② 온도 : 온도가 높아질수록 증산작용이 촉진된다.

③ 상대습도 : 상대습도가 낮아지면 대기의 수분포텐셜이 낮아지므로 증산이 촉진된다.

④ 바람 : 증산된 수증기가 잎 가까이 있으면 수분포텐셜의 차이가 적어지므로, 바람이 불어 환기가 되면 수증기가 이동되어 증산이 촉진된다.

이와 같은 증산작용은 수분 및 양분 흡수와 이동의 원동력이 되고, 기공이 열림에 따라 탄산가스의 유입으로 광합성을 촉진하며, 체온을 유지하는 역할을 한다.

그림 3-14 | 공기습도가 높은 환경에서 벤자민 고무나무의 기근 발생

3 토양수분

토양수분의 단위는 중량 또는 용적의 백분율[%]이나 장력[pF]으로 표시하고 있다. 그러나 백분율 단위는 토성에 따라 작물이 수분을 흡수할 수 있는 유효도가 달라지므로 실제 작물재배에는 별 의미가 없다. 토양수분장력은 작물이 토양으로부터 수분을 흡수할 경우 토양 입자 사이에 흡착되어 있는 장력보다 더 큰 힘이 필요한데, 토양으로부터 물을 분리하여 흡수하는 데 들어가는 힘을 말한다. 이 단위는 단위 면적당 기압 또는 기압의 수은주 높이를 물기둥의 높이로 환산하여, 이를 상용대수치인 pF 값으로 표시한다. 토양에서 물을 완전히 제거하는 데 들어가는 힘을 물기둥 높이로 나타내면 10^7㎝이므로 pF 값은 7이다. 따라서 pF 값은 0~7 범위이고, 토양이 건조할수록 토양 입자에서 물을 분리하는 데 더 많은 힘이 필요하므로 pF 값은 커진다.

작물이 토양에서 물을 흡수하기 위해서는 토양의 수분상태가 큰 영향을 미친다. 토양수분의 종류는 중력수, 모관수, 흡착수 등으로 구분한다. 중력수는 중력에 의해 지하로 빠져나가는 수분으로 pF 0~2.7 범위이고, 모관수는 토양공극과 모관인력에 의하여 유지되는 수분으로 pF 2.7~4.2 범위이다. 흡착수는 토양 입자에 강하게 흡착되어 있는 수분으로 pF 4.2~7.0 범위이다.

토양수분 상태를 나타내는 토양수분 항수로는 최대용수량, 포장용수량, 위조계수[위조점] 등이 있다. 최대용수량은 토양이 중력에 견디어 유지할 수 있는 수분량이고, 포장용수량은 중력수가 빠져나가고 모세관 작용에 의해 물이 정지되었을 때의 부분함량으로 pF 2.5 정도이다. 위조계수는 작물이 시들기 시작할 때의 수분량으로 pF 4.2 정도이다. 작물이 이용할 수 있는 토양수분을 유효수분이라고 하며, 포장용수량에서 위조계수까지의 범위이다. 토양의 유효수분의 함량 범위는 토성에 따라 달라지

그림 3-15 | 토양 수분의 종류와 장력

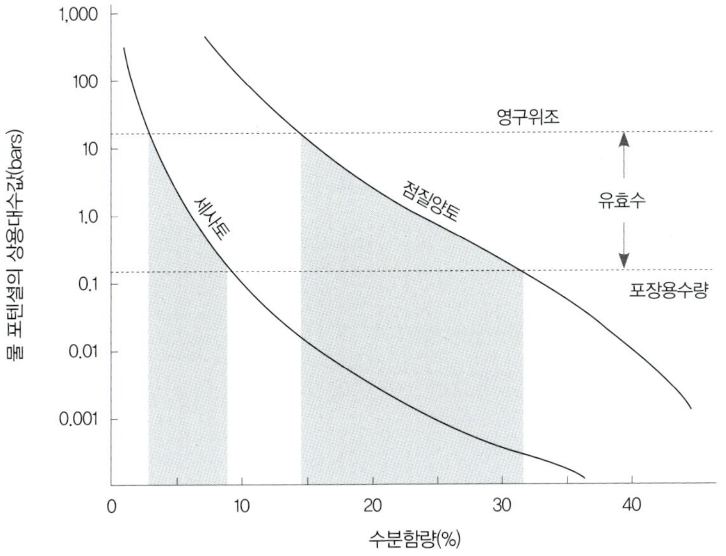

그림 3-16 | 수분함량에 따른 토성별 수분 포텐셜과 유효수분 (고 외, 1992)

는데, 그림 3-16에서 보는 바와 같이 점질토양에서는 유효수분이 약 15~33% 범위인데, 세사토는 3~9% 범위이다. 따라서 점질토에 비해 사질토에서 유효수분의 함량이 적으므로 건조 시 피해가 더 빨리 심하게 나타날 수 있다.

4 수분의 과부족 장해

1) 수분부족 장해

수분부족으로 인하여 발생되는 장해를 한해旱害라고 하고, 수분이 극단적으로 부족하면 작물은 위조하여 고사하게 된다. 수분이 부족하면 잎이나 열매에서 ABA 함량이 증가하여 기공을 닫기 때문에 광합성이 저하되고, 증산작용이 억제된다. 또한 세포의 비대가 억제되고, 단백질과 세포벽 생성이 억제되어 잎이 작아지고, 효소활성이 저하된다. 줄기와 근채류의 뿌리는 비대가 불량해지고, 과수나 과채류는 열매가 작아지고 낙과와 바이러스 발병이 심해진다. 한해는 생육이 왕성한 계절뿐만 아니라 월동 중 가뭄이 심하면 내한성이 약해져 동해凍害까지 유발되기도 한다.

2) 수분과잉 장해

배수가 불량하거나 강우가 계속되어 토양수분이 과잉으로 많아져 발생하는 장해를 습해濕害라고 한다. 습해가 발생할 경우 토양공극이 물로 채워지기 때문에 통기불량으로 산소가 부족해서 각종 생리장해가 발생한다. 산소가 부족하면 뿌리의 호흡이 억제되어 양수분의 흡수에 필요한 에너지 공급이 원활하지 못하게 된다. 토양수분이 과다할 경우에는 지온 상승이 억제되어 양수분의 흡수가 불량하여 뿌리의 생육이 억제된다. 또한 산화형 철과 망간이 환원형으로 되고, 이것들이 작물에 과잉 흡수되면 잎에 갈색반점이나 황화현상이 나타난다.

4 토양환경

토양은 식물체를 지지해주고, 생육에 필요한 양수분을 공급해주는 역할을 한다. 따라서 토양의 성질과 상태에 따라 작물의 생육에 큰 영향을 미치므로 적절하게 개량하고 관리해야 한다.

1 토양의 종류와 특성

토양은 일반토양과 원예용 특수토양으로 구분할 수 있다. 일반토양은 지표면이나 지표 근처의 암석이 산소, 물, 열작용 등으로 풍화되어 작은 입자로 깨진 풍화산물과 결합한 유기물, 미생물, 수분, 공기 등으로 구성되어 있다. 일반도양은 토양반응에 따라 산성토양과 알칼리성토양, 용도에 따라 밭토양과 논토양으로 구분하며, 특히 모래와 점토 함량에 따라 사토, 사양토, 양토, 식양토, 식토로 구분한다.

1) 모래와 점토 함량에 따른 토양 종류

① 사토 砂土

모래가 70% 이상, 점토가 12.5% 이하로 함유되어 있는 토양으로, 선인장과 다육식물과 같이 배수가 잘되고 건조한 환경에서 잘 생육하는 종류에 적합한 토양이다. 다른 토양에 비해 지온이 높고, 배수성이 너무 좋아 오히려 건조하기 쉽고, 비료 성분이 쉽게 용탈되므로 시비관리에 신경을 써야 한다. 이러한 단점을 보완하기 위해 점토 또는 유기물들을 혼합하여 사용하기도 한다.

② 사양토 砂壤土

모래가 65% 정도, 점토가 12.5~25% 범위로 구성되어 있는 토양으로 사토보다 보수성 및 보비력이 높은 편이다.

③ 양토 壤土

점토의 함량이 25~37.5% 범위인 토양으로 사토와 점토의 비율이 거의 비슷하게 구성되어 있다. 일반적으로 토양 이화학성이 양호하여 대부분의 원예작물 재배에 적합하다.

④ 식양토 埴壤土

점토를 37.5~50% 포함하고 있는 토양으로 보수력과 보비력이 좋아 뿌리의 생육이 양호하며, 관상수의 육묘와 노지작물의 재배에 적합하다.

⑤ 식토 埴土

점토를 50% 이상 포함하고 있는 토양으로 보수성과 보비력은 강하나 배수성과 통기성이 나쁘기 때문에 모래나 유기물들과 혼합하여 사용하는 것이 좋다.

2) 원예용 특수토양

원예용 특수토양으로는 부엽토, 피트모스, 버미큘라이트, 펄라이트, 수태, 오스만다, 바크, 코코피트 등이 있다.

① 부엽토 腐葉土

부엽토는 활엽수의 낙엽을 썩힌 것으로 산지에 퇴적된 것이나 인위적으로 퇴적하여 만든다. 다른 용토와 혼합하여 사용하면 배수와 통기성이 양호해지며, 토양 미생물의 활동도 활발해지고, 토양산도도 완화시킨다.

② 피트모스 peatmoss

피트모스는 peat[이탄, 토탄] + moss[이끼]의 합성어로 습지에 이끼가 오랫동안 퇴적되어 부숙된 것으로 천연적으로 생긴 유기물이다. 피트모스 중에서 습지의 바닥 하층부에 축적되어 많이 부숙되었고 색깔이 짙으며, 상대적으로 pH가 5~6 정도로 높은 층에서 채취한 것을 블랙피트모스[black peatmoss]라고 한다. 또한 습지의 상층부에 축적되어 덜 부숙되었고, 색깔이 좀 더 밝으며, pH가 3~4 정도 되는 층에서 채취한 것을 화이트피트모스[white peatmoss]라고 한다. 피트모스는 보수성과 통기성이 좋고, 양이온치환용량이 높아 보비력이 우수한데, 산도가 다른 용토보다 낮은 편이다.

③ 버미큘라이트 vermiculite

버미큘라이트는 질석을 1,000℃로 고온처리하여 생산된 갈색 토양으로 황금빛 광택이 있다. 무게는 모래의 1/15 정도로 가볍고, 보비력 · 보수성 · 배수성이 우수하며, 무비 · 무균 상태로 중성에 가깝다. 주로 삽목 및 파종용토로 사용하거나 다른 용토들과 혼합하여 사용하고 있다.

④ 펄라이트 perlite

펄라이트는 화산암의 일종인 진주암을 1,400℃ 정도에서 고온처리한 것으로 원석의 약 10배 이상 팽창된 백색의 입자이다. 모래보다 86% 정도 가벼워 관수하면 물에 떠서 움직이기 쉽고, 통기성이 우수하며, 무비 · 무균 상태의 중성토양이다. 삽목용토나 화훼류 양액재배에 주로 사용되고 있으며, 다른 용토와 혼합하여 사용하기도 한다.

⑤ 수태 水苔, sphagnum moss

수태는 혼합물이 없는 이끼를 건조한 것으로 보수력과 통기성이 우수하다. 주로 난류, 관엽식물류 및 착생식물의 재배 시 사용하며, 1년 정도가 지나면 썩기 때문에 새로 교환해 주어야 한다.

⑥ 오스만다 osmanda

오스만다는 고사리와 같은 양치류의 뿌리층을 분리하여 건조시킨 것으로 배수성과 통기성이 매우 우수하다. 주로 수태와 혼합하거나 단용으로 서양란 재배에 사용하고 있다.

⑦ 바크 bark

바크는 주로 흰 전나무의 껍질로 만든 토양으로 배수성과 통기성이 우수하다. 주로 난 재배에 많이 사용하고 있다.

⑧ 코코피트 cocopeat

코코피트는 코코넛 열매 과피의 부산물로, 수분을 20% 이하로 하여 압축하고 가공한 후 훈연소독하여 이용하는 토양이다. 코코피트는 피트모스와 유사하여 보수성과 보비력이 우수하고, 통기성이 좋으며, 양이온교환능력이 높고, 무균 상태로 장기간 썩지 않는 특성이 있다. 최근 원예용 상토에는 코코피트가 70~80% 포함되어 있다. 이러한 인공토양이나 특수토양은 다음과 같은 조건을 갖추어야 한다.

① 통기성과 배수성이 좋아야 한다.
② 보수성과 보비력이 좋아야 한다.
③ 토양산도는 중성에 가까워야 한다.
④ 잡초 종자 및 병충해가 없는 무병토라야 한다.
⑤ 표토가 깊고 부드러워야 한다.

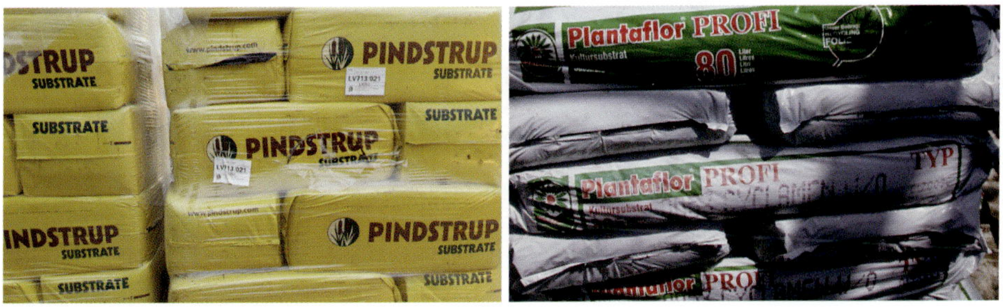

그림 3-17 | 농가에서 많이 이용하는 물리 화학적 기능이 좋은 재배용 인공토양

2 토양의 물리성과 생육

토양의 물리성을 구성하는 요인들은 토성, 공기, 수분 등이며, 배수성, 통기성, 보수성 등을 좌우한다. 토성土性은 토양입자의 직경에 의한 토양의 성질을 말하는데, 입자의 직경이 2㎜ 이상인 것을 자갈이라고 하고, 0.05~2㎜ 크기의 입자를 모래, 0.02㎜ 이하의 것을 점토라고 한다. 토성은 모래와 점토의 함량에 따라 사토, 사양토, 양토, 식양토, 점토로 분류하며, 토성에 따라 작물의 생육이 다르게 나타난다.

표 3-5 | 사질토양과 점질토양에서의 채소류와 과수류의 생육 (박 외, 1999)

작물	사질토양	점질토양
채소류	• 지온이 빨리 높아져 생육이 촉진되어 수확이 빨라진다. • 생육이 빨라 육질이 허술하고, 노숙현상이 일어나 저장력이 떨어진다. • 근채류는 잔뿌리가 적어 큰 뿌리가 생산된다. • 배추나 마늘은 병해나 한해, 동해에 대한 저항성이 떨어진다.	• 노숙현상이 억제되며, 생산물 조직이 치밀하며, 저장력이 강하다. • 초기생육이 늦고, 수확이 늦어진다. • 근채류는 잔뿌리가 많고, 겉모양이 불량하다 • 배추나 마늘은 동해, 한해에 대한 저항성이 높아진다.
과수류	• 곧은 뿌리가 잘 발달하고, 측근발생이 억제된다. • 착색과 성숙이 촉진되고 결실이 빨라진다. • 건조하기 쉽고, 양분결핍으로 생리장해가 나타난다.	• 잎과 줄기의 생장이 왕성하고, 화아형성이 늦고, 결실이 지연되며, 열매가 적고 품질이 저하된다. • 배수가 불량하면 뿌리의 호흡이 억제되고, 침수피해를 받을 수 있다.

토양의 입자와 입자 사이의 빈 공간을 공극이라고 하며, 공극은 물과 공기로 채워진다. 공극에 물이 많고 공기가 부족하면, 산소 농도가 낮아져 호흡작용이 억제되고 뿌리의 신장이 늦어지고 양분흡수가 불량하게 된다. 또한 토양에 공기가 부족하면 토양미생물의 활동이 억제되어 유기물의 산화적 분해가 지연되며, 혐기성 미생물의 활동으로 유독성 물질이 생성되어 해를 줄 수 있다.

3 토양의 화학성과 생육

1) 토양반응

토양 용액이 나타내는 산성, 중성, 알칼리성의 화학적 성질, 즉 수소이온농도[pH]인 산도를 토양반응이라고 한다. 토양반응은 식물의 생육과 토양생물의 활성 및 토양 성분의 화학적 변화에 영향을 미쳐 양분의 유효성을 변하게 한다. 토양용액의 pH가 7이면 중성, 7 이상이면 알칼리성, 7 이하이면 산성인데, 작물의 생육에 적합한 pH는 5.5~7 범위이다. 우리나라의 경작지 토양은 대부분 산성을 나타내며, 지역에 따라서는 강한 산성을 나타내어 원예작물의 생육이 억제되는 경우가 있다.

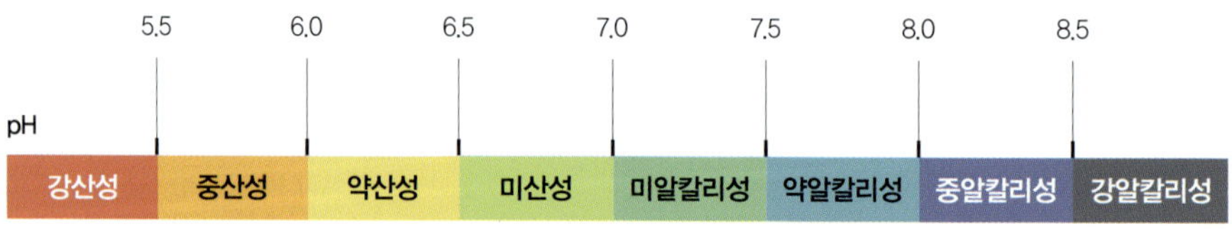

그림 3-18 | 토양반응의 pH 값에 의한 구분

토양의 산성이 강해지면 작물생육을 저해하는데, 그 원인은 다음과 같다.

① 수소이온농도가 높아져 해작용[害作用]을 한다.

② Ca, Mg 등의 염기가 용탈되어 결핍현상이 나타난다.

③ Al이 과잉 용출되어 해작용을 한다.

④ 인산이 불용화되어 작물이 흡수할 수 없다.

⑤ Mn 등의 용해도가 커져 과다증상이 나타난다.

⑥ 토양미생물인 질산화균, 근류균 등의 활력이 저하된다.

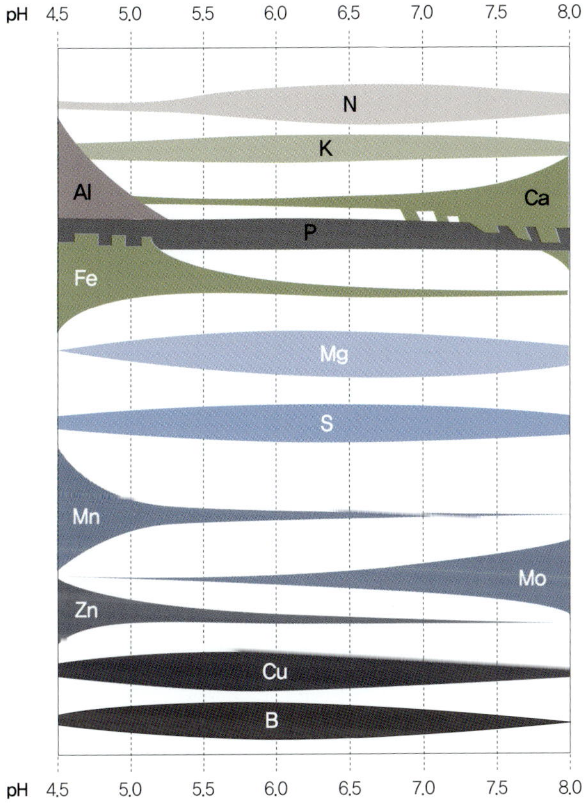

그림 3-19 | 토양 pH에 따른 양분의 흡수 정도

토양은 강수량이 많으면 토양 속의 용해된 염기가 배수와 함께 용탈되거나 황산암모늄$(NH_4)_2SO_3$과 같은 생리적 산성비료를 시용하면 수소이온이 많아져 산성화가 된다. 또한 토양 중에 질소와 유황을 함유하는 물질이 미생물 작용에 의해 질산窒酸, HNO_3 및 황산黃酸, H_2SO_4이 생산되어 토양에 수소이온을 공급하여 산성화를 촉진시킨다.

원예작물은 종류에 따라 토양반응에 따른 적응성에 차이를 보이므로, 작물을 정식하기 전에 토양의 pH를 측정하여 작물에 적합한지를 알아야 한다. 만약 pH가 작물이 생육하기에 낮은 산성토양인 경우에는 생석회, 탄산석회, 소석회 분말을 뿌린 후 경운하여 토양 전층에 섞이도록 한다. 또한 퇴비와 같은 유기물을 투여하거나 생리적 산성비료를 염기성비료로 대체하는 것도 토양의 산성화 방지에 효과적이다.

표 3-6 | 토양산도와 원예작물의 적응성 (고 외, 1992; 김 외, 2003)

토양산도pH	적응하는 원예작물의 종류
강산성 5 이하	감자, 철쭉, 소나무류, 네프로네피스, 아디안텀, 아게라텀, 베고니아, 아나나스, 은방울꽃, 치자나무, 칼라 등
약산성 5~7	양파, 시금치, 당근, 브로콜리, 양배추, 오이, 무, 고구마, 감나무, 배나무, 복숭아나무, 밤나무, 포도나무, 사과나무, 국화, 글라디올러스, 금어초, 꽃창포, 백합, 스토크, 시클라멘, 심비디움, 장미, 카네이션, 페츄니아, 포인세티아, 후크시아 등
중성 7	루피너스, 메리골드, 백일홍, 아스타, 안개꽃, 프리뮬러 등
알칼리성 7 이상	거베라, 금잔화, 제라니움, 시네라리아, 스위트피, 저먼아이리스 등

2) 염류집적

작물을 재배할 때 비료를 공급하게 되는데, 이때 비료 성분인 염류는 일부가 작물에 흡수되고 나머지는 용탈되거나 토양 표층에 집적된다. 이를 염류집적鹽類集積이라고 한다. 노지에서 다비재배 시 인산염이 집적되기 쉽고, 시설재배에서도 염류가 표층에 다량 쌓이게 된다. 염류가 집적되면 수분 흡수가 불량하기 때문에 생육이 억제되고, 심하면 잎이 타 들어가는 현상이 나타나기도 한다. 특히, 시설 내에서는 자연 강우가 차단되고 표면관수로 인한 염류용탈이 안 되고, 다비재배로 인하여 염류집적의 원인이 된다.

염류집적을 방지하기 위해서는 먼저 토양의 전기전도도EC : electric conductivity를 조사하여 얼마나 염류가 집적되어 있는지를 파악해야 한다. 토양의 염류농도가 높으면 전기전도도는 높아진다. 염류집적의 피해를 방지하기 위해서는 합리적인 시비를 해야 하며, 심경이나 객토를 실시하고, 담수처리를 하여 염류를 용탈시키고, 흡비작물을 재배하는 등의 대책이 필요하다.

3) 토양 유기물

토양 유기물은 동식물의 유체인데, 이 중에서 주로 식물체가 미생물에 의해 분해되어 생성된 것을 부식^humus^이라고 한다. 토양 유기물은 토양반응의 완충능을 증대시키고, 입단화를 촉진시켜 물리성을 개선시키며, 보수력과 보비력을 향상시키고, 지온을 상승시키며, 미생물의 활동을 촉진시킨다.

4) 토양 생물

토양에는 식물뿐만 아니라 동물, 미생물로 구성된 생태계를 형성하고 있는데, 토양 중에는 조류, 곰팡이, 세균 등의 미생물과 쥐, 선충, 지렁이, 달팽이, 개미, 두더지 등의 동물이 있다. 토양미생물 중에서 유해 미생물은 작물 재배에 병해를 유발시킬 수도 있으며, 식물기생성 선충은 식물의 뿌리에 기생하여 즙액을 빨아 먹어 해를 준다. 지렁이는 흙을 섭취하여 배설하기 때문에 토양을 개선하고 비옥도를 높이는 효과가 있다.

5) 토양의 생산성

고품질의 원예생산물을 안정적으로 다수확하기 위해서는 토양의 물리성과 화학성 및 생물학적 성질이 종합적으로 갖추어져야 한다. 그러나 다음과 같은 여러 가지 원인에 의해 지력이 감퇴된다.

① 작물의 생육, 개화 및 결실하는 데 필요한 양만큼의 비료 성분을 보충해주지 않으면 약탈현상으로 지력이 떨어진다.
② 강우로 인하여 토양이 침융되어 작물을 재배할 수 있는 작토층이 얇아지고, 염류의 용탈로 지력이 감퇴된다.
③ 매년 같은 작물을 연작해서 재배하거나 산성비료를 시비하거나 지하수위가 높아지면 지력이 떨어진다.

이러한 지력 감퇴 문제를 해결하여 지력을 향상시키기 위해서는 다음과 같은 방법이 있다.

---

① 퇴비를 시비하여 토양의 물리 및 화학성을 개선시키고 산성화를 방지하고, 입단화를 촉진하여 통기성 및 보수력이 향상되고, 지온유지 및 토양미생물의 활동을 촉진시키면 작물의 생육이 좋아진다.

② 작토층에는 염류가 집적되어 있고, 심토층에는 단단한 토층이 형성되어 배수가 안되고 통기가 불량한데, 토양을 깊게 가는 심경深耕으로 작토층과 심토층의 토양이 혼합되도록 함으로써 염류집적, 통기불량 등의 문제를 해결할 수 있다.

③ 배수가 불량하면 산소부족으로 뿌리의 생리기능이 저하되고, 비료성분의 분해, 토양미생물의 활동 둔화 등으로 작물의 생산성이 떨어지므로 배수를 철저히 한다.

④ 연작을 피하고, 매년 다른 작물들을 번갈아 재배하는 윤작으로 기지현상 및 토양전염성 병해를 방지할 수 있다.

⑤ 토양을 증기나 약제로 소독해야 토양전염성 병해를 억제할 수 있다.

---

5 공기환경

대기 중의 공기는 작물의 생육과 밀접한 관련이 있는데, 특히 이산화탄소와 산소는 광합성과 호흡에 절대적인 영향을 미친다. 또한 공기의 이동으로 생기는 바람도 과실의 낙과, 작물의 도복 및 형태형성에 영향을 미친다.

1 공기 조성과 생육

대기권은 지상 90㎞를 기준으로 그 이하를 균질권, 그 이상을 비균질권이라고 한다. 균질권은 지상에서 12㎞까지를 대류권對流圈, 12~50㎞ 사이를 성층권成層圈, 50~90㎞까지를 중간권中間圈이라고 하며, 성층권 내의 약 30㎞ 부근에 오존층이 있어 자외선을 흡수하여 차단하기 때문에 지상의 식물들이 자외선에 의한 피해를 막을 수 있다. 작물의 생육과 관련 있는 대기는 대류권으로 대기 공기질량의 80%가 집중되어 있다. 또한 대류권에서는 1㎞ 상승 시마다 온도가 6.5℃씩 감소하고, 지상의 복사열로 인하여 대류현상이 일어나고, 각종 기상현상이 나타나 작물의 생육에 큰 영향을 미친다. 원예작물들은 대류권에서 재배하고 있고, 여름철 고랭지에서 원예작물을 재배할 수 있는 것은 대류권에서는 높이 올라갈수록 기온이 하강하기 때문이다.

지표 근처의 건조공기의 성분비를 보면, 질소 78.1%, 산소 21.0%, 아르곤 0.9%, 이산화탄소 0.035%, 네온 0.0018% 등이 차지하고 있다. 이 외에도 대기 중에는 수증기, 미생물, 화분, 분진, 유해가스 등이 있어 작물의 생육에 영향을 미친다.

표 3-7 | 순수한 건조공기의 성분비 (박 외, 2009)

성분	부피%	농도ppm	성분	부피%	농도ppm
질소 N_2	78.08	780,800	수소 H_2	0.00005	0.5
산소 O_2	20.95	209,500	일산화질소 NO	0.000025	0.25
아르곤 Ar	0.93	9,300	일산화탄소 CO	0.00001	0.1
이산화탄소 CO_2	0.035	350	오존 O_3	0.000002	0.02
네온 Ne	0.0018	18	암모니아 NH_3	0.000001	0.01
헬륨 He	0.00052	5.2	이산화질소 NO_2	–	0.001
메탄 CH_4	0.0002	2.0	이산화황 SO_2	–	0.0002
크립톤 Kr	0.0001	1.0			

대기 중의 공기는 다음과 같이 작물의 생육에 영향을 미친다.

① 호흡작용에 필요한 산소를 공급한다.

② 광합성의 주재료인 이산화탄소를 공급해 준다.

③ 질소는 질소고정균에 의해 식물체에 공급해 준다.

④ 공기의 이동인 바람은 작물의 도복과 낙과를 유발하며, 유해가스 피해를 방지하는 데 도움을 준다.

⑤ 유해가스에 의해 작물의 생리장해를 유발시킨다.

2 이산화탄소와 생육

공기 중 이산화탄소는 광합성의 주재료인 물질인데, 계절, 시간, 식생, 바람, 위치 등에 따라 그 농도가 다르다. 작물의 광합성은 이산화탄소의 농도가 높아지면 증가하는데, 호흡에 의해 방출되는 이산화탄소량과 광합성에 의해 흡수되는 이산화탄소량이 같아져 순광합성이 0이 되는 때의 이산화탄소 농도를 탄산가스보상점이라고 한다. 그리고 이산화탄소 농도가 더 증가함에 따라 광합성이 증가하는데, 어느 정도 농도에 도달하면 더 이상 광합성이 증가하지 않는데, 이때의 이산화탄소농도를 탄산가스포화점이라고 한다. 탄산가스포화점 이상의 이산화탄소 농도는 오히

그림 3-20 | 농장에서 이용하는 CO_2 발생기

려 광합성을 감소시킨다. 따라서 작물의 생육을 촉진시키기 위해서는 탄산가스포화점까지 이산화탄소의 농도를 높여주는 것이 좋다. 대체로 작물의 탄산가스보상점은 이산화탄소 30~80ppm 수준으로 대기 중의 이산화탄소 농도보다 낮다. 반면에 탄산가스포화점은 1,200~1,800ppm 정도이므로 인위적으로 이산화탄소 농도를 높여주면 광합성이 크게 증가한다. 시설재배에서 이산화탄소 농도가 낮아지기 쉬우므로 인위적으로 이산화탄소를 시설 내에 공급하는데, 이를 탄산시비^炭酸施肥^라고 한다. 또한 광합성은 이산화탄소 농도뿐만 아니라 광도의 영향을 받는데, 광도가 높아지고 이산화탄소 농도가 높을 때 광합성량이 증가한다.

3 공기오염물질과 생육

최근 도시화와 공업화가 진전되면서 자동차의 배기가스, 난방지의 연소가스, 공장의 폐기가스, 토양유기물의 분해 등의 오염원에서 O_3, PAN, NO_X, SO_X, HF, Cl_2, CO, NH_3, HCl, H_2S, C_2H_4, 분진 등의 오염물질이 발생한다. 이러한 오염물질들은 잎 표면에 흡착되거나 기공을 통해 침입하기 때문에 피해 증상은 주로 잎에서 나타나며, 특정 성분과 결합하고, 효소작용을 방해하여 각종 대사활동을 억제한다.

불화수소^HF^에 의한 피해증상으로는 잎의 선단이나 주변 부위가 황갈색으로 변하고, SO_2나 NO_2에 의한 피해증상은 잎의 엽맥사이에 반점이 나타난다. 또한 오존^O3^은 잎의 표면에 작은 반점을 유발하고, PAN^peroxy acetyl nitrate^은 잎의 뒷면을 잿빛이나 청동색으로 변하게 한다.

공기오염물질에 의한 피해를 경감시키기 위해서 다음과 같은 방법을 사용한다.

① 시설재배에서 천창과 측창을 개방하고, 환기팬을 가동하여 환기를 통한 오염공기를 확산 또는 배출시킨다.

② 공기가 오염된 지역에 오염물질에 내성이 강한 식물을 심어 흡수하여 제거하도록 한다.

③ 공기 오염 정도가 약한 시기에 재배하도록 재배방식을 개선한다.

④ 공기오염물질에 내성이 있는 저항성 종류나 품종을 재배한다.

⑤ 석회유나 증산억제제와 같은 약제를 엽면살포하면 HF, SO_2 등에 의한 피해를 줄일 수 있다.

4 바람과 생육

1) 바람의 영향

지상의 공기는 열대류에 의한 기압 차이와 지구의 자전에 의해 수평으로 이동하는데, 이를 바람이라고 하고, 공기의 밀도가 높은 고기압에서 밀도가 낮은 저기압으로 이동한다. 이 바람은 작물의 생육에 유리한 점이 있으나 불리하게 작용하는 경우도 있다. 먼저 유리한 점을 살펴보면 다음과 같다.

① 공기의 순환으로 공기의 성분비를 일정하게 만들어, 작물 주변의 이산화탄소 농도를 유지시켜 광합성을 조장한다.

② 공기오염물질들을 확산시켜 희석시킴으로써 농도를 낮춰준다.

③ 잎의 움직여 그늘진 곳의 잎의 수광량을 증대시켜 광합성을 촉진시킨다.

④ 다습조건의 시설 내부를 건조시켜 병해 발생을 감소시켜 준다.

⑤ 증산작용을 촉진시켜 기공으로부터 이산화탄소 흡수량을 증가시키고, 뿌리로부터 양수분의 흡수를 촉진시킨다.

⑥ 풍매화의 경우 바람에 의해 수분을 매개한다.

⑦ 고온기에 기온과 지온을 낮춰주고, 봄과 가을에 서리의 피해를 막아준다.

바람이 불어 불리하게 작용하는 점은 다음과 같다.

① 심한 바람은 가지를 부러뜨리거나 기계적인 상처를 입힌다.

② 강풍에 의해 낙화나 낙과 피해를 유발한다.

③ 바람에 의해 작물이 쓰러지는 도복으로 품질이 저하되거나 수량이 감소된다.

④ 작물의 기계적 손상으로 호흡이 증가하여 양분 소모가 많아진다.

⑤ 강풍의 경우 잎이 심하게 움직이면 수광량이 줄어들고, 기공이 닫혀 광합성량이 감소한다.

⑥ 건조한 바람이 불면 증산작용을 지나치게 촉진시켜 건조해를 유발한다.

⑦ 겨울철이나 한대지방에서 찬바람이 불면 식물의 체온을 낮춰 생육에 불리하다

⑧ 바람에 의해 토양이 비산되어 유실된다.

2) 풍해의 대책

적당한 바람은 작물생육에 유리하게 작용하므로 시설재배에서는 천창과 측창을 통한 자연환기 또는 환기팬을 설치하여 실내외의 공기를 순환시켜주는 것이 좋다. 그러나 강한 바람은 작물에 피해를 주기 때문에 이를 줄이기 위한 대책을 마련해야 한다.

① 바람이 심한 곳에는 방풍림 또는 방풍벽을 설치하여 바람을 차단한다.

② 피복작물을 심고, 토양수분을 충분히 유지시키며, 풍향을 고려하여 이랑을 만들어 토양의 유실을 방지한다.

③ 내풍성 작물 또는 품종을 식재하고, 지주대를 세우고, 낙과방지제를 처리하는 등의 재배적인 조치로 풍해를 줄인다.

IV

원예작물의 재배관리

1. 육묘 및 정식
2. 관수
3. 시비관리
4. 정지, 전정과 결실

고품질의 원예작물을 다수확하기 위해서는 적절한 재배관리가 요구된다. 재배자는 건실한 모종을 생산하기 위한 육묘관리, 정식 후 작물의 생육을 촉진시키기 위한 수분과 시비관리, 정지와 전정을 통한 개화와 결실관리 등의 과학적인 재배기술 등을 알고 있어야 한다. 따라서 이 장에서는 원예작물을 재배하는 데 필수적인 육묘와 정식기술, 수분관리 및 시비관리 기술, 정지와 전정 및 결실관리 기술들을 설명하고자 하였다.

1 육묘 및 정식

1 육묘의 중요성

육묘育苗는 종자 파종이나 삽목 또는 접목 같은 번식으로부터 정식할 때까지 모종을 가꾸는 것을 말한다. 원예작물에서는 채소류나 화훼류에서 주로 육묘 작업을 많이 하고 있다. 육묘 기간 동안의 모종의 상태는 정식 후 수확 시 생육, 품질, 수량 등에 영향을 미치기 때문에 매우 중요하다.

2 공정육묘의 필요성과 장단점

과거의 관행적인 육묘방식은 묘상을 설치하거나 비닐하우스 내 묘상을 만들어 가온 또는 보온하면서 모종을 생육시킨 다음 정식하는 방법이었다. 그러나 최근에는 채소류와 화훼류의 대단위 규모화와 자동화, 식물공장형 생산시스템의 도입 등으로 관행적인 육묘 방식에서 탈피하여 공정육묘시스템이 도입되어 이용되고 있다. 공정육묘는 공정묘 또는 셀cell성형묘라고 하는 플러그묘를 생산하는 것인데, 응집성이 있는 소량의 배지가 담겨져 있는 수십 내지 수백 개의 셀들이 있는 플러그 트레이에서 길러진 모종이다. 플러그묘 생산 시스템에서는 플러그 트레이에 종자가 기계적으로 파종되고, 셀 하나에 한 개의 식물체가 자라 뿌리가 배지와 엉켜있기 때문에 트레이에서 뽑았을 때 뿌리의 상처가 나지 않으며, 전기 플러그에 꽂는 것처럼 정식할 수 있어서 플러그라는 용어를 사용하고 있다. 공정육묘는 재래식 관행육묘에 비해 파종 속도와 정확성, 묘의 균일성, 정식 시 상처, 계획생산 및 출하, 묘의 수송,

공간 이용효율, 정식의 용이성 등에서 많은 장점이 있다.

공정육묘의 장점은 다음과 같다.

① 모종을 플러그 트레이에서 뽑아 바로 정식하므로 이식이 간편하고, 뿌리가 잘리거나 상처를 입지 않아 활착이 빠르다.
② 관행육묘보다 생산비가 절감되며, 모종의 균일성이 높다.
③ 재배자들이 원하는 시기에 모종을 공급할 수 있도록 계획생산과 출하가 가능하다.
④ 관행육묘와 같이 묘상 설치와 가식과 같은 육묘작업이 불필요하여 시설의 이용효율이 증대되고, 시설 회전율이 높다.
⑤ 환경이 조절되는 발아실과 온실과 육묘작업이 진행되므로 주년생산이 가능하다.
⑥ 건전한 모종을 이용하여 재배함으로써 수량과 품질이 증대되어 생산성이 향상된다.
⑦ 파종부터 정식까지 기계화 작업이 가능하여 생산효율을 증대시킬 수 있다.

그러나 묘상의 상토에서 삽목할 경우보다 플러그 트레이의 셀 크기가 작기 때문에 환경에 대한 완충 능력이 낮아 제때에 관수하지 않으면 수분 부족으로 고사할 수도 있다. 또한 적절한 환경 조절이 안된다면 모종이 불균일하고 웃자랄 수도 있으므로 숙련된 기술 인력이 필요하고, 자동파종기, 발아실, 육묘실 등의 기자재와 시설비가 요구되는 단점이 있다.

그림 4-1 | 플러그 육묘용 자동파종기

그림 4-2 | 셀의 수가 다양한 플러그 트레이와 플러그묘

3 공정육묘 과정

1) 파종단계

모종의 계획생산과 대량생산을 위해서는 기계화와 자동화가 필요하다. 파종단계에서 필요한 자재와 시설은 다음과 같다.

① 용토

플러그묘를 생산하기 위해서는 통기성과 배수성, 보수성과 보비성, 토양 pH 등의 조건이 적절한 용토가 필요하다. 대부분 피트모스, 코코피트, 펄라이트, 버미큘라이트와 같은 인공용토를 작물에 맞게 혼합하여 사용하고 있다.

② 플러그 트레이

플러그 트레이는 가로 56㎝, 세로 28㎝의 규격을 지닌 플라스틱 재질로 만들어져 있다. 그 안의 셀의 숫자는 32공부터 512공까지 다양한데, 이러한 셀 크기는 작물의 생육특성, 용토의 비료 함량, 육묘기간 등에 따라 적절한 것을 선택해서 사용해야 한다.

③ 자동파종기

종자를 균일하고 대량으로 파종하기 위해서는 자동파종기가 필요하다. 자동파종기에는 배양토혼합기, 플러그 트레이 공급 장치, 플러그 트레이에 배지를 공급하는 장치, 플러그 트레이에 파종할 구멍을 내는 장치, 진공파종기, 복토기, 관수기 등과 이를 조절할 수 있는 콘트롤 장치 등이 포함되어 있다.

2) 발아 및 육묘단계

파종 후 관수가 끝나면 발아실로 옮겨주어야 하는데, 발아실에는 작물의 발아에 필요한 온도와 광 요구도를 감안하여 적절하게 맞춰주어야 한다. 발아가 완료되면 육묘실로 옮겨서 단계별로 순화시켜 준다.

3) 출하단계

육묘실에서는 발아실보다 습도는 낮고, 광도는 높게 관리해야 한다. 또한 생육을 위해 적절한 비료를 공급해주어야 하며, 도장徒長되지 않도록 관리해야 한다. 정식할 수 있는 줄기와 엽수가 확보되면 출하해야 하는데, 출하 전에 광도를 더 높이고 수분 공급을 줄여 경화시키는 것이 정식 후 열악한 환경에서도 잘 생육할 수 있다.

4 정식

모종이 적당한 크기로 생장하면 본 포장에 옮겨 심는데, 이를 정식이라고 한다. 정식시기는 작물의 특성에 따라 다른데, 예를 들어 춘파일년초 중에서 메리골드와 샐비어를 4월 중순경에 파종하면 각각 5월 말경과 6월 중순경에 정식할 수 있다. 그러나 노지에 정식할 경우 외부 기온이나 기상환경이 정식 후 뿌리 활착이나 생육에 지장이 없을 때 하는 것이 좋다. 또한 모종의 뿌리가 상처를 입지 않도록 주의해야 하며, 미리 본 포장에 기비로 적정량의 유기물퇴비 및 비료를 시비해 놓는 것이 좋다. 공정육묘로 생산된 모종은 정식기를 이용할 경우 노동력을 절감할 수 있는 장점이 있다.

2 관수

작물의 생육에 적절한 수분상태를 유지하기 위해 토양에 물을 인공으로 공급하는 것을 관수灌水 또는 관개灌漑라고 한다.

1 수온과 수질

관수용으로 수돗물, 시냇물, 빗물 등이 사용되고 있으나, 빗물이 가장 적합하며 시냇물과 수돗물도 유해물질이 없으면 사용해도 된다. 수온은 기온과 비슷한 온도의 물을 관수하는 것이 바람직하다. 온실에서 작물을 재배할 때에는 노지보다 기온이 높으므로 수온이 높은 물을 관수해야 하는데, 특히 고온성 식물의 경우 여름철에 수온이 낮은 지하수나 수돗물을 직접 관수하는 것은 잎에 얼룩무늬의 피해가 발생한다. 이런 경우에는 온실 내에 물탱크를 설치하여 물을 받아 두어 기온과 비슷한 수온의 물을 관수하는 것이 좋다. 반면에 여름에 직사광선을 받아 지나치게 수온이 높은 물을 관수하는 것도 작물의 잎에 피해 증상이 나타난다.

그림 4-3 | 잎에 닿은 물이 렌즈와 같이 되어 피해를 입은 바이올렛

2 관수시기와 관수량

관수시기는 작물의 이용할 수 있는 토양의 수분상태를 파악하여 적정한 수준을 유지할 수 있는 시점에서 결정해야 한다. 작물생육에 유효한 토양수분은 pF 2.5~4.2 범위이므로, 적정 관수시기는 유효수분상태를 유지하는 위조점인 pF 4.2에 도달하는

시점이라고 할 수 있다. 실제 관수 시에는 유효수분의 50~80% 정도가 소모되었을 때 관수하는 것이 바람직하며, 위조점보다 높은 수분 함량을 유지해 주어야 한다. 식물의 건물 1g을 생산하는 데 필요한 수분량을 요수량要水量이라고 하며, 원예작물의 요수량은 300~800g 정도이다. 그러나 작물의 증산작용, 토양수분의 증발, 토양 심층으로의 용탈 등으로 인하여 실제 관수해야 할 수분량은 요수량보다 더 많아야 한다. 이론적인 관수량은 토양의 포장용수량과 관수 직전의 토양함수율을 측정하고, 근군의 토양 깊이를 고려하여 결정한다.

관수량 = 포장용수량(%) − 관수 전 토양함수율(%)/100 × 근군 깊이(㎜)

그러나 관수량은 작물의 요수량, 생육단계, 재배시기, 재배방식, 환경조건, 토성 등에 따라 달라지기 때문에, 관수량과 관수횟수 등을 결정할 때에는 다각적인 측면들을 고려해야 한다.

3 관수방법

노지재배는 자연강우에 의해 수분이 공급되는데, 부족할 경우 인공관수를 실시해야 한다. 시설재배는 자연강우가 차단된 상태이므로 전적으로 인공관수에 의해 수분이 공급된다. 주로 노지에서는 전면관수, 고랑관수, 회전식 살수관수 등이 이용되고, 시설재배에서는 분수형관수, 지중관수, 점적관수 등이 이용된다.

1) 전면관수

작물이 재배되고 있는 토양 전표면에 수분을 공급하는 관수 방법으로, 관수 후 지표면이 굳어지거나 토양전염성병 발병 시 빠르게 확산될 수 있다.

2) 고랑관수

포장의 고랑에 수분을 공급하는 관수방법으로, 고랑 옆의 이랑과 밑으로 수분이 이동하여 작물의 근군이 분포되어 있는 부분까지 수분이 공급된다. 이 방법은 토양 표면이 굳어지지 않으나, 포장이 경사졌을 때 수분의 공급이 균일하지 못하고, 작물이 정식되어 있는 이랑 중앙까지 수분이 침투되지 않는다. 또한 고랑관수 시 고랑을 따라 토양전염성 병원균의 이동이 용이하므로 병 발생이 확산될 수 있다.

3) 분수관수

일정한 간격과 각도로 구멍이 뚫려있는 관수용 플라스틱 파이프나 튜브에 압력을 가해 수분을 분출시켜 공급하는 방법이다. 구멍은 일반적으로 두 줄 10~20㎝의 간격으로, 평면 또는 90° 각도로 뚫려 있다. 비닐하우스에서 딸기, 시금치, 상추 등의 토경재배 시 널리 사용되고 있다.

4) 살수관수

관수용 파이프에 노즐을 부착하여 압력을 가해 공중에서 수분을 공급해 주는 방법이며, 고정식과 회전식이 있다. 고정식은 부착된 노즐에 따라 전원형, 반원형 등 살수의 방향이 달라지게 된다. 회전식은 수압을 이용하여 부착된 노즐이 회전하면서 비교적 넓은 면적을 관수하는 장치이며, 스프링클러가 대표적인 예이다. 이 방법은 관수에 노동력이 절감되는 장점이 있으나, 공중에서 수분이 공급되어 식물체 잎 표면에 수분이 있는 시간이 길어 발병률이 높은 단점이 있다.

그림 4-4 | 살수관수에 이용되는 스프링클러 (좌) 회전식 스프링클러 (우) 고정식 스프링클러

5) 점적관수

가는 구멍이 있는 플라스틱 파이프나 튜브에서 물방울이 천천히 흘러나와 수분을 공급하는 방법이다. 이 방법은 토양 표면이 굳어지지 않고, 토양의 유실이 없으며,

넓은 면적을 균일하게 관수할 수 있는 방법으로 시설재배, 분재배, 베드재배 등에 널리 이용되고 있다.

그림 4-5 | **점적관수 방법** (좌) 점적호스를 이용한 관수 (우) 점적단추와 드립퍼를 이용한 관수

6) 지중관수

작물 근군의 토양에 직접 수분을 공급해 주는 방법인데, 두 가지 방법이 사용되고 있다. 그 하나는 구멍이 뚫려있는 관수 파이프를 지중에 매설하여 이를 통하여 수분이 토양으로 흘러나오게 하는 방법이다. 또 다른 방법은 화분이나 파종상 등을 물이 담겨있는 용기에 놓고 밑면에서 수분이 스며들어 올라오게 하는 형태로 저면관수라고도 한다. 지중관수는 지표면에 관수하는 방법들보다 토양유실, 표토경화, 토양오염, 토양전염성병해 등을 방지할 수 있는 장점이 있다. 특히 저면관수는 미세종자를 파종하거나 분화재배, 채소류 양액재배에서도 많이 이용하고 있는데, 가장 균일하게 관수할 수 있는 방법이다. 또한 잎 표면에 물이 닿지 않기 때문에 건조한 상태로 유지되어 병해 발생이 적은 장점이 있다.

그림 4-6 | **저면관수 방법** (좌) 플러그 트레이에 파종한 후 저면관수 (우) 분화용 저면관수

3 시비관리

토양 중에는 작물이 필요로 하는 무기양분들이 함유되어 있으나 재배작물들이 지속적으로 흡수하여 사용하기 때문에 부족한 양분들을 공급해 주어야 정상적으로 생육할 수 있다. 이와 같이 작물이 필요로 하는 양분들을 인위적으로 통양에 공급하는 것을 시비施肥라고 한다.

1 작물의 필수원소

원예작물은 여러 가지 원소들이 화학결합을 하여 만들어진 유기화합물과 무기화합물로 구성되어 있고, 이들 화합물들은 작물의 생육에 필요한 대사작용에 재료로 사용된다. 따라서 작물이 정상적으로 생장하고 발육하기 위해서는 다양한 원소들이 요구되는데, 이들 중 생장과 발육에 반드시 필요한 원소를 필수원소必須元素, essential elements라고 한다. 지금까지 알려진 필수원소는 16가지인데, 이들 중에서 작물 체내의 함량이 1,000ppm 이상으로 높고 많이 요구하는 C, H, O, N, P, K, Ca, Mg, S 원소들을 다량원소라고 한다. 그리고, 작물 체내 함량이 1,000ppm 미만으로 낮고 적은 양을 요구하는 B, Cu, Fe, Zn, Mn, Mo, Cl 원소들을 미량원소라고 한다. 필수원소들은 흡수할 수 있는 형태로 존재해야 작물이 이용할 수 있는데, C, H, O는 H_2O와 CO_2 형태로 흡수되며, N은 NO_3^-와 NH_4^+ 형태로, P는 $H_2PO_4^-$와 HPO_4^{-2} 형태로, K는 K^+ 형태로 흡수할 수 있다. 물과 이산화탄소로 공급되는 C, H, O를 제외한 원소들은 토양에 분포되어 수분에 흡수된 형태로 있다가 작물에 의해 흡수된다.

2 비료의 종류

비료는 작물의 생장을 촉진시키기 위해 양분을 작물에 직접 공급해주거나 토양의 화학적 변화를 일으키도록 공급하는 물질을 말한다. 경작지는 작물들이 계속하여 양분들을 흡수하여 사용하기 때문에 인위적으로 양분을 비료형태로 공급해 주어야 작물들이 정상적으로 생육할 수 있다. 작물이 가장 많이 흡수하여 이용하는 원소는 N, P, K인데, 이들 3원소를 비료의 3요소라고 한다. 비료는 형태, 주성분, 지속, 배합에 따라 다음과 같이 구분할 수 있다.

1) 비료의 형태에 따라

① 고체비료 : 요소, 황산암모늄, 용성인비, 용과린, 염화칼륨, 유기질 고형비료

② 액체비료 : 암모니아수, 붕산수, 각종 액비

③ 기체비료 : 이산화탄소, 에틸렌

2) 비료의 주성분에 따라

① 질소질비료 : 요소, 황산암모늄, 질산암모늄, 질산칼슘

② 인산질비료 : 과석, 중과석, 용성인비, 용과린

③ 칼륨질비료 : 염화칼륨, 황산칼륨, 질산칼륨

④ 석회질비료 : 생석회, 소석회, 탄산석회

3) 비효의 발현에 따라

① 속효성비료 : 요소, 황산암모늄, 질산암모늄, 염화칼륨, 과석 등 수용성비료

② 완효성비료 : 대부분 동식물유래 유기질비료

4) 배합여부에 따라

① 단일비료 : 요소, 황산암모늄

② 복합비료 : 비료 3요소 중 2성분 이상을 포함하는 비료

5) 원료 급원에 따라

① 무기질비료 : 황산암모늄, 과석, 중과석, 염화칼륨, 용성인비

② 유기질비료 : 퇴비, 두엄, 깻묵, 쌀겨, 어분, 골분

이러한 비료들은 대부분 토양에 시비하여 작물의 뿌리를 통해 흡수하지만, 작물의 잎에 액체 상태로 시비하거나 양액으로 공급하기도 하며, 이산화탄소의 경우에는 기체상태로 공기 중에 공급하는 경우도 있다.

그림 4-7 | 질소질비료 요소, 인산질비료 용성인비, 칼륨질비료 염화가리, 복합비료 질소 21%, 인산 17%, 칼륨 17%

그림 4-8 | 호접란 재배에 이용하는 완효성 입제 비료

3 시비량

시비량은 작물의 종류, 재배방식, 토양의 이화학성 및 기후 등에 따라 다르지만, 다음과 같이 계산한다.

시비량 = (작물의 흡수량 − 천연공급량) / 비료의 이용률

천연공급량은 자연적으로 토양 중에 분포해 있는 양분량이고, 작물의 흡수량은 천연공급량과 비료로 공급한 양분에서 작물이 흡수한 양이다. 비료의 이용률은 다음과 같이 계산한다.

비료의 이용률 = (시비구의 작물흡수량 – 무비구의 작물흡수량) / 비료 시용량

이와 같이 시비량을 이론적으로 계산할 수 있지만, 다양한 요인들이 작용하기 때문에 정확한 계산이 어렵다. 그래서 우리나라에서는 농촌진흥청에서 작물별로 시험을 통해 3요소에 표준시비량을 결정하고, 이 기준에 따라 작물을 재배하기 전에 토양분석을 통해 부족한 비료 성분들을 계산하여 시비하는 것이 좋다.

표 4-1 | 원예작물별 표준시비량 (농촌진흥청, 2006)

(kg/10a)

작물	노지재배			시설재배		
	질소	인산	칼륨	질소	인산	칼륨
고추	19.0	11.2	14.9	22.5	6.4	10.1
토마토	24.0	16.4	23.8	20.4	10.3	12.2
오이	24.0	16.4	23.8	19.7	10.3	12.2
딸기	19.0	5.9	10.9	9.6	4.9	7.4
참외	25.0	7.7	16.0	18.7	6.3	10.9
수박	20.0	5.9	12.8	13.8	4.9	8.7
무	23.4	5.1	8.1	17.5	4.9	10.4
당근	20.0	9.6	12.2	–	–	–
양파	24.0	7.7	15.4	–	–	–
마늘	25.0	7.7	12.8	–	–	–
상추	20.0	5.9	12.8	7.0	3.0	3.6
배추	32.0	7.8	19.8	17.8	3.0	7.3
시금치	25.0	5.9	11.9	6.5	3.0	4.7
장미	–	–	–	58.0	58.0	48.0
국화	50.0	17.0	17.0	22.0	22.0	20.0
카네이션	–	–	–	32.0	39.0	78.0

4 시비방법

1) 비료의 선택

비료는 종류가 다양하고 효과도 다르기 때문에 목적에 맞는 비료를 선택해야 한다. 먼저 비료의 주성분이 단일성분인지 복합성분인지를 선택하고, 형태가 고체, 액체, 기체인지를 선택한다. 그리고 비효가 완효성인지 속효성인지를 파악해야 한다.

그림 4-9 | 가정용으로 많이 이용하는 Hyponex® 비료

2) 시비시기

토양에 사용하는 비료는 기비[基肥, 밑거름]와 추비[追肥, 덧거름]로 구분하여 시비하는데, 기비는 정식 전에 토양과 혼합하는 비료로서 퇴비, 석회, 인산질비료는 전량을 기비로 주고, 화학비료는 일부를 기비로 준다. 추비는 작물이 생육 중에 주는 비료로서 화학비료 중에서 기비로 준 나머지의 잔량을 시비한다. 이때 시비시기와 횟수 등은 생육기간과 비효 기간 등을 고려하여 수 회로 나누어 시비한다.

초화류는 생장초기에는 질소질비료를 다른 비료보다 많이 시비하여 잎의 생장을 촉진시키고, 개화 결실기에는 인산질비료과 칼륨질비료를 시비하여 꽃과 열매 및 줄기의 생장을 촉진시킨다. 또한 재배기간이 5개월 이하로 짧은 종류는 기비만 주고, 재배기간이나 개화기간이 긴 종류는 기비와 추비를 주는 것이 좋다. 화목류와 과수류는 휴면기간인 12~3월 사이 땅이 얼지 않은 시기에 기비를 시비하고, 줄기의 생장이 왕성한 5~6월과 월동 중 내한성 증대 및 수세회복을 위해 수확이 완료되면 기비를 주는 것이 좋다.

3) 시비방법

① 전면시비

전면시비는 작물이 심겨 있는 포장의 표토에 비료를 골고루 뿌려주는 방법이다. 기비의 경우 경운 전에 전면시비를 하여 이랑을 만들어 작물을 정식한다. 생육기간이 긴 작물의 경우 추비를 전면시비하기도 한다.

② 부분시비

작물이 심겨져 있는 특정 위치에 비료를 공급하는 방법으로, 과수와 화목류에서 윤구시비법과 방사구시비법이 사용되고 있다. 윤구시비법은 수관의 바깥둘레를 중심으로 폭 45~60㎝, 깊이 45~90㎝의 원형 고랑을 파서 시비한다. 방사구시비법은 수관의 바깥둘레를 중심으로 가로 45~90㎝, 세로 90~120㎝, 깊이 45~90㎝의 구덩이를 사방 4~8개를 파서 시비하는 방법이다.

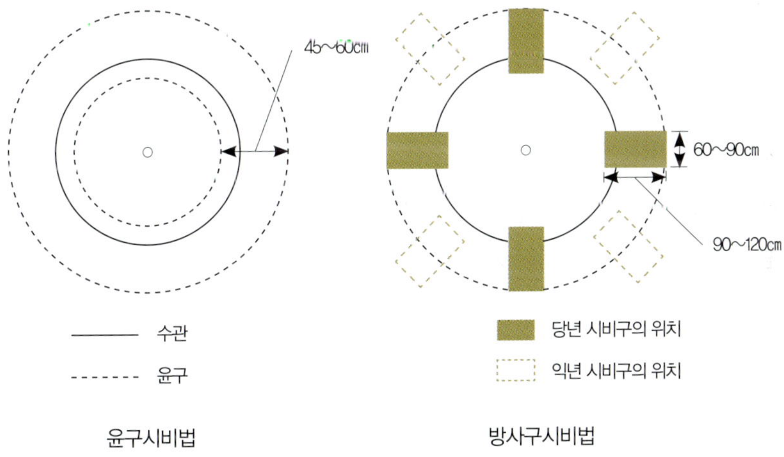

그림 4-10 | 윤구시비법과 방사구시비법

③ 관비법

관비灌肥, fertigation란 농축된 액비를 관수 시에 액비혼입장치를 이용하여 물과 희석하여 공급해 주는 방법으로 시설재배에서 널리 이용되고 있다.

④ 엽면시비

엽면시비는 액체비료를 작물의 잎에 살포하는 것을 말한다. 비료는 토양에 살포하는 것이 일반적이지만, 다음과 같은 경우 엽면시비가 효과적이다.

① 뿌리가 병충해를 입었거나 고온으로 인해 흡수기능이 떨어졌을 때
② 초세를 빠르게 회복시키고 싶을 때
③ 특정 성분의 결핍 증상이 나타났거나 예상될 때
④ 토양으로부터 흡수가 어려운 성분이 있을 때
⑤ 토양이 건조하거나 과습할 때

엽면시비는 요소 외에 Mn, B 등의 미량요소, 인산염, 칼륨염 등이 함유된 액비가 사용되는데, 고농도인 경우 흡수가 나쁘고 해를 입히는 경우도 있다.

표 4-2 | 비료 성분별 엽면시비 농도 (김 외, 2003; 박 외, 2009)

원소	화합물	농도%
N	요소 $CO(NH_2)_2$	과수 0.3~0.5, 채소 0.5~2.0, 화훼 0.4~0.8
P	$NH_4H_2PO_4$	0.2~0.3
Ca	$CaCl_2$	0.5
Fe	$FeSO_4$, Fe · EDTA	0.2~1.0
Mn	$MnSO_4$	0.2~0.5
Zn	$ZnSO_4$	0.2~0.5
Cu	$CuSO_4 \cdot 5H_2O$	1.68
B	$Na_2B_4O_7 \cdot 10H_2O$	0.1~0.3
Mo	$Na_2MoO_4 \cdot 2H_2O$	0.005~0.1

⑤ 탄산시비

이산화탄소는 작물의 필수원소 중 하나인 C의 공급원으로 광합성의 원재료이기도 하다. 공기 중에는 이산화탄소의 농도가 약 0.035%이지만, 온실이나 비닐하우스와 같은 시설 내에서는 오전에 광조건이 좋은 경우 광합성을 활발하게 함에 따라 시설 내의 이산화탄소 농도가 급격히 낮아진다. 특히 겨울철에 시설 내에서 보온 때문에 환기를 시킬 수 없어 외부의 이산화탄소의 공급이 차단되어 이산화

탄소 부족현상이 자주 나타난다. 이러한 이산화탄소 부족현상이 나타나면 광합성이 억제되어 작물의 생육이 불량하고 수확량이 감소하게 된다. 그러나 부족한 이산화탄소를 시설 내로 공급해주면 광합성이 촉진되어 생육이 좋아지는데, 이를 탄산시비 또는 탄소시비라고 한다.

시설 내에서는 작물의 야간 호흡으로 이산화탄소 농도가 증가하여 오전 6시경에 최대에 도달하고, 해가 뜬 후 광합성이 시작되면 이산화탄소 농도가 급격히 감소하여 오전 9시경에는 200ppm 이하로 떨어진다. 따라서 해가 뜬 후 1시간 정도 지났을 때부터 환기 전까지 2~4시간 정도 이산화탄소 1,000~2,000ppm 농도로 시비하면 효과적이다. 절화장미 '포에버유어스' 품종의 경우 이산화탄소 1,000ppm을 시비하면 무시비보다 절화 수량이 30% 정도까지 증대되는 효과가 있다. 탄산가스 공급원으로 고체탄산, 액체탄산, 유기물연소, 탄산가스발생기 등이 있다.

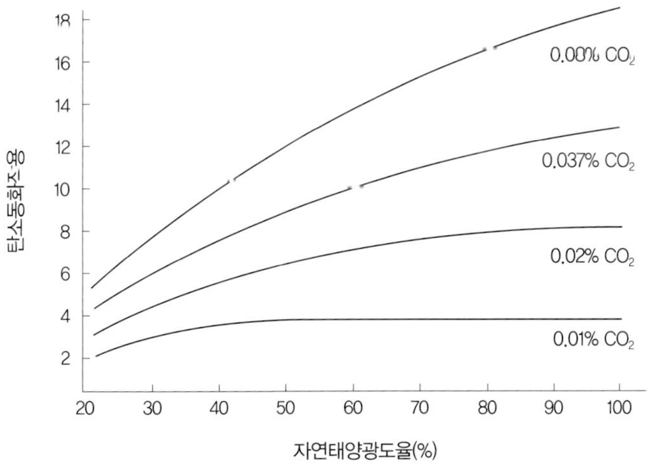

그림 4-11 | 광도와 이산화탄소 농도에 따른 광합성 (한국화훼연구회, 1998)

4 정지, 전정과 결실

과수류나 조경수와 같은 목본성식물과 과채류들은 정지와 전정을 함으로써 생육과 개화조절, 결실조절 및 관상가치를 높일 수 있다. 또한 과수류나 과채류는 품질이 우수한 과실을 다수확하기 위해 적화, 적과, 인공수분, 착과제 처리 등의 방법을 사용하기도 한다.

1 정지와 전정

1) 정지와 전정의 필요성

정지[整枝, training]는 나무의 수형을 유지하기 위해 줄기나 가지를 절단하여 재배하는 목적에 알맞게 수형을 인위적으로 만드는 것이다. 전정[剪定, prunning]은 나무의 관상, 개화 결실 및 생육상태 조절 등의 목적을 위해 줄기와 가지를 자르는 작업을 말한다. 이 외에도 나무의 전체 모양을 일정한 양식에 따라 다듬는 정자[整姿]와, 생장에 관계없이 필요 없거나 생육에 방해가 되는 가지를 잘라서 없애는 전제[剪除] 등의 용어들이 있는데, 실제 재배현장에서는 구분하기 어려운 경우가 많아 전정이라는 용어로 주로 사용하고 있다. 과수류나 조경수의 정지와 전정의 효과는 다음과 같다.

2) 나무의 생장 조절

자연상태로 있는 나무들은 가지들이 너무 많아 서로 경쟁하여 생장이 불량해지는데, 가지를 전정하면 남겨진 가지의 눈에서 강한 새로운 가지를 발생하게 함으로써 생장을 조절할 수 있다. 너무 심하게 강전정을 하면 가지의 생장이 감소할 수도 있다. 그러나 노목의 경우에는 강전정을 하여 새로운 가지 발생을 촉진시키기도 하고, 꽃눈이 과도하게 많이 형성되는 것을 억제하여 수세를 회복시킬 수 있다.

3) 꽃눈분화 조절

전정을 하지 않으면 가지가 많아 나무 내부에 수광량이 부족하여 화아형성이 불량하게 된다. 적절한 전정은 나무 내부의 수광량이 증가하여 전체적으로 꽃눈이 균일하게 형성된다.

4) 품질향상과 결실조절

전정을 하지 않으면 가지가 너무 많아 재배관리가 어렵고 결실조절도 할 수 없고, 해거리를 하거나 수세가 약해지면서 노화가 빨리 진행된다. 전정을 하면 결실할 수 있는 가지 수가 적어져 해거리를 막을 수 있고, 결실한 과실 수가 감소하고 양분의 전류량이 증가하여 과실의 품질이 향상된다. 또한 나무 내부의 수광량이 증가하여 착색과 당 함량도 높아진다.

5) 병충해 방제

전정을 하지 않으면 가지가 많아 나무 내부로의 약제살포가 어렵고, 통풍이 불량하여 병충해 발생이 많아진다. 전정을 하면 약제살포 효과가 좋아지고, 통풍이 원활하게 됨으로써 병충해 피해가 적어지며, 병충해에 감염된 가지를 제거함으로써 병해충의 잠복처를 없애는 효과도 있다.

2 정지와 전정의 기초

1) 나무의 부위별 명칭

정지와 전정을 정확하게 하기 위해서는 나무의 부위별 명칭과 가지와 눈의 종류 및 결과습성을 이해해야 한다. 나무의 부위별 명칭은 그림 4-12에 나타나 있다.

- 수고[樹高] : 토양 표면에서 나무의 상부 끝까지의 수직거리

- 수폭[樹幅] : 지상부 나무의 폭
- 주간[主幹] : 나무의 원줄기
- 주지[主枝] : 주간에서 자라나온 원가지
- 부주지[副主枝] : 주지에서 자라나온 가지
- 측지[側枝] : 결과지나 결과모지를 착생시킨 가지
- 수관[樹冠] : 줄기와 가지 및 잎으로 둘러싸인 수관선 내부

가지의 종류는 자라는 모습, 길이, 기능에 따라 다음과 같이 구분한다.

---

① 자라는 모습에 따라

- 발육지[發育枝] : 잎과 눈이 있고 꽃눈이 형성되지 않는 가지
- 도장지[徒長枝] : 지나치게 웃자란 가지
- 내향지[內向枝] : 수관 내부로 자란 가지
- 평행지[平行枝] : 가지들끼리 평행하게 자란 가지
- 교차지[交叉枝]: 가지가 십자모양으로 교차한 가지
- 하수지[下垂枝] : 아랫방향으로 자란 가지
- 흡지[吸枝] : 땅속뿌리나 지표면 부근의 줄기에서 나온 가지

② 길이에 따라

- 장과지[長果枝] : 꽃눈이 착생하는 30㎝ 이상으로 길게 자란 가지
- 중과지[中果枝] : 꽃눈이 착생하는 10~30㎝ 정도로 자란 가지
- 단과지[短果枝] : 꽃눈이 착생하는 10㎝ 이하로 짧게 자란 가지

③ 기능에 따라

- 신초[新梢] : 새로 자란 잎이 붙어 있는 가지
- 결과모지[結果母枝] : 결과지가 착생해 있는 가지
- 결과지[結果枝] : 열매가 착생하는 가지

눈의 종류는 발생부위와 구조에 따라 다음과 같아 구분한다.

① 발생 부위에 따라

- 정아頂芽 : 가지의 끝에 달려있는 눈
- 측아側芽 : 가지와 잎줄기 사이에 달려있는 눈으로 액아腋芽와 같은 의미로 사용된다.
- 잠아潛芽 : 액아 중에서 싹이 트지 않고 휴면하고 있는 눈
- 부정아不定芽 : 눈이 형성되지 않는 부위에서 발생한 눈

② 구조에 따라

- 화아花芽 : 꽃이되는 눈
- 엽아葉芽 : 잎과 가지가 되는 눈
- 중간아中間芽 : 겉모습은 화아와 유사하나 꽃이 피지 않는 눈

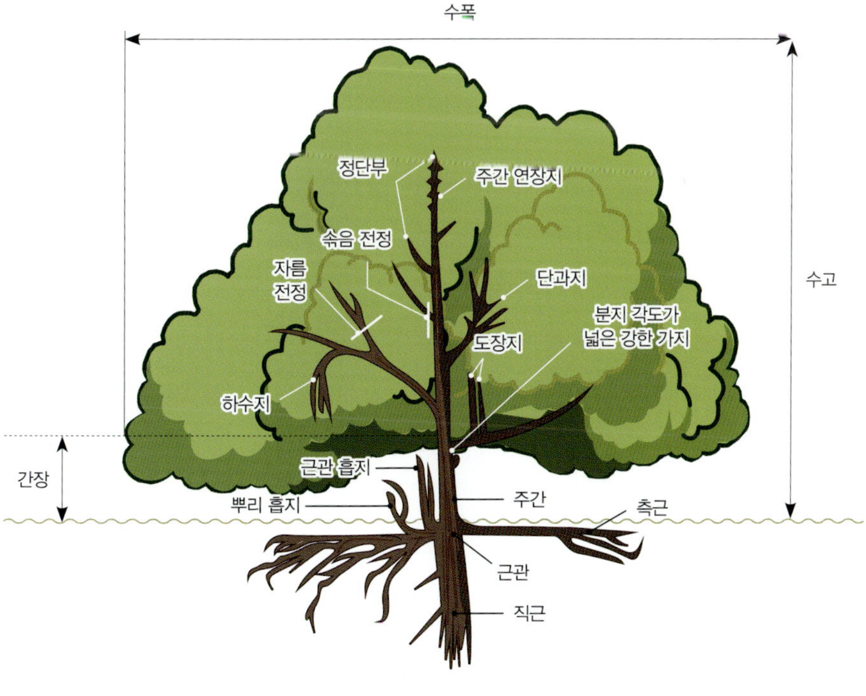

그림 4-12 | 부위별 명칭

2) 정아우세성 頂芽優勢性

나뭇가지의 눈에서 가장 윗부분에 있는 정아가 가장 생장이 왕성하고, 아랫부분으로 멀어질수록 눈의 생장이 약해지는 현상을 정아우세성이라고 한다. 전정을 하여 가지의 끝을 잘랐을 때 정아우세성이 사라져 아래에 있는 측아들의 생장이 왕성하게 되며, 이 경우에도 가장 윗부분에 남아있는 눈의 세력이 가장 강하여 왕성하게 자라게 된다.

3) 결과습성

과수류나 과채류의 가지에 꽃눈이 형성되고 열매를 맺는 성질을 결과습성이라고 하며, 열매가 맺히는 부위는 식물의 종류에 따라 다르다. 1년생 가지에 열매를 맺는 과수류는 포도, 감귤, 감 등이 있으며, 2년생 가지에 열매를 맺는 종류는 복숭아, 매실, 자두 등이 있으며, 3년생 가지에 열매를 맺는 종류는 사과와 배 등이 있다. 따라서 과수의 종류에 따른 결과습성을 이해하고, 그에 맞는 전정을 해야 열매를 수확할 수 있다.

4) 전정 도구

전정하기 위해서는 여러 가지 도구들이 필요하다. 가장 기본적으로 두께가 작은 가지를 자르는 전정가위, 두께가 두꺼운 가지나 줄기를 자르는 톱전기톱, 엔진톱, 어린 순이나 열매를 자를 때 사용하는 적심적과가위, 생울타리의 가지를 자를 때 양손을 사용하는 양손대형 전정가위, 높게 있는 가지를 자를 때 사용하는 고지가위와 고지톱, 자른 절단면에 병균의 침입과 부패를 막기 위해 상처소독제를 사용한다.

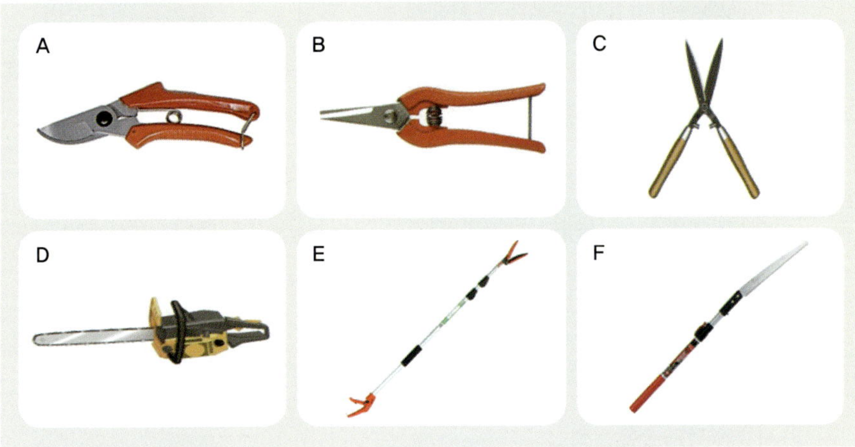

그림 4-13 | A : 전정가위, B : 적심[적과]가위, C : 대형[양손] 전정가위, D : 엔진톱, E : 고지가위, F : 고지톱

3 전정 방법

1) 전정의 일반원칙

전정은 나무의 생리와 생태특성을 고려해야 하며, 각 가지의 세력을 평균화하여 관상가치를 유지시켜야 한다. 또한 나무 전체적으로 햇빛이 잘 투과되어야 하며, 공기의 유통이 잘 되도록 해야 한다. 기본적인 전정 방법의 일반원칙은 다음과 같다.

---

① 지나치게 웃자란 도장지나 무성하게 자란 가지들은 제거하여 수광량을 많게 하고 통풍이 잘 되도록 한다.

② 수관 내부로 자라는 내향지 또는 역지와 아랫방향으로 자라는 하수지를 제거한다. 수관 내부의 햇볕이 잘 들지 않는 곳에서 자란 가지들은 연약하게 자라고 착화도 불량하며, 결국 고사하는 경우가 많으므로 제거하는 것이 좋다.

③ 줄기 또는 가지의 상하에 있는 평행지는 제거한다. 평행지가 있다면 아래의 가지는 햇빛을 보지 못하여 생장이 불량해질 수밖에 없으므로 하나는 제거하는데, 주변의 다른 가지들과의 조화를 판단하여 제거한다.

④ 줄기 또는 가지와 교차되는 가지는 제거한다.

⑤ 땅속뿌리나 지표면 근처의 줄기에서 자란 흡지 또는 포복지는 제거한다.

⑥ 지표면에서 지하고까지 줄기에 착생한 맹아지는 통행에 지장을 초래할 뿐만 아니라 미관상 좋지 않기 때문에 제거하는 것이 좋다.

⑦ 수형을 인공적으로 구형, 난형, 타원형 등으로 토피어리를 만들거나 깎아 다듬기를 하지 않는 경우에는 교목의 줄기는 하나로 자라게 한다. 만약 줄기를 여러 개로 하여 자라게 할 경우에는 서로 균형과 조화미를 갖도록 전정해야 한다.

2) 자름전정과 솎음전정

자름전정은 가지의 중간 부위를 자르는 전정법인데, 잘린 부위 아랫부분에서 새로운 발육지들이 형성된다. 특히, 가장 위에 있는 눈에서 자란 발육지의 생장이 가장 왕성하므로, 이 가지의 생육 방향을 고려하여 자름전정을 해야 한다. 솎음전정은 불필요한 가지를 기부에서 완전히 잘라 제거하는 전정법이다.

그림 4-14 | 자름전정할 때 자르는 위치에 따른 눈의 생장

3) 굵은 줄기 전정

굵은 줄기를 자를 때에는 먼저 자를 부분에서 10~15㎝ 상단의 줄기를 왼쪽에서 1/3 정도 1차 절단하고, 오른쪽에서 2차 절단을 한 후 지피융기선 바로 위쪽에서 최종 절단한다.

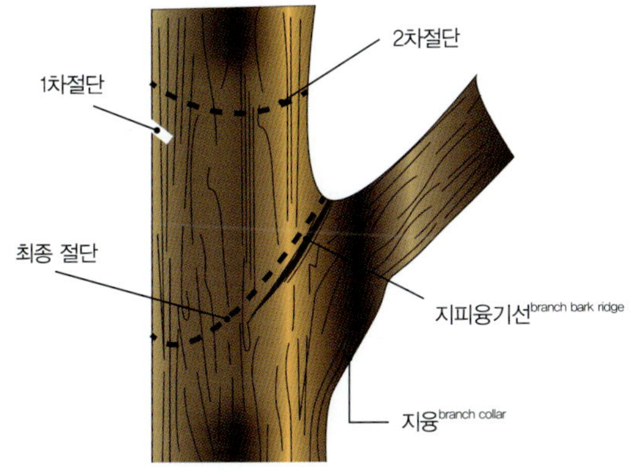

그림 4-15 | 굵은 줄기의 전정 위치

4) 굵은 가지 전정

지름이 10cm 이상의 가지는 자를 부분에서 10~15cm 떨어진 부분에서 가지 지름의 1/3 정도 깊이로 아래로부터 절단한 후 윗부분을 절단한다. 이렇게 하는 이유는 가지를 위에서 바로 절단하게 되면 아랫부분에서 가지가 절단되면서 나무껍질과 함께 찢어지기 쉬어 상처가 나기 때문이다. 이후 지피융기선과 나무 축의 사이 각도 만큼을 나무 축에서 가시 방향으로 각도지융 부분까지를 잡아 절단한다. 이보다 길게 가지가 남으면 상처가 잘 치유되지 않으며, 가지 부위가 부패하여 나무가 죽을 수도 있다.

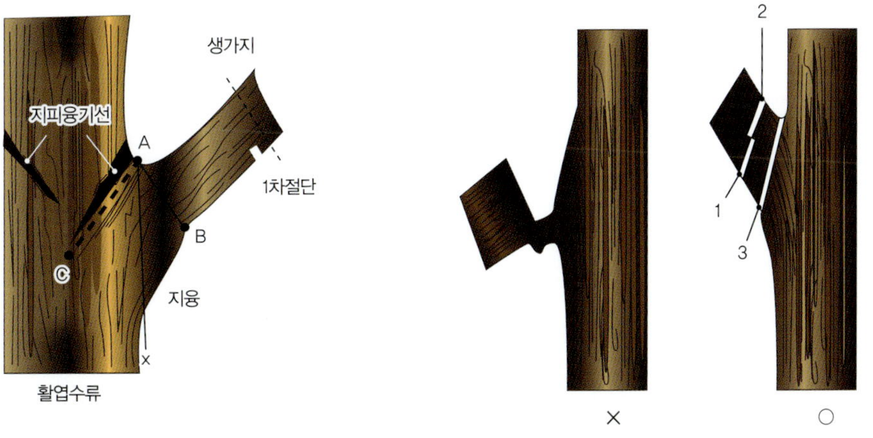

그림 4-16 | 굵은 가지의 전정 위치

5) 생울타리 깎아 다듬기

생울타리는 쥐똥나무, 회양목과 같은 가지를 솎음전정했을 때 부정아 발생이 좋은 수종을 사용하여 조성한다. 이런 생울타리는 내부의 가지들이 너무 밀생하면 솎음전정을 하고, 도장지가 발생하여 미관이 불량하면 대형 전정가위를 이용하여 깎아 다듬는다.

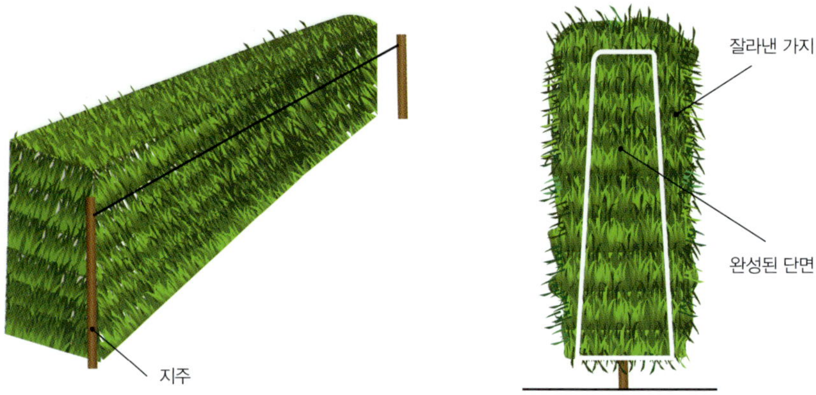

그림 4-17 | 생울타리 깎아 다듬기

4 수형

나무의 모양을 수형이라고 하는데, 수형은 나무의 종류와 재배방식에 따라 알맞게 결정해야 한다.

1) 과수의 수형

① 교목성 과수

㉮ 주간형

원줄기를 수관 상부까지 키우고, 원가지를 줄기 끝까지 자라게 하는 수형으로 사과나무나 감나무와 같은 과수의 자연방임 상태에서 볼 수 있다. 최근에는 수고가 2.5m 이하인 왜성 사과나무를 주간형으로 키운다.

㉯ 변칙주간형

주간형은 수고가 높고, 수관 내부의 수광량이 적은 단점이 있다. 이를 개선하기 위해 주간형에서 원줄기의 상단부를 절단하여 수광량을 많게 하고 수고를 낮춰 주는 수형이 변칙주간형이고, 사과나무, 감나무, 호두나무 등에 적용한다.

㉰ 개심자연형

원줄기를 짧게 하고, 여기에 2~4개의 원가지를 자라게 하되 원가지들이 서로 겹치지 않게 배치하는 수형이다. 수관 내부로 햇빛이 잘 투과되어 수광량이 많고, 수고가 낮아 관리하기 편하며 과실의 품질이 좋은 장점이 있다. 배나무, 복숭아나무, 밤나무 등에 적용한다.

그림 4-18 | 교목성 과수의 기본수형

② 덩굴성 과수

덩굴성 과수의 수형은 지주의 설치방법에 따라 평덕식과 울타리식으로 구분한다. 평덕식은 지주 위에 철선을 네트 모양으로 설치하여 지붕을 만들고, 덩굴을 뻗게 만든 수형으로 포도와 키위를 재배할 때 적용하고 있다. 울타리식은 지주를 세우고 철선을 울타리 모양으로 설치하는 수형으로 니핀식과 웨이크만식이 있으며, 유럽과 미국의 포도재배에 이용되고 있다.

울타리식 웨이크만식 · 울타리식 니핀식 · 평덕식 일자형, ×자형

그림 4-19 | 덩굴성 과수의 기본 수형

3) 조경수의 수형

조경수는 수관에 따라 다음과 같은 수형이 있다.

주형
柱形

양버들

기둥 모양의 긴 수관을 형성하며, 줄기에 가지가 짧게 착생한다. 미루나무나 양버들이 이에 해당된다.

원통형
圓筒形

측백나무

전체적으로 주형과 유사한 모양을 지니지만, 수관 폭이 아래에서 위까지 비슷하다. 측백나무나 사철나무가 이에 해당된다.

원추형
圓錐形

전나무

줄기의 끝이 뾰족하고 긴 삼각형의 모습을 지닌다. 전나무, 메타세콰이어, 낙엽송 등의 침엽수에서 원추형의 수형을 많이 볼 수 있다.

우산형
雨傘形

편백

우산 모양의 수형으로 편백, 화백, 층층나무 등이 이에 해당된다.

탑형
塔形

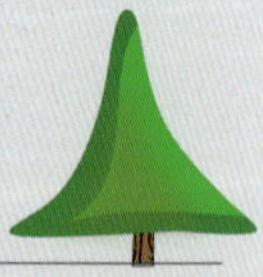

독일가문비

수형이 원추형과 유사하지만 윗가지보다 아랫가지가 더 크게 자라 탑 모양의 수관을 형성한 것으로 히말라야시다, 독일가문비 나무 등에서 볼 수 있다.

원개형
圓蓋形

녹나무

구형이 옆으로 퍼져있는 모양의 수형으로 녹나무 등이 이에 해당된다.

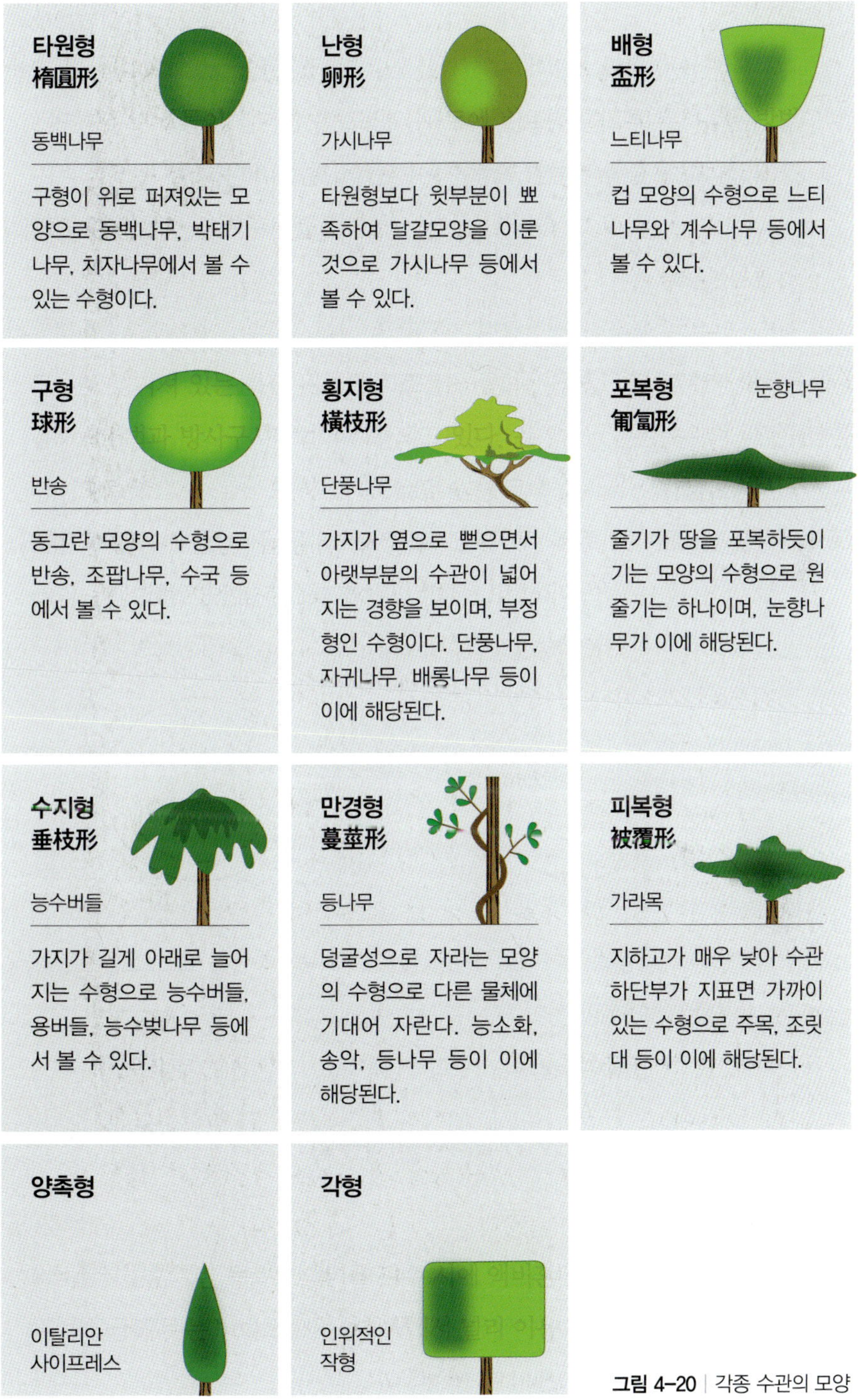

그림 4-20 | 각종 수관의 모양

5 전정 시기

전정 시기는 수종과 목적에 따라 다른데, 일반적으로 겨울에 휴면하는 과수류나 낙엽수들은 낙엽 후 봄에 발아하기 전까지 전정을 실시한다. 그러나 수종에 따라서는 봄에 전정하거나 생육기간 중인 여름에 전정을 하는 경우도 있다.

1) 춘계전정

침엽수들은 주로 봄에 전정하며, 상록활엽수나 감귤류도 늦봄 또는 발아 전까지 전정하는 것이 좋다. 상록활엽수는 자름 또는 솎음전정을 한다.

2) 하계전정

생장이 활발하게 진행되는 여름에 실시하는 하계전정은 동계전정을 보완하는 목적으로 실시하는데, 주로 도장지와 밀생지를 제거하는 작업을 한다.

3) 추계전정

침엽수의 죽은 가지를 제거하고, 여름철에 도장한 가지를 전정한다.

4) 동계전정

동계전정은 낙엽 후에 휴면기간 동안 실시하는데, 휴면기간이므로 나무의 생장에 지장을 주지 않는 장점이 있다. 주로 굵은 가지를 솎아내거나 베어내는 전정을 한다. 상록활엽수는 내한성이 약한 수종들이 많으므로 가급적 동계전정은 피하고, 낙엽수 중에서도 내한성을 고려하여 전정해야 한다.

6 결실관리

과수재배는 고품질의 과수를 많이 수확해야 수익을 올릴 수 있기 때문에 꽃눈분화가 정상적으로 이루어지고, 건강하게 꽃눈이 자라 꽃이 피어 수정이 제대로 진행되어 열매가 많이 맺혀야 한다. 그러나 착과된 열매는 모두 수확할 수 있는 것은 아니며, 낙과 또는 인위적인 적과로 인하여 일부만 수확할 수 있다. 또한 수확할 수 있는 일부의 과실들도 재배기간 동안 영양관리, 봉지씌우기, 적과 등의 적절한 관리를 해야 상품가치가 있는 과실이 된다.

1) 꽃눈형성과 영양관리

① 꽃눈형성

유년기[幼年期]를 지나 성년기[成年期]에 들어서면 수목들은 잎눈이 꽃눈으로 분화되어 형성되는데, 대부분 여름철부터 가을 사이에 이루어진다. 형성된 꽃눈은 개화 직전까지 발육하여 개화하게 된다. 꽃눈분화는 과도한 전정, 질소질비료의 과다한 시비, 무적과 등에 의해 억제되며, 분화된 꽃눈이라도 결실이 과다하거나 조기낙과, 도장이 심한 나무에서는 정상적으로 발육하지 못한다.

② 영양관리

분화된 꽃눈이 발육하기 위해서는 지난해 수피[樹皮]나 조직에 축적한 전분과 같은 탄수화물인 저장양분이 필요하다. 이 저장양분은 봄에 분해되어 꽃눈으로 이동되어 이용되기 때문에 저장양분이 풍부한 나무는 정상적인 꽃을 많이 피게 할 수 있다. 저장양분을 많이 축적하기 위해서는 너무 많은 열매가 달리지 않도록 해야 하고, 적절한 시비로 건강하게 생장해야 한다. 특히 질소질비료를 과용하면 늦게까지 신초생장을 유도하여 저장양분이 축적이 적으며, 낙엽 전의 적절한 시비는 늦게까지 광합성을 함으로써 저장양분의 축적이 많아진다. 또한 병충해 피해를 받지 않도록 방제함으로써 가을 늦게까지 잎에서 광합성을 할 수 있도록 관리하는 것도 중요하다.

2) 수분과 수정

꽃눈이 발육된 것은 봄의 온도가 상승하면서 개화하게 된다. 개화 후 수술의 꽃가루가 암술머리[柱頭]에 옮겨지는 것을 수분[受粉, pollination]이라고 한다. 수분 후 꽃가루관이 신장하여 정자세포가 배주 안의 배낭으로 들어가 난세포와 극핵과 결합하는 것을 수정이라고 한다. 수정 후 난세포와 정자세포가 결합한 것은 배胚, embryo가 되고, 정자세포와 극핵이 결합한 것은 배유胚乳, endosperm가 되며, 배주의 외피인 주피가 종피가 되어 종자가 형성된다. 열매는 자방과 그 주변의 일부 조직이 비대하여 과실이 된다.

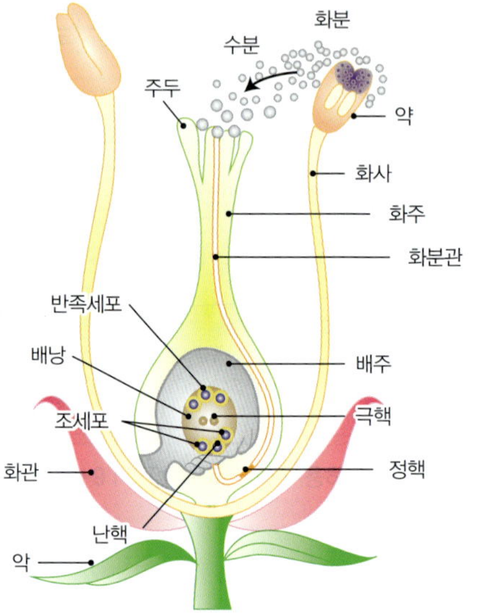

그림 4-21 | 꽃의 구조

3) 결실 조절

과수에 많은 꽃과 열매가 달리는데, 불필요한 꽃과 열매는 일찍 제거하는 것이 꽃눈 분화 촉진, 과실의 비대, 착색 및 당도 증진, 저장양분 축적 등에 유리하다.

① 적화

꽃 상태일 때 불필요한 꽃을 제거하는 작업이 적화이다. 수많은 꽃들을 인력으로 제거하기 어려워 석회유황합제와 같은 적화제를 사용하고 있다. 그러나 적화가 너무 과도할 경우에는 결실율이 낮아 수확량이 적을 수도 있으므로 적절한 꽃수가 남도록 주의해야 한다.

② 적과

수정되어 형성된 어린 열매를 솎아주는 작업을 적과라고 한다. 적과는 일찍 실시하는 것이 좋으나 어린 열매들은 초기에 생리적 낙과인 조기낙과(june drop) 현상이 나타나므로 이 시기가 지난 후에 최종 적과하는 것이 바람직하다. 적과는 인력으로 하고 있으나, 카바릴수화제, NAA 등의 적과제도 사용되고 있다.

③ 인공수분

과수의 수분은 일반적으로 곤충, 특히 벌에 의해서 이루어지는데, 곤충들의 수가 적거나 활동이 원활하지 못한 경우에는 인공수분의 효과가 높다. 인공수분의 방법은 꽃가루로 이용할 꽃을 따서 수분하려는 꽃의 암술머리에 꽃가루를 묻혀주는데, 붓이나 면봉 또는 분사기를 이용하기도 한다.

④ 봉지씌우기

과실의 봉지씌우기는 병충해 방제를 위해 실시되어 왔으나, 착색 촉진, 숙기 지연, 동록이나 열과 방지 등의 효과가 있다. 그러나 봉지씌운 과실은 비타민 함량이 낮아지고, 봉지씌우기 비용으로 생산비가 높아지는 단점이 있다.

⑤ 후기낙과 방지

과실이 성숙되어 수확일이 가까워지면 생리적으로 낙과가 되는데, 이를 후기낙과라고 한다. 후기낙과의 원인은 과실이 성숙하면 옥신 함량이 감소하게 되어 탈리층이 형성되기 때문이다. 후기낙과를 방지하기 위해서 질소 시비량을 줄이고 NAA, 2,4,5-TP 등의 옥신류를 살포하기도 한다.

V

원예식물의 번식

1. 종자번식
2. 영양번식

식물의 번식이란 식물의 개체수를 늘리는 것으로 식물의 종류에 따라 방법이 다양하다. 종자번식에서는 파종에서 수확에 이르는 전체 생물학적 주기를 경험할 수 있고, 잎, 줄기, 뿌리가 새로운 식물체가 되는 영양번식에서는 식물의 강한 생명력을 경험하고 폭넓은 식물의 생활사를 이해할 수 있게 된다. 따라서 본 장에서는 원예치료에 응용될 수 있는 종자번식과 영양번식의 특징과 방법에 대해 알아보고자 하였다.

1 종자번식

종자[種子]는 식물의 씨앗으로 생명의 번식에 필요한 기본물질이다. 종자번식은 식물이 꽃이 핀 후 수정을 통해 생긴 종자를 파종하여 번식하는 방법이다. 이 종자번식법은 단시간에 많은 식물체를 생산할 수 있고, 교배에 의해 변이종이 발생될 수 있어 새로운 식물체가 만들어질 수 있다는 장점이 있다. 그러나 유전적인 변이가 발생할 수 있고, 수목의 경우에 종자번식을 이용하면 개화와 결실에 시간이 많이 소요될 수 있다는 단점이 있다.

원예치료 프로그램에서 종자번식 프로그램을 할 경우에 에너지가 응축되어 있는 종자의 의미를 생각해보고 그에 대한 의견을 나눌 수 있다. 또한 종자의 크기별 혹은 외형적인 특징을 관찰해보고, 그에 따른 발아환경 조건을 생각해볼 수 있다.

한편, 종자에서 발아에 이르는 기관의 구조와 역할을 구분지어 알아보게 된다면 식물의 성장을 더욱 쉽게 이해하며 발아를 촉진시킬 수 있다. 또한 내용을 확장하여 일상생활에서 관찰할 수 있는 봄철에 날리는 민들레의 꽃가루와 소나무의 꽃가루, 꽃 주위에 있는 곤충과 새의 모습을 통해 다양한 번식방법에 대해 이야기를 나눌 수 있다.

1 수분과 수정

1) 수분

수분[受粉, pollination]은 꽃가루가 암술머리에 닿는 과정으로 스스로 수분을 하는 경우와 수분매개체를 필요로 하는 경우가 있다. 수분 매개체는 식물의 종류에 따라 다르며 크게 풍매화, 충매화, 조매화로 나누어 볼 수 있다.

① 풍매화 風媒花

바람이 꽃가루를 옮겨 주는 식물로 옥수수, 버드나무, 소나무 등이 대표적이다. 소나무의 송화가루를 현미경으로 관찰해보면 두 개의 공기주머니를 관찰할 수 있다. 이렇듯 풍매화의 꽃가루에는 종자의 구조상 공기주머니 혹은 날개가 달려 있어 바람에 잘 날릴 수 있는 특징을 가지고 있다.

② 충매화 蟲媒花

곤충이 꽃가루를 옮겨 주는 역할을 하는 식물로 무궁화, 장미, 벚꽃 등이 있다. 무궁화 꽃에서 꿀을 얻으려고 하는 나비와 벌의 다리에 꽃가루가 묻혀 있는 모습을 주변에서 쉽게 볼 수 있는데 이 곤충에 묻은 꽃가루가 암술머리에 닿음으로써 수분이 되는 것이다. 이러한 모습은 곤충이 꽃꿀을 얻으려는 행동이 수분으로 이루어지는 것으로 꽃과 곤충이 서로 도우며 살아가는 것을 알 수 있다.

③ 조매화 鳥媒花

새에 의해 꽃가루가 옮겨지는 식물이다. 주로 붉은색 계통의 꽃이 많은데 대표적으로 동백꽃이 있다. 추운 겨울에 피는 동백꽃은 동박새가 꿀과 열매를 먹으며 겨울을 날 수 있도록 해주고, 이 과정에서 동박새는 동백꽃의 수분을 도와준다. 이렇게 동박새와 동백꽃은 서로 도우며 살아가는 것을 알 수 있다.

원예치료 프로그램 시간에 이러한 충매화와 조매화의 수분 특징은 어울려 살아가는 것과 관련지어 이야기를 나눌 수 있다.

2) 수정

수정受精, fertilization은 꽃가루의 정핵과 암술의 난핵이 결합하는 과정이다. 꽃가루가 암술머리에 닿은 후 정핵은 3개^{3n}로 분열하는데 그중 한 개의 정핵^{n}은 없어지고 두 개의 정핵^{2n}이 밑씨에 들어간다. 정핵^{n}은 각기 밑씨 속의 난핵^{n}과 수정 후 배^{2n}로 되고 다시 한 번의 수정과정을 통해 극핵^{2n}은 세포분열을 되풀이하여 배유^{3n}를 만든

그림 5-1 | 꽃과 나비

그림 5-2 | 동백꽃의 동박새
(www.jejusidae.com, 2016)

다. 이러한 과정으로 밑씨 속에서 두 번의 수정과정을 거쳐 종자가 만들어지는 식물만의 수분 방식을 중복수정重複受精이라고 한다. 이러한 중복수정은 속씨식물의 특징이다.

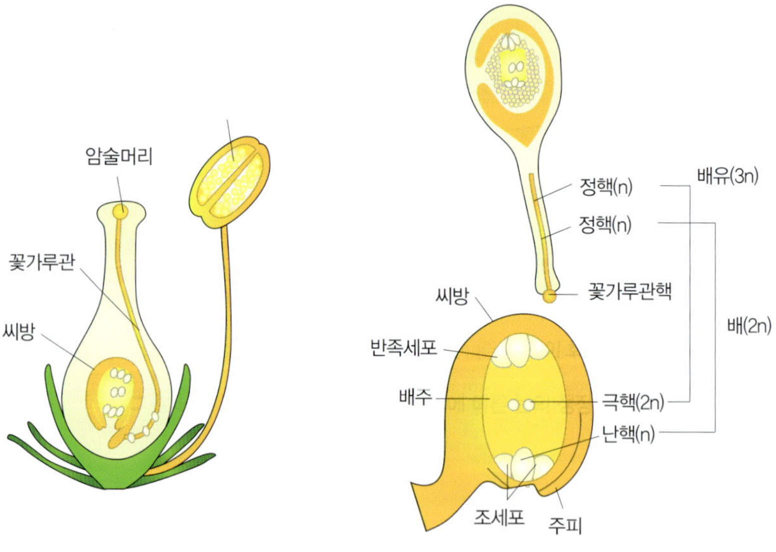

중복수정 정핵(n) + 난핵(n) ⟶ 배(2n)
정핵(n) + 극핵(2n) ⟶ 배유(3n)

그림 5-3 | 중복수정과 열매

이때 형성된 배유는 배에 양분을 공급하고, 배는 발아하여 뿌리, 잎, 줄기가 될 여러 가지 기관들을 형성한다. 배와 배유는 씨껍질에 싸여 씨가 되고, 밑씨를 둘러싸고 있던 씨방은 자라서 씨를 둘러싸는 열매가 된다. 식물에는 한 꽃 안에서 수정이 이루어지는 자가수정自家受精과 다른 꽃의 꽃가루로 수정이 이루어지는 타가수정他家受精을 하는 식물이 있다. 토마토, 가지, 복숭아 등은 자가수정을 하는 식물이고, 옥수수와 소나무는 다른 매개체인 바람에 의해 타가수정을 한다. 타가수정을 하는 꽃들은 암술과 수술이 서로 맞지 않아 수정을 하지 못하는데 이를 자가불화합성自家不和合性이라고 한다. 따라서 이러한 식물은 다른 꽃의 암술과 수술로 결합한다.

2 종자의 구조

수정을 통해 씨방이 발달하여 종자를 만든다. 중복수정을 통해 밑씨 안에 있는 난핵은 수정된 후 자라서 배胚, embryo가 되고, 극핵은 배유胚乳, endosperm가 된다. 씨방벽은 발달하여 열매의 껍질인 과피果皮가 된다. 배는 자엽과 배축으로 구성되어 있다. 배축의 한쪽 끝부분인 상배축이 생장하여 어린 싹인 유아가 발달하여 줄기와 떡잎이 되고, 다른 한쪽인 하배축이 발달하여 유근이 되는데, 이것이 뿌리가 된다. 배축은 떡잎이나 유엽을 지상부로 밀어 올리는 역할을 한다. 종자는 종피, 각피라는 세포벽을 가진 세포로 둘러싸였는데, 이것은 외부로부터 종자를 보호하고, 산소와 수분의 투과를 막는 역할을 한다. 종자는 배 발달 유형과 떡잎 도출 유형에 따라 구분지어 살펴볼 수 있다.

1) 배 발달 유형

종자는 배와 배유배젖로 되어 있는데, 배는 작은 식물체이고, 배유는 주로 녹말로 구성되어 있다. 배유는 저장양분에 작용하는 각종 효소를 가지고 있고, 배 발육 및 생장에 필요한 생장호르몬을 함유하고 있다. 배유형에는 양파, 가지, 토마토, 페튜니아, 벼, 밀, 보리 등이 있고, 무배유형에는 완두, 강낭콩, 오이, 호박, 배추과 채소류가 해당된다.

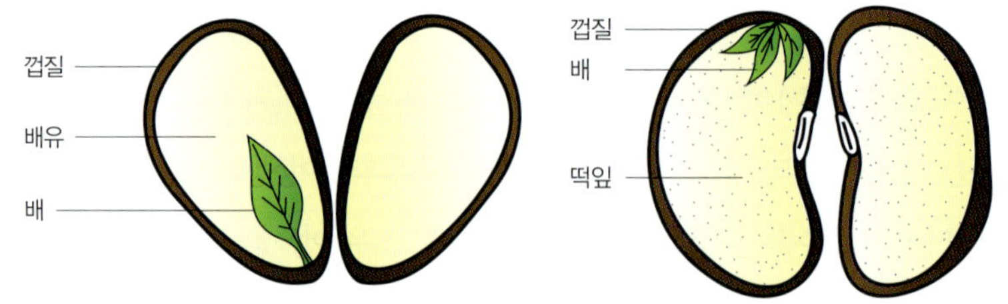

그림 5-4 | 유배유종자[감]와 무배유종자[강낭콩]

난은 일반식물과는 달리 수종의 세포로만 이루어져 있는 무배유종자이다. 따라서 난 종자가 자연상태에서 발아하려면 난균의 도움을 받아야 한다. 따라서 춘란의 경우 배유가 없으므로 근처의 소나무 근균의 도움을 받아 번식을 하게 된다. 실제 남부지방의 소나무 아래에 춘란이 서식하고 있는 것을 볼 수 있다.

그림 5-5 | 소나무 아래 춘란

2) 떡잎 도출 유형

어린 식물이나 떡잎이 지상부로 나오게 되는데 발아과정에서 떡잎이 지상부에 있는 지상자엽형地上子葉形과 떡잎이 지하에 남고 상배축이 지상을 향하는 지하자엽형地下子葉形으로 나눌 수 있다. 지상자엽형에는 배유가 없는 강낭콩, 땅콩, 오이, 호박과 같은 무배유형과 파, 양파, 가지, 토마토, 당근과 같은 배유형 종자가 있다. 지하자엽형에는 완두, 밤, 매실과 같은 무배유형과 벼, 밀, 보리, 옥수수와 같은 배유형 종자가 있다.

그림 5-6 | 지상자엽형강낭콩과 지하자엽형완두

3 종자의 수명

종자의 수명은 종자가 발아력을 가지고 있는 기간을 말하는데, 종자의 종류와 보관기간에 따라 다르다. 종자의 보관기간이 길어질수록 발아력이 떨어지며, 발아 소요일수도 늦어지고, 묘의 균일성이 낮아진다. 일반적으로 습도 50~60%, 온도 5~10℃의 조건에서 보관하면 보존기간이 길어질 수 있다.

종자는 수명에 따라 1주에서 6주가 지나면 발아력을 잃는 단명종자와 1~3년까지 발아력을 갖는 보통종자, 4~5년 동안 발아력을 갖는 장명종자로 나눌 수 있다. 대부분의 원예식물은 보통 종자에 해당한다.

일반적으로 화훼류 종자의 수명은 1년에서 5년인데, 2년이 지나면 발아력이 감소하게 된다. 특별한 사례로 지난 2010년에 경남 함안 성산산성에서 700년 전 고려시대 연꽃 씨앗이 발견되어 발아에 성공한 사례를 통해 단단한 껍질을 가진 씨앗의 수명이 굉장히 길다는 것을 알 수 있다.

표 5-1 | 식물종자 수명에 따른 구분

단명종자	보통종자	장명종자
버드나무, 포플러, 아레카야자	샐비어, 과꽃, 거베라, 베고니아, 백일초, 금어초, 채송화, 나팔꽃	봉선화, 맨드라미, 해바라기, 다알리아, 금잔화

4 종자의 휴면과 휴면타파

종자가 생리적 요건이나 환경적인 요건인 내적, 외적인 요인에 의해 발아하지 못하는 상태를 휴면[休眠, dormancy]이라고 한다.

휴면 기간은 작물의 종류와 품종에 따라서 크게 다르다. 구근류의 경우 약 30~50일, 감자는 5개월이 소요된다. 일반적으로는 적당한 수분, 온도, 광, 산소 조건이 주어지면 휴면이 타파[休眠打破, dormancy breaking]되고 다시 발아를 시작한다.

원예치료 프로그램에서는 휴면을 식물이나 종자가 생명력을 가지고 있지만 일시적으로 생장이 정지되는 상태로 언급할 수 있다. 이는 식물이 자신의 생육조건에 맞지 않은 상황에서 살아남기 위한 수단이라고 할 수 있는데, 이러한 식물의 상태를 각 대상자의 신체, 심리, 사회적인 측면과 연관지어 적용할 수 있을 것이다.

그림 5-7 | 연꽃종자의 기계적 휴면타파 방법

1) 종피 휴면

껍질이 단단한 경실종자[硬實種子]는 물이 잘 흡수되지 못해 발아가 잘 안될 수 있다. 연꽃, 등나무의 경우 종자의 껍질이 산소의 이동을 막기 때문에 산소의 흡수가 저해되고, 이산화탄소가 축적되어 발아하지 못하고 휴면한다. 이러한 경우에 종자를 부딪치거나 마찰하여 종자 껍질에 손상을 입히는 기계적 방법, 뜨거운 물에 담그는 물리적 방법, 화학약품 처리를 하는 화학적 방법을 통해 종자가 발아할 수 있다.

2) 발아억제물질에 의한 휴면

종피나 껍질에 ABA[abscisic acid]와 같은 발아억제물질이 함유되어 휴면을 하는 경우이다. 이러한 경우 GA[gibberellin], Cytokinin과 같은 휴면을 타파하는 식물호르몬 처리를 하거나 일정기간 동안 저온처리를 하면 종자 내의 GA가 증가하고 ABA가 감소하여 휴면이 타파된다. 일반적으로 이용할 수 있는 방법은 종자파종 전에 종자를 깨끗이 씻음으로서 발아억제물질을 제거한 후 발아시킬 수 있다.

3) 미발달배에 의한 휴면

배가 내외적으로 발달하지 못하여 발아하지 못하는 경우로 휴면의 원인이 될 수 있다. 이러한 경우에는 일정기간 동안 저온처리를 하거나 배가 성숙될 때까지 기다린다.

5 종자의 발아조건

종자의 발아는 유근이 종피를 뚫고 껍질 밖으로 나오는 현상을 말한다. 종자가 수분을 흡수하면 배에서 식물호르몬이 활성화되고, 가수분해효소의 작용으로 종자에 저장되어 있는 양분이 분해되어 배로 이동한다.

종자의 발아에는 성숙과 휴면타파 등의 내적조건과 수분, 온도, 광, 산소 등의 외적조건이 요구된다.

1) 수분

종자는 적당한 수분을 흡수한 후 발아 활동을 시작한다. 일반 화훼류 종자의 경우 70% 이상 흡수되면 효소의 활동과 호흡이 활발해지며 생리작용이 활성화되어 발아가 된다. 수분이 잘 흡수되지 않는 껍질이 단단한 콩과식물의 종자는 25℃의 미지근한 물에 담그면 발아가 더 쉽게 된다. 일반적으로 대부분의 종자는 일정기간 물에 담그면 발아가 더 잘된다.

2) 온도

발아를 위한 효소의 작용이 활발하게 이루어지기 위해서는 일정한 온도가 필요하다. 일반적으로 온대원산 식물의 종자는 15~20℃, 열대원산 식물의 종자는 25~35℃의 범위에서 발아한다.

3) 광

종자는 광에 감응하여 발아가 촉진되는 호광성종자好光性種子와 광에 의해 발아가 억제되는 혐광성종자嫌光性種子로 구분지을 수 있다.

종자의 광요구도와 연관지어 종자의 크기에 따른 복토의 양을 생각해볼 수 있다. 일반적으로 종자를 파종 후에 복토는 종자 크기의 1~3배를 하지만, 종자의 크기에 따라 복토를 다르게 할 필요가 있다. 상추, 시금치, 페튜니아와 같은 작은 종자는 흙을 뚫고 나오는 힘이 부족하므로 흙을 얇게 덮고, 맨드라미, 백일홍과 같은 다소 크기가 있는 종자는 흙을 여유롭게 덮어도 발아할 수 있다는 특징을 구분 지어 생각해볼 수 있다.

표 5-2 | 종자의 광 요구도에 따른 원예식물 분류

호광성 종자	혐광성 종자	중간성 종자
프리뮬러, 페튜니아, 베고니아, 과꽃, 샐비어, 상추, 한련화	맨드라미, 백일홍, 델피니움, 색비름, 복수초	스위트피, 미모사, 아스파라거스, 코스모스

4) 산소

일반적으로 식물은 공기 중 산소농도가 20% 이하로 낮아지면 발아가 잘 되지 않으므로 토양의 통기성에 유의한다. 경실종자는 껍질이 단단하고 두꺼워서 산소가 통과되지 않으므로 종피에 기계적 상처를 주거나 농황산, 수산화나트륨과 같은 화학물질을 이용하여 종피를 연화시켜 산소의 공급을 원활하게 해준다.

6 파종

파종 시기는 식물의 특성과 재배목적에 따라 다르나 일반적으로 봄에는 3월에서 4월, 가을에는 8월에서 9월 사이에 파종한다. 파종을 위한 용토는 충분한 양의 산소를 공급해 주는 통기성을 좋게 하기 위해 배양토에 모래나 펄라이트 등의 특수토양을 섞어주는 것이 좋다. 한편 농가에서는 플러그 트레이(plug tray, 연결포트)에 파종하여 뿌리가 어느 정도 자란 후에 이식하는 경우를 많이 볼 수 있다. 이 플러그 트레이를 이용하면 재배자가 균일한 묘를 생산할 수 있고, 육묘기간을 단축시킬 수 있으며, 기계정식이 가능하다.

종자를 파종하는 데 있어 파종장소와 파종형식에 따라 다음과 같이 구분할 수 있다.

그림 5-8 | 연결포트에 파종한 고추모종

1) 파종장소의 구분

① **직파** 直播, direct sowing

화단이나 재배하고자 하는 장소에 직접 파종하는 방법이다. 이식하면 피해를 입는 맨드라미, 과꽃, 시금치, 쑥갓, 근채류[우엉, 당근, 무]와 같은 경우는 직접 파종하는 방법을 이용한다.

② **상파** 床播, bed sowing

어린 묘를 관리하기 편한 장소에서 파종하는 방식이다. 팬지, 페튜니아, 데이지 등의 식물에 이용된다. 종자가 발아하여 식물이 생장한 다음 이식한다.

③ **상자파종** 箱子播種, box sowing

종자가 미세하거나 귀중한 종자를 상자나 화분에 파종하는 방법이다. 베고니아, 철쭉류 등의 식물에 이용한다.

2) 파종형식의 구분

① 산파 散播, spread sowing

미세한 종자를 파종 용토에 흩어 뿌린다. 관수 시 종자와 흙이 움직일 수 있으므로 저면관수법을 이용하는 것이 좋다.

② 조파 條播, line sowing

중간 크기의 종자를 직선 이랑을 만들어 파종하는 방식이다.

③ 점파 點播, spot-sowing

크기가 큰 종자를 흙에 묻힐 정도로 점을 찍고 한 구멍에 종자를 하나 혹은 여러 개 파종한다.

그림 5-9 | 산파, 조파, 점파

2 영양번식

식물체의 잎이나 줄기, 뿌리 등의 일부분을 분리하여 그 조직을 완전한 식물체로 길러내는 번식방법을 영양번식營養繁殖 또는 무성번식無性繁殖이라고 한다. 이러한 번식은 식물 세포가 하나의 기관이나 조직 또는 세포 하나로도 완전한 식물체로 발달할 수 있는 능력, 전체형성능全體形成能, totipotency이 있기 때문이다.

이러한 영양번식의 장점은 유전적 형질이 모체와 동일한 개체를 다량 증식시킬 수 있고 종자번식이 어려운 식물들도 번식시킬 수 있다. 또한 씨를 뿌려 싹을 틔우는 과정이 없기 때문에 종자번식에 비해 꽃이 빨리 피고 열매도 빨리 맺을 수 있으며, 균일한 묘 생산이 가능하다. 그러나 바이러스에 감염될 우려가 높고, 번식시키는 작업이 다소 번거롭고 생산비가 많이 들며 전문적인 시설과 기술이 요구되는 단점이 있다. 영양번식 종류에는 삽목, 접목, 분주, 분구, 취목 등이 있다.

1 삽목

삽목插木, 꺾꽂이라고 불리는 번식법은 잎이나 줄기, 뿌리 등 영양기관의 일부를 자른 삽수를 적당한 삽상에 꽂은 뒤 절단면이나 혹은 꽂힌 마디에서 나오는 새로운 뿌리인 부정근不定根을 발생시켜 독립개체로 만드는 번식방법이다. 여기에서 삽수插穗는 삽목에 이용되는 잎, 줄기, 뿌리 등을 말하고, 이 삽수를 꽂는 판을 삽상插床이라고 한다. 번식 시에 뿌리를 보다 잘 내리게 하는 식물호르몬인 옥신과 살균제가 혼합된 발근촉진제 루톤Rootone®을 절단면에 묻힌 뒤 삽목하면 발근이 촉진된다.

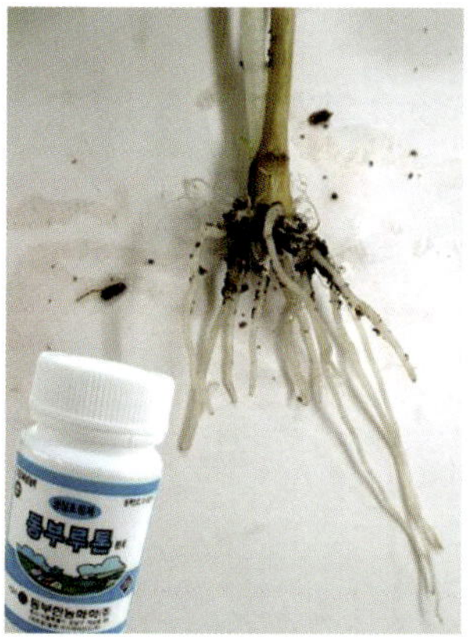

그림 5–10 | 발근촉진제 루톤®

이러한 삽목번식은 화훼류에서 가장 많이 이용되고 있는 번식방법이다. 삽목의 시기는 낮의 길이가 길어지는 따뜻한 늦봄 이후부터 9월까지 실시하는 것이 좋은데, 이는 발근이 온도와 일장에 영향을 받기 때문이다.

삽목번식의 장점은 모체와 동일한 특성을 가진 개체를 짧은 기간에 얻을 수 있고, 종자번식이 잘 되지 않는 식물과 돌연변이 개체를 번식시킬 수 있다. 또한 식물체의 크기나 형태를 균일하게 할 수 있는 특징이 있다. 그러나 삽목한 식물체는 실생이나 접목묘에 비해 수명이 짧으며 뿌리의 지지력과 발육이 나빠 잘 쓰러지기 쉬운 단점을 가지고 있다.

삽목은 원예치료 프로그램으로 쉽게 이용할 수 있는 번식 방법이다. 삽수를 한 화분에서 혹은 기존 재배식물에서 구할 수 있어 소재비가 저렴한 프로그램이 될 수 있으며, 뿌리내림이 잘 되는 식물을 이용할 경우 식물의 생장을 단기간에 관찰할 수 있다. 특히 유, 아동에게 식물의 성장을 쉽게 가시적으로 경험할 수 있는 교육적인 프로그램이 될 수 있다.

1) 삽목 방법

① 삽수의 조제

초본류의 경우 6~10㎝ 내외의 길이로 2~3마디 정도 자른다. 자르는 위치는 마디 바로 아래쪽을 비스듬히 잘라서 절단면을 넓게 한다. 잎의 수가 많으면 수분 증발을 일으킬 수 있으므로 일부를 솎아낸다. 또한 삽수는 빛을 많이 받은 부분의 잎을 선택하는 것이 좋은데, 이는 광합성으로 인해 발근에 관여하는 물질이 얻어지기 때문이다.

② 삽목용토

용토는 삽목 번식에 큰 영향을 줄 수 있으므로 선택이 중요하다. 용토는 삽수를 잘 지지할 수 있고 보수력이 높으며 통기, 배수가 잘되는 토양이어야 한다. 또한 박테리아 번식의 위험이 없는 토양을 이용하는 것이 좋고 가급적이면 유기질 성분인 거름의 함량이 적은 토양이 번식하는 데 좋다.

일반적으로 모래, 버미큘라이트, 펄라이트 등의 용토를 적당한 비율로 혼합하여 사용하는데, 시중에서 판매되는 원예용 배양토는 버미큘라이트, 펄라이트가 포함되어 있고 소독이 되어 있으므로 번식용토로 사용해도 무방하다.

③ 삽수 꽂기

삽수를 길이의 1/2 내지 1/3이 용토 속에 묻히도록 하고, 약간의 경사를 주어 비스듬히 눕혀서 꽂고, 삽수가 서로 겹치지 않을 정도의 간격을 유지한다.

그림 5-11 | 국화의 삽목

④ 삽목환경

㉮ 광선

삽목 후 삽수가 지나친 광을 받으면 증산작용이 활발해져 시들 수 있어 뿌리를 내리는 데 방해가 될 수 있다. 따라서 식물체의 건조를 막기 위해 빛을 차단하여 반음지 상태를 유지하는 것이 좋다. 그러나 뿌리가 내린 뒤에는 양분을 만들기 위해 햇빛이 충분히 들도록 한다.

㉯ 온도

공중온도와 상토 내의 온도는 발근에 중요한 영향을 준다. 공중온도는 삽목하려는 식물체의 생육온도보다 낮은 것이 좋으며, 삽수는 낮 기온이 15~25℃, 밤 기온이 15~20℃일 때 발근하기 좋다.

㉰ 습도

삽목 발근 시에 잎에서 수분이 빠져나가 시드는 것을 방지하기 위해 공중습도를 높게 유지하는 것이 좋으며, 잎 표면에 물을 자주 주어 공중습도를 약 80~90% 정도로 유지하는 것이 좋다. 식물 주변의 습도 조절을 위해서 비닐, 신문지, 투명한 PET병을 잘라 식물체 위를 덮어준다.

그림 5-12 | 아래향 삽목 후 건조 예방

⑤ 삽목 후 관리

삽목 후 발근까지의 관리는 삽수가 시들지 않고 썩지 않게 하는 것이다. 따라서 삽수가 시들지 않기 위해 적당한 관수와 차광 등을 하고, 부패를 방지하기 위해 토양을 깨끗이 하며, 과잉 관수가 되지 않도록 주의해야 한다. 물꽂이로 했을 경우에는 일주일에 1번 정도 물을 갈아주는 것이 좋다. 삽수의 신초가 튼튼하게 신장하여 엽색이 짙어지면 발근했다고 봐도 좋다. 신초가 낮 동안 일시적으로 시들어 있는 상태라면 발근이 잘 되지 않을 수도 있다.

⑥ 발근 후 이식

발근한 삽수는 독립된 하나의 개체로서 양분흡수 능력도 갖고 있으므로 이식하여 재배할 수 있다. 하지만 발근 시기가 너무 덥거나 추울 경우에는 이식으로 인해 생육이 늦춰지거나 시들거나 얼 수도 있다는 점을 유의해야 한다. 이식 시기는 식물의 생장과 환경 혹은 재배목적에 따라 다르다. 일반적으로 뿌리가 충분히 생성되었을 때 하는 것이 좋다. 삽상에 꽂은 후 한 달 정도 지났을 때 식물체가 건강하게 자라고 있다면 뿌리 발근이 잘 된 것으로 보고 이식해도 좋다. 물꽂이의 경우 발근된 여러 개의 뿌리의 길이가 3㎝ 이상일 때 토양으로 이식할 수 있다.

2) 삽목의 종류

삽목은 사용하는 식물체의 부위에 따라 경삽, 엽삽, 근삽으로 나눌 수 있다. 줄기를 포함하는 경삽은 대부분의 식물에서 가능하고, 엽삽과 근삽은 일부의 식물에서만 가능하다.

① 경삽

경삽[逕揷]은 줄기꽂이라고 불리는데, 이 번식방법은 삽목 중에 가장 많이 이용하는 방법으로 목본류의 크고 작은 가지나 초본류의 줄기를 삽수로 이용한다.

원예치료 프로그램에서는 주로 관엽식물류[스킨답서스, 아이비, 제브리나, 호야] 등을 이용하는데 그 외에도 국화, 허브[민트류, 로즈마리] 등을 손쉽게 발근시킬 수 있다. 원예치료 프로그램에서는 경삽 시 대부분 물꽂이를 하게 된다. 물꽂이는 토양에 꽂는 것보다 뿌리의 발근을 육안으로 쉽게 관찰할 수 있고, 장식용으로 좋다. 발근이 빠른 제브리나, 스킨답서스, 아이비의 경우에는 뿌리내림을 1주 안에 볼 수 있는 특징이 있으므로 단기간에 번식의 모습을 관찰할 수 있는데, 대부분의 관엽식물은 2~4주 전후로 뿌리내림이 된다. 뿌리내림이 빠르고 적응력이 좋은 식물은 물꽂이 후 뿌림내림 후에 배양토에 이식해도 잘 자랄 수 있는 특징이 있으나 뿌리내림이 늦고 환경변화에 적응이 어려운 식물은 토양에 삽목을 하는 것이 좋다. 원예치료 프로그램에서 관엽식물은 주로 물꽂이로 하고, 화훼식물은 토양에 꽂는다.

그림 5-13 | 제브리나 물꽂이 2달 후

그림 5-14 | 스킨답서스 물꽂이 2달 후

그림 5-15 | 아이비 물꽂이 4주 후

그림 5-16 | 호야 물꽂이 6주 후

그림 5-17 | 인도 고무나무 물꽂이 2달 후

그림 5-18 | 벤자민 고무나무 물꽂이 4주 후

그림 5-19 | 베고니아 삽목

그림 5-20 | 야래향 삽목

한편, 수목의 경우 대부분 삽목이 가능하다. 그러나 환경과 여건에 따라 실생번식과 삽목번식을 선택한다. 삽목은 삽수의 종류와 시기에 따라 녹지삽, 숙지삽, 휴면지삽으로 구분한다. 또한 같은 식물일지라도 삽수의 채취 시기를 재배자의 의도에 따라 다르게 할 수 있다.

㉮ 녹지삽

초봄에 생장 중에 있는 부드럽고 유연한 가지를 삽수로 해서 발근시키는 방법으로 동백나무, 치자, 단풍나무, 목련, 백일홍 등에 이용한다.

㉯ 숙지삽

여름이 지나 가지가 약간 굳어졌을 때 하는 삽목이다. 삽목 중에 가장 경제적이고 손쉬운 방법이다. 숙지삽을 하는 식물로는 개나리, 조팝나무, 명자나무, 쥐똥나무, 장미가 있다. 상록수도 숙지삽이 가능하나 발근이 매우 느리다.

㉰ 휴면지삽

늦가을이나 초봄에 휴면했을 때의 가지를 이용하여 발근시키는 방법으로 무화과, 등나무, 모과 등에 이용한다.

그림 5-21 | 삽목한 목백일홍, 개나리, 치자, 무화과

② 엽삽

잎꽂이라고 불리는 엽삽葉揷은 줄기를 제외한 잎과 잎자루를 잘라 배양토에 꽂은 후 뿌리를 내리고 새로운 잎과 줄기를 만드는 방법이다. 잎을 재료로 삽목하는 엽삽의 종류는 많지 않다. 아프리칸 바이올렛, 산세베리아, 베고니아 렉스는 거의

엽삽으로 번식한다. 한편, 아프리칸 바이올렛과 같이 엽병 부분을 붙여 삽목하는 것을 엽병삽葉柄揷이라 한다. 산세베리아는 엽삽을 하면 반점이 나타나지 않으므로 산세베리아의 반점을 보고자 할 때는 포기나누기를 이용하여 번식하면 된다. 주의할 점은 선인장과 다육식물 종류의 엽삽을 할 때 잎을 모체로부터 분리한 후 바로 꽂으면 자른 부위가 썩을 우려가 있으므로 약 일주일 정도 그늘에서 말린 후 꽂는 것이 좋다.

원예치료 프로그램에서 잎을 이용하는 엽삽번식은 뿌리내림까지 2개월 이상이 걸릴 수 있으므로 프로그램이 단기간일 경우에는 식물변화의 모습을 다루기에 소요일수가 길 수 있다는 특징을 고려해야 한다.

그림 5-22 | 아프리칸 바이올렛의 엽병삽

그림 5-23 | 산세베리아의 엽삽

그림 5-24 | 다육식물의 엽삽

③ 엽아삽

엽아삽葉牙插은 하나의 잎과 짧은 줄기 일부분과 그 곳에 붙은 액아로 된 삽수를 이용한 삽목이다. 엽삽과 경삽의 중간적인 것이라 할 수 있으며, 눈이 하나 뿐이므로 일아삽이라고도 한다. 이 방법은 제한된 재료로 다수의 묘를 얻기 위한 방법으로 인도고무나무, 동백나무에서 주로 이용되지만, 다알리아, 국화류의 초본류에서도 이용할 수 있다.

④ 근삽

근삽根插은 뿌리꽂이라 불리는데, 뿌리의 일부를 잘라 삽목하는 방법으로 부정아不定芽와 부정근不定根을 발생시켜서 개체를 양성하는 방법이다. 무궁화, 개나리, 엄나무, 두릅나무 등과 같이 뿌리에서 눈이 잘 나오는 식물에 이용하는 방법으로 굵은 뿌리를 5~10㎝ 길이로 잘라 배양토에 묻어 새싹과 뿌리를 발생시키는 방법이다.

2 분주

분주分株는 뿌리에서 눈이 많이 나오는 숙근류나 화목류, 그리고 분화류에서 자연 상태에서 생긴 곁가지와 곁눈을 잘라 나누어 포기나누기로 번식하는 방법이다.

주로 봄에 하지만 봄꽃은 가을에, 가을꽃은 봄에 한다. 2~3개의 눈을 하나의 단위로 뿌리를 자를 때 눈만 분리되지 않도록 주의하고 심은 뒤 뿌리가 마르지 않도록 수분관리를 해주어야 한다. 스파티필름과 같이 뿌리가 엉켜있는 식물은 소독된 칼로 살짝 잘라서 분리할 수 있는데, 이때 뿌리가 손상을 입을 수 있으므로 분식 후에는 10일 이상 그늘에서 관리해야 한다. 반면, 나비란, 애란, 페페로미아는 뿌리가 나뉘어 있어서 쉽게 뿌리를 나누어 이용할 수 있다.

원예치료 프로그램에서 관엽식물을 분주하여 여러 개의 화분을 만들 수 있어 번식의 의미를 생각해 볼 수 있고, 모아심기, 접시정원 만들기 프로그램을 할 경우 한 화분의 식물을 분주해서 나누어 이용할 수도 있다.

그림 5-25 | 스파티필름의 분주

그림 5-26 | 아스피디스트라의 분주

그림 5-27 | 나비란의 분주

그림 5-28 | 애란의 분주

그림 5-29 | 페페로미아의 분주

그림 5-30 | 틸란드시아 이오난사의 분주

그림 5-31 | 틸란드시아의 분주

난은 모주의 옆에 새로운 구경이 연결되어 새잎과 뿌리가 나는데 이를 새촉이라 하고 난의 기본 단위이다. 번식을 위하여 이 촉을 분리하지만, 병해충으로부터 보호하고 수형 유지를 위해서 분리하기도 한다. 일반적인 난의 분주는 포기를 나누는데 뿌리가 상하지 않도록 주의한다. 난 역시 분주 후에는 10일 정도 그늘에 두고 물주기를 한다. 난의 번식은 분주 외에도 조직배양組織培養을 통한 종자번식이나 생장점배양을 하기도 한다.

그림 5-32 | 온시디움의 분주

3 분구

분구分球는 구근류에서 모체구근母體球根 주변에 생겨난 자식구근子息球根을 분리해서 번식시키는 것이다. 히아신스, 수선, 글라디올러스, 나리 등은 큰 구근 주위로 작은 구근들이 많이 달리는데, 이것들을 분리하여 번식시킨다. 칸나는 눈을 가진 근경을 잘라 번식시키며 눈을 한 두 개씩 붙여 잘라 심어야 한다. 나리류는 분구 외에도 인편번식을 한다. 나리의 인편을 하나씩 떼어내어 심어 인편 기부에서 생긴 자구로 번식하는 방법으로 번식방법이 쉽고 자구형성률도 높아 많이 쓰인다.

그림 5-33 | 히아신스의 분구

그림 5-34 | 수선, 나리, 칸나의 분구

4 취목

취목取木은 휘문이라고 불리는데, 이 방법은 모주로부터 가지를 절단하지 않고 흙속이나 공중에서 새로운 뿌리를 발생시킨 후 뿌리가 난 가지를 분리시켜 개체를 얻는 번식법이다. 뿌리의 발생을 촉진시키기 위해 모주의 가지에 상처를 내거나 옥신류를 처리하여 발근시킬 수 있다.

취목의 장점은 삽목으로 어려운 수종을 뿌리가 잘 내리게 할 수 있으며 실행이 간편하여 정원이나 야외에서도 할 수 있다. 또한 발근률이 높을 뿐만 아니라 기술과 기구가 필요하지 않다.

그러나 대량증식이 어렵고 처리에 시간이 많이 소요될 수 있다. 따라서 삽목이나 접목이 가능하다면 취목 대신 삽목이나 접목을 이용한다. 취목의 종류에는 단순취목, 파상취목, 공중취목이 있다.

1) 취목의 종류

① 단순취목 單純取木, simple layering

가지의 선단부가 지상으로 나오도록 땅에 묻었다가 발근한 것을 모체에서 분리하여 심는 방법이다.

② 파상취목 波狀取木, serpentine layering

덩굴성 식물이나 가지가 부드럽고 긴 줄기를 여러 차례 굴곡을 주어 땅에 묻고 묻힌 가지에서 뿌리가 발생하면 분리하는 방법이다.

③ 공중취목 空中取木, air layering

지상부의 가지나 줄기에 뿌리를 내어 새로운 개체를 만드는 방법이다. 줄기를 칼로 도려내는 환상박피環狀剝皮를 한 다음 그 부위를 젖은 수태로 감아서 둘러싼 다음 비닐로 싸서 이끼가 마르지 않도록 하면 두 달 후쯤 새 뿌리가 내리게 된다. 이러한 과정을 통하여 뿌리가 내린 바로 아랫부분을 잘라 새로운 식물체를 만들어낸다. 이 방법은 광합성으로 인해 생성된 동화물질이 밑으로 내려오는 통로를 차단하므로 가지 내의 탄수화물 함량을 높여서 발근을 유도하는 것이다.

이러한 번식은 개화를 높이기 위해 혹은 과수의 결실을 좋게 하기 위해 행해지는데, 대부분은 생육에 큰 지장이 없으나 양분의 결핍되어 피해를 입을 수 있다. 이 번식방법은 고무나무나 크로톤, 드라세나, 목련 등에 이용되며 온대과수보다 열대과수에 많이 이용된다.

그림 5-35 | 고무나무의 공중취목

5 접목

접목은(椄木)은 접붙이기라고도 하는데, 이 방법은 두 개의 각각 다른 식물체를 조직적으로 연결시키고, 생리적으로 공동체가 될 수 있게 하는 것을 말한다. 이 때 접착부위 윗부분을 접수(椄穗)라고 하고, 아랫부분을 대목(臺木)이라고 한다.

접목은 병충해에 강하고 우수한 산물을 얻기 위하여 꽃이 피는 품종, 채소, 과일 품종의 접수를 이용하고 있는데, 대부분의 접목은 품질 좋은 유실수를 획득하기 위한 수단으로 이용되고 있다. 이러한 접목의 장점은 네 가지로 살펴볼 수 있다.

① 품종의 고유 형질을 유지시켜 준다.

② 생장, 개화, 결실을 단축시킬 수 있다. 감귤류가 실생으로는 10년 이상이 걸리지만, 접목하면 5~6년으로 단축되며, 꽃눈을 갖는 가지를 접목하면 접목 당년에도 결실시킬 수 있다.

③ 대목의 선택에 따라 특정 재배를 할 수 있다. 대목의 특성에 따라 수세를 조절할 수 있고, 병충해에 강하게 할 수도 있으며 결실률과 과실의 품질향상을 높일 수 있다.

④ 증식률이 높아서 일시에 다수의 묘를 얻을 수 있다.

그러나 단점으로는 대목식물 양성과 접목 조작에 전문적인 기술과 장비가 요구되고, 실생묘에 비해 수명이 짧은 것이 많으며, 접목 부위가 비대해져 자연스러운 형을 잃을 수도 있다.

1) 접목생리

접목에 의해서 육성된 개체는 복합식물로서 영양적으로 보면 대목은 뿌리에 의해 토양으로부터 흡수한 양·수분을 접수에 보내고, 접수는 잎이 광합성으로 만든 동화물질을 대목에 보내 접수와 대목이 서로 공생관계에 있게 된다. 접목한 것이 잘 접합해서 생리작용의 교류가 원만하게 이루어지는 것을 활착[活着]이라고 하며, 활착 후에 정상적인 생장과 발육이 이루어지는 것을 접목친화[接木親和]라고 한다. 따라서 접목활착은 같은 식물끼리 가장 잘 이루어지고, 그 다음은 식물분류학상 근연일수록 잘되는데, 대부분의 접목은 같은 과 식물을 이용한다. 그러나 간혹 같은 과 식물일지라도 불친화성이 있을 수 있다.

예를 들어, 모과나무는 모과나무와, 밤나무는 밤나무인 같은 식물로 접목한다. 한편, 매화를 접목하기 위해서 같은 나무인 매화나무를 이용하기도 하지만, 같은 장미과 수목인 복숭아, 앵두, 자두, 살구나무를 대목으로 이용하여 접목하고, 체리를 접목하기 위해서 같은 장미과인 벚나무를 대목으로 접목하며, 감귤나무를 접목하기 위해서 같은 운향과인 탱자나무, 유자나무를 이용하여 접목할 수 있다.

그림 5-36 | 접목한 옥매화, 체리, 밤나무

2) 접목의 종류

① 절접 切接, veneer grafting

깎기접이라 불리는 이 방법은 대목 지상부를 깎아 잘라내서 접목하는 것이다. 절접은 간단하고 활착이 잘 되므로 여러 가지 접목법 중에서 가장 많이 쓰이는 방법이다.

② 눈접 芽接, bud grafting

접수 대신 접눈을 이용하는 것으로 T자형 눈접, 역T자형 눈접으로 한다. 과수의 핵과류와 감귤류, 화목류의 장미 등에서 많이 이용한다.

③ 할접 割接, cleft grafting

대목의 중앙을 일자 혹은 십자형으로 짜개어 쐐기 모양으로 깎은 접수를 삽입하는 방법이다.

그림 5-37 | 절접을 이용한 접목방법

④ **합접** 合接, splice grafting

대목과 접수의 크기가 비슷할 때 대목과 접수를 비스듬하게 절단하여 절단면의 형성층이 맞도록 접합하는 방법이다.

실제 원예치료 프로그램에서 접목하는 활동을 하기 어렵다. 하지만, 과일과 관련된 프로그램을 할 때 과일나무의 접목번식을 이야기 소재로 이용할 수 있다. 또한 채소류에서는 십자화과 채소의 접목이 많이 개발되고 있다. 무와 배추를 한꺼번에 얻을 수 있는 무와 배추의 접목인 무추는 흥미로운 소재가 될 수 있다. 무추 외에도 무와 오이, 양배추, 브로콜리 등을 접목할 수 있다. 그러나 이러한 접목식물은 아직 작물로서의 이용도가 낮다.

또한 원예치료 프로그램의 소재로 이용되는 비모란선인장은 대목인 삼각선인장에 비모란선인장을 접목한 식물로 접목번식을 소개할 수 있다.

그림 5-38 | 접목한 비모란선인장(좌), 무와 양배추(우)

VI

병충해 관리

1. 병해
2. 해충과 선충
3. 친환경 병충해 방제법

원예치료사[복지원예사]는 다양한 종류의 원예식물을 취급하고 재배관리 및 유지를 하게 되는데, 그 과정 중에서 식물의 병충해 피해를 경험할 수 있다. 병충해는 식물이 있는 곳이라면 어느 곳에서나 감염되거나 침입될 수 있으므로, 정확한 진단과 함께 적절한 대처가 필요하다. 가장 중요한 것은 병충해 발생을 미리 예방하는 것이며, 발생 시에는 종합적인 방제대책을 계획하고 실행할 수 있어야 한다. 본 장에서는 주요 병충해의 종류와 피해 증상, 이에 따른 효과적인 방제방법을 소개한다.

1 병해

병해disease는 식물이 병원체나 불량한 생육환경 조건에 의해 식물체의 일부 또는 전부의 기능이 상실되어 비정상적으로 되는 과정을 말한다. 식물의 병은 주로 공기나 토양을 통해 전염되거나, 접촉 또는 곤충매개체를 통해서 전염된다. 다양한 경로에 의해 병에 감염된 식물은 식물체의 일부분 또는 전체에 병징symptom이 나타난다.

주요 병징은 병원체에 감염된 잎, 줄기, 꽃 부위에 모자이크 증상, 황화 또는 괴사현상, 수분장해로 인한 시들음 현상, 잎과 꽃잎이 말리거나 오그라지는 변형, 끈적끈적한 분비물, 부패 등이다.

1 병의 분류

병을 일으키는 주요 미생물은 진균곰팡이, fungi, 세균bacteria, 바이러스virus, 바이로이드viroid, 파이토플라스마phytoplasma 등이 있다.

1) 진균 fungi

진균곰팡이에 의한 질병은 원예작물에 빈번히 발생하는 병 중의 하나이며, 전체 식물병의 75%를 차지한다. 진균은 균사가 있고, 포자가 바람, 물, 곤충 등에 의해 이동되고 전염된다. 진균은 10~30℃ 범위의 온도와 다습한 환경을 좋아하며, 기공, 표피, 상처 및 매개충을 통해 식물체에 침입한 후 일정기간을 기생하여 산다. 진균에 감염된 식물은 국부적이거나 전반적으로 위조, 변색 및 반점, 부패, 변형, 분비 등을 유발한다.

① 잘록병 damping-off

잘록병은 모든 식물의 종자와 어린 묘 상태에서 발생하며, 과습하거나 토양온도가 낮아 발아가 지연될 때 발생하기 쉽다. 병원균에는 후사리움*Fusarium*, 라이족토니아*Rhizoctonia*, 피시움*Pythium* 등이 있다. 이들 균은 주로 토양 속에 서식하였다가 식물체에 침입하는데, 종자가 발아되지 않고 갈변 · 고사하거나, 어린 묘의 물관부에 침입하여 급성 위조증상을 보이거나 어린 묘의 지접부地接部를 수침상水浸狀으로 갈변시켜 부러져 넘어지는 증상이 나타난다.

- 민감한 식물 : 베고니아, 제라늄, 천일홍, 금잔화, 과꽃, 배추과채소, 박과채소
- 방제법 : 종자소독, 돌려짓기, 토양을 다습하지 않게 관리하기

② 시들음병 wilt disease

식물체의 유관속 조직에 병원균이 침입하여 물관부 조직을 부패시켜 물이 올라가지 못하므로 식물체를 전체 혹은 부분적으로 시들게 하고 점차 황화 · 갈변되면서 고사하는 병이다. 이어짓기로 토양이 산성화될 때 잘 발생한다.

- 민감한 식물 : 국화, 시클라멘, 과꽃, 가지과채소, 오이, 무, 시금치, 딸기 등
- 방제법 : 토양소독, 돌려짓기, 저항성품종 선택

③ 탄저병 anthracnose

탄저병은 주로 잎 끝이나 가장자리에 황색, 갈색 혹은 검은색 부정형의 병반이 발생되고 점차 심해지면 병반이 확대되어 잎과 줄기가 마른다. 고온다습한 상태에서 발병이 심하다.

- 민감한 식물 : 고무나무, 관음죽, 심비디움, 선인장, 작약, 박과채소, 배추, 고추, 시금치 등
- 방제법 : 병든 식물 제거, 약제 살포 등

④ 흰가루병 powdery mildew

흰가루병은 다소 건조한 환경에서 발생한다. 어린 잎 표면에 하얀 가루가 생기

고, 꽃봉오리, 꽃자루, 꽃 등으로 확대되어 식물 전체를 흰가루로 덮어버린다. 잎은 심하면 뒤틀리며 말라 죽는다.

- 민감한 식물 : 장미, 칼랑코에, 국화, 숙근플록스, 봉선화, 박과채소, 가지과채소, 딸기 등
- 방제법 : 감염된 지상부는 절단하여 소각하기, 유황 훈증처리, 난황유 방제

⑤ 잿빛곰팡이병 botrytis blight

잿빛곰팡이병은 주로 잎, 줄기, 꽃잎 등에 발생한다. 잎 가장자리에 부정형의 병반이 시간이 경과함에 따라 커지고, 꽃의 형태가 불량하고 수침상의 갈색 반점이 생기면서 잿빛곰팡이를 형성한다. 저온 다습하거나 환기가 불량할 경우 발생하기 쉽다.

- 민감한 식물 : 국화, 장미, 거베라, 베고니아, 시클라멘, 심비디움, 가지과채소, 딸기, 오이, 양파, 상추, 셀러리 등
- 방제법 : 감염된 식물 제거하여 소각하기, 다습하지 않게 관리하기, 환기

⑥ 그을음병 sooty mold

진딧물이나 깍지벌레류의 끈적끈적한 배설물(감로, 甘露, honeydew)에 검은 곰팡이가 발생하고 잎표면이 그을음으로 검게 덮인 상태가 된다. 외관을 해칠 뿐만 아니라 빛이 잎표면에 도달하는 것을 방해하므로 결국 광합성을 억제하여 생육불량을 초래한다.

- 민감한 식물 : 고무나무, 야자류, 선인장과 다육식물, 필로덴드론, 아이비, 감귤 등
- 방제법 : 깍지벌레와 진딧물 등 해충 방제, 통풍, 잎 닦기

시들음병 탄저병 흰가루병 잿빛곰팡이병

그림 6-1 | 진균에 의한 식물병

2) 세균 bacteria

세균은 핵과 엽록체가 없는 매우 간단한 구조를 지닌 단세포이며, 일반 현미경으로 관찰할 수 있는 병원성 미생물이다. 주로 상처나 기공, 수공 등의 자연개구부를 통해서 침입한다. 세균병은 고온다습한 환경에서 쉽게 발생하며, 증식속도는 매우 빠르다. 주요 병원균은 슈도모나스*Pseudomonas*, 산토모나스*Xanthomonas*, 아그로박테리움*Agrobacterium*, 에르위니아*Erwinia* 등이 있다. 세균에 감염된 식물체에는 유조직이 침해되어 나타나는 점무늬병leaf spot과 무름병soft rot, 유관속 조직 중 물관이 침해되어 발생하는 잘록병damping-off과 풋마름병bacterial wilt, 심할 경우에는 목질부가 마르거나 종양canker 등이 발생한다.

① 무름병 bacterial soft rot

고온다습한 조건에서 발생하며 잎이나 뿌리의 상처를 통해서 전염된다. 감염된 식물의 부위에 수침상 병반이 생기고 조직이 물러지다가 심하면 악취가 나며, 부패하다가 말라 죽는다

- 민감한 식물 : 배추, 상추, 고추, 시클라멘, 히아신스, 게발선인장, 팔레놉시스 등
- 방제법 : 병든 식물 제거, 돌려짓기, 약제살포

② 풋마름병 bacterial wilt

식물체가 푸른색을 띠며 생기를 잃고 시드는 병이다. 식물의 줄기를 잘라보면 물관부가 갈색으로 변해 있으며, 토양전염으로 발생되므로 이어짓기를 하지 않는다.

- 민감한 식물 : 토마토, 고추, 가지, 카네이션 등
- 방제법 : 저항성품종 선택, 토양소독, 약제살포 등

③ 반점무늬병 bacterial spot

잎이 어둡고 수침상 병증이 나타나며, 이 부분이 회색, 갈색, 적갈색, 검은색 등으로 변한다. 반점은 말라서 떨어지며 잎에 작은 구멍이 생긴다.

- 민감한 식물 : 카네이션, 국화, 제라니움, 드라세나, 고무나무, 베고니아 등

- 방제법 : 감염된 잎 제거, 약제살포

④ 목썩음병 neck rot

토양이 고온다습할 경우 발생하며, 병원균은 토양에 잠복해 있다가 주로 상처를 통해서 식물체에 침입한다. 발생 초기에는 식물체 지면부에 갈색 반점이 생기고 점차 확대되면서 잎, 줄기, 구근 등이 암갈색으로 변하고 부패한다.

- 민감한 식물 : 글라디올러스, 프리지어, 구근아이리스
- 방제법 : 토양소독, 구근에 상처가 나지 않도록 관리, 이어짓기를 하지 않음

3) 바이러스 virus

바이러스는 핵산과 단백질로 구성된 비세포성 병원체로서, 전자현미경으로 관찰 가능할 정도로 아주 작고 투명하며 살아있는 세포에서만 증식이 가능하다. 바이러스는 한 식물체에 여러 종류의 바이러스가 동시에 감염될 수 있고, 하나의 바이러스가 다수의 식물을 감염시킬 수 있다. 주요 전염경로는 종자, 영양기관(덩이줄기, 덩이뿌리, 비늘줄기 등), 삽목과 접목, 기계적 접촉, 토양, 매개충(진딧물류, 응애, 매미충 등) 등이 있다.

바이러스에 감염된 식물은 색소체의 이상으로 잎, 줄기, 꽃 등에 모자이크(얼룩무늬, 줄무늬, 둥근무늬, 띠무늬)가 생기고, 잎 말림, 잎 오갈(축엽, 縮葉), 위축, 기형, 암종 등이 나타난다. 일단 바이러스에 감염되면 치료가 어렵기 때문에, 바이러스에 저항성인 품종을 선택하고, 무병종묘 이용, 전염원 제거, 매개충을 방제하며, 바이러스에 감염된 식물은 발견 즉시 제거하는 것이 중요하다.

표 6-1 | 바이러스 종류와 주요 피해 식물 (문 外, 2010)

바이러스 종류	주요 피해 식물
담배모자이크바이러스(TMV)	담배, 토마토, 고추, 가지, 난 등
오이모자이크바이러스(CMV)	오이, 참외, 고추, 토마토, 양배추, 배추, 백합, 페튜니아, 백일홍 등
순무모자이크바이러스(TuMV)	무, 배추, 양배추, 쑥갓 등
감자XY 바이러스(PVX, PVY)	감자, 고추, 토마토, 담배 등
마늘모자이크바이러스(GMV)	마늘, 양파, 파 등

나리 잎 춘란 잎 아마릴리스 잎

그림 6-2 | 바이러스에 의한 식물병

4) 바이로이드 viroid

바이로이드는 1971년에 처음으로 감자 갈쭉병potato spindle tuber 병원체 특성을 조사하는 과정에서 알려졌으며, 바이러스와 달리 외가닥의 RNA로만 구성되어 있고, 바이러스보다 크기가 작고 식물에만 존재한다. 전염경로는 병든 식물에서 건전한 식물로 기계적인 방법에 의하여 즙액전염이 가능하고, 종자, 꽃가루, 접목, 영양번식 방법 등으로 전염된다.

바이로이드에 감염된 식물은 생육지연, 줄기나 잎의 위축이나 왜소, 변형, 변색, 열매 이상 등의 주요 병징이 나타난다. 바이로이드에 의해 발생된 주요 식물병으로는 감자 갈쭉병과 국화 왜화바이로이드CSVd : Chrysanthemum Stunt Viroid가 있다. 바이로이드 방제법으로는 건전한 식물체 사용, 병든 식물 제거, 작업도구 소독 등이 있다.

2 해충과 선충

해충은 식물에 피해를 주는 곤충을 말하며, 다양한 방법으로 가해하여 식물의 생육을 나쁘게 하고 품질을 떨어뜨린다. 또한 해충이 가해한 식물의 피해부위는 병원균이 쉽게 침투되어 2차적으로 다양한 병을 유발시킬 수 있다. 대표적으로 관엽식물의 그을음병은 진딧물, 깍지벌레, 온실가루이가 분비한 배설물[감로]에 의해 발생된 것이다.
해충은 알, 유충, 번데기 혹은 성충의 형태로 월동하고 생육환경이 되면 빠르게 세대 번식하여 짧은 시간 내에 식물을 가해한다.

1 해충의 분류

해충은 입 모양에 따라 식물을 가해하는 방법이 다른데, 갉아먹는 해충[biting-chewing mouthparts]과 즙액을 빨아먹는 해충[piercing-sucking mouthparts]으로 나뉠 수 있다. 갉아먹는 해충으로는 나방 및 나비류, 달팽이류, 잎벌레가 있으며, 줄기, 잎, 꽃봉오리, 뿌리 등을 갉아먹고 때로는 구멍을 내어 품질을 떨어뜨린다. 즙액을 빨아먹는 해충은 구침[口針]이 발달하여 잎, 줄기, 꽃잎, 뿌리 등의 즙액을 빨아 먹어 양분을 소실시켜 식물체를 약화시킨다. 대표적으로 진딧물, 깍지벌레류, 온실가루이, 총채벌레와 응애 등이 있다.

1) 진딧물

진딧물은 채소류, 화훼류 등 원예작물을 폭 넓게 가해하는 해충이다. 진딧물은

15.5℃에서 거의 2주마다 새로운 세대가 발생할 정도로 매우 빠르게 번식하고, 특히 실내온도와 건조한 환경을 좋아해서 봄철에 많이 발견된다. 주로 어린잎, 줄기, 가지, 꽃봉오리 등에 집단으로 발견된다. 진딧물의 주둥이는 주사바늘 같이 생겨 이것을 식물체 조직에 꽂고 즙액을 빨아 먹어 해를 준다. 피해를 받은 부위는 활력을 잃어버리고, 잎눈과 꽃눈의 파괴, 황변화 현상이 나타나고 빨리 시들어 죽게 된다. 또한, 진딧물은 항문을 통하여 끈적끈적한 고농도의 당분성 배설물[감로, 甘露]을 분비하여 식물체 표면을 번들거리게 한다. 이 분비물은 개미나 파리 같은 다른 해충을 유인하거나 2차적으로 그을음병을 유발하여 광합성을 저해한다. 진딧물이 상처를 낸 부위는 바이러스병을 매개하여 많은 피해를 준다.

- 민감한 식물 : 배추, 양배추, 무, 고추, 오이, 피망 등 채소류, 국화, 시클라멘, 디펜바키아, 후크시아, 아이비, 호야, 칼랑코에, 난, 다육식물 등 화훼류
- 방제법 : 수압을 높게 하여 식물체 전체를 물로 씻어내기, 살충비누, 난황유, 침투성 살충제

2) 깍지벌레

깍지벌레는 식물의 잎과 가지의 갈리진 틈이나 닿기 어려운 곳에 기생하며 즙액을 빨아 먹는다. 주로 관엽식물, 난류, 목본성 식물 등에 피해를 주며, 생육이 저하되고 조기낙엽이 되기도 하며, 심하면 말라죽는다. 발생량이 적을 때는 직접 손으로 제거하는 것이 좋다. 심할 경우에는 피해부위가 심한 가지를 잘라서 소각한다. 약충 단계일 경우에는 약제의 효과가 있으나 깍지를 형성한 후에는 효과가 낮아지므로 조기에 방제하는 것이 좋다. 난황유를 살포한 1주일 후에는 식물체 표면에 남아있는 깍지벌레를 휴지로 닦아낸다.

- 민감한 식물 : 알로에, 안스리움, 아라우카리아, 접란, 베고니아, 부겐빌레아, 선인장, 크로톤, 유포르비아, 소철, 아이비 등
- 방제법 : 진딧물 방제방법과 동일

3) 온실가루이

온실가루이는 작은 나방 모양으로 몸 표면이 흰가루에 덮여 있어 흰색을 띤다. 온실가루이는 유충과 성충 모두 잎의 뒷면부터 가해한다. 진딧물과 같이 침 모양의 주둥이를 식물체 조직에 찌른 후 즙액을 빨아 먹으며, 흡즙된 잎은 퇴색하거나 위축되고, 심하면 식물체의 세력이 약화된다. 또한, 온실가루이는 끈적끈적한 감로를 분비하여 그을음병이 잎 전체를 덮어 광합성과 호흡이 감소된다. 심하면 과실이 썩게 된다.

- 민감한 식물 : 토마토, 가지, 오이, 딸기 등 과채류, 베고니아, 국화, 포인세티아, 콜레우스, 양치류, 란타나, 제라늄 등 화훼류
- 방제법 : 잎 앞 · 뒷면, 줄기 등 식물체 전체를 분무하기, 천적온실가루이좀벌, 침투성살충제

4) 총채벌레

총채벌레는 주로 꽃에 발생하는데, 눈, 꽃봉오리, 꽃잎, 꽃받침 속으로 침입하여 즙액을 빨아먹거나 겉표면을 갉아먹어서 꽃이 기형이 되거나 은백색으로 퇴색된다. 관엽식물은 주로 줄기와 어린잎에 피해를 받는데, 상처를 내고 모인 즙액을 빨아먹으며, 검은색 배설물과 함께 은색 반점과 흰 반점이 생긴다. 침입을 받은 부위는 결국 작아지고, 잎은 황변화되고 떨어진다. 총채벌레는 바이러스를 퍼뜨리는 주요 요인이므로 조기에 방제하는 것이 중요하다.

- 민감한 식물 : 고추, 토마토, 가지, 참외, 수박 등 과채류, 자금우, 베고니아, 국화, 드라세나, 스킨답서스, 고무나무류, 아마릴리스, 난, 야자류, 페페로미아, 필로덴드론, 산세베리아, 스파티필름 등
- 방제법 : 청색 또는 황색 끈끈이트랩 설치, 고삼추출물, 침투성살충제

5) 응애 spider mites

응애류는 거미류에 속하는 동물로 점박이응애, 차응애, 차먼지응애 등이 있다. 실외 식물뿐만 아니라 대부분의 실내식물에 피해를 주기 때문에 다른 병해충보다도 발병률이 높은 편이다. 응애는 매우 작아 육안으로 식별하기 힘들며, 알부터 성충이 되

기까지 25℃에서 9일이 걸리므로 세대번식이 빠르다.

응애는 고온 건조하고 환기가 불량한 조건에서 잘 발육하고 번식하기 때문에, 실내 식물에 자주 발생한다. 응애는 식물의 조직을 흡즙하여 피해를 주는데, 주로 잎의 뒷면을 가해하고 흰 반점이 생기면서 점차 잎이 누렇게 변하게 된다. 피해 받은 부위는 엽록소가 파괴되어 광합성이 저해되고 결국에는 식물체가 말라 죽게 된다. 또한, 점박이응애는 비단실과 같은 거미줄로 식물체 표면을 덮기도 한다. 화훼식물 중 시클라멘을 가해하는 응애는 거미집은 생산하지 않지만 어린 잎과 꽃을 가해하여 가장자리가 안쪽으로 오그라들며 기형이 된다.

- 민감한 식물 : 대부분의 채소류, 스파티필름, 안스리움, 베고니아, 시클라멘, 선인장, 크로톤, 디펜바키아, 팔손이, 알로카시아, 페페로미아 등
- 방제법 : 발생 부위를 물로 씻기, 습도관리, 살응애제 살포, 난황유

6) 나방 및 나비류

① 배추흰나비

배추흰나비는 무, 배추, 양배추, 케일과 같은 십자화과식물의 잎 뒷면에 알을 낱개로 낳으며, 알에서 깨어난 유충은 녹색이고 몸에 잔털이 빽빽하게 나 있다. 어린 유충은 잎의 표피만 남기고 엽육을 가해하니, 다 자란 유충은 잎줄기만 남기고 폭식한다. 피해 받은 배추와 양배추는 결구가 되지 않는다.

- 민감한 식물 : 배추, 무, 케일, 양배추, 겨자무, 스토크 등
- 방제법 : 천적[배추남비고치벌], 잎의 앞뒷면을 살펴 유충과 알을 손으로 잡기, 미생물 농약 BT제 살포

② 배추좀나방

배추좀나방은 유충이 식물을 가해하는데, 머리 부분이 담갈색이고 다 자라면 몸길이가 10㎜ 내외이다. 유충은 주로 배추, 양배추, 무, 유채 등 십자화과채소의 잎에 많이 발생하며, 건드리면 실에 매달려 밑으로 떨어져서 '낙하산벌레'라고 불린다. 알에서 갓 깨어난 어린 벌레가 초기에는 엽육 속으로 파고 들어가 흰색의

표피만 남기고 갉아먹다가 자라면서 잎에 구멍을 뚫어 엽맥만 남기거나 잎 전체를 가해하기도 한다.

- 민감한 식물 : 배추, 무, 양배추 등
- 방제법 : 방충망 설치, 스프링클러에 의한 관수, 피해 부위 관찰 후 유충 포살, 나방류 미생물 약제 BT제[비티아이자와이 입상 수화제] 사용, 고삼추출물 60% 이상 함유된 유기농업 자재 사용, 계통이 다른 농약을 교대로 사용

③ 도둑나방

도둑나방의 어린 유충은 녹색을 띠고, 다 자라면 황갈색 바탕에 검은 무늬가 있다. 도둑나방의 유충이 피해를 주는데, 극히 잡식성으로 엽맥만 남기고 갉아 먹으며, 성장하면서 줄기와 열매까지 가해한다. 배추, 양배추, 셀러리 등 채소작물뿐만 아니라 장미, 백합 등 화훼작물에서 많이 발생한다. 주로 봄, 가을에 피해가 심하고, 결구배추 속으로 파고 들어가 갉아먹기도 한다.

- 민감한 식물 : 배추, 양배추, 피망, 고추, 셀러리 등
- 방제법 : 나무젓가락을 이용하여 유충 포살, 성페로몬트랩 설치, BT제 살포

④ 담배거세미나방

담배거세미나방은 잡식성 해충으로 모든 채소류, 화훼류, 정원수, 가로수 등 기주식물의 범위가 매우 크다. 유충이 식물을 가해하는데, 유충은 처음에 전체가 녹색이었다가 점차 암녹색으로 되며, 회색, 흑갈색 등 체색이 다양하다. 유충은 지표면의 어린 줄기를 갉아 먹은 후 줄기를 따라 기어 올라가서 눈, 잎, 꽃 등을 가해하기도 한다.

- 민감한 식물 : 토마토, 배추, 콩, 상추, 감자, 딸기 등
- 방제법 : 성페로몬트랩 설치, 육안으로 관찰한 후 유충 포살, BT제 살포

7) 큰이십팔점박이무당벌레

무당벌레는 진딧물의 천적 곤충 중 하나이지만, 큰이십팔점박이무당벌레는 주로 가

지과작물을 가해하는 해충이다. 유충과 성충 모두 잎과 과실을 갈아 먹은 흔적을 남기는데, 잎은 잎맥만 남기고, 과실은 망무늬처럼 흰색의 줄을 남긴다.

- 민감한 식물 : 감자, 가지, 토마토 등
- 방제법 : 작물의 잎 앞뒷면을 잘 살펴서 성충, 유충, 황색알이 있으면 손으로 잡아 제거하기, 나방유 농약 살포

8) 벼룩잎벌레

벼룩잎벌레의 유충은 땅속에서 뿌리의 표면을 갉아먹어서 무나 순무 등 근채류에 피해를 주며, 성충은 주로 십자화과작물, 사탕무 등의 잎을 갉아 먹어 구멍을 내며, 갉아 먹은 구멍은 생육하면서 커진다.

- 민감한 식물 : 배추, 무, 양배추, 겨자채 등
- 방제법 : 파종 전에 토양살충제 처리, 방충망을 씌워 차단하기

9) 굴파리

원예작물을 가해하는 굴파리류에는 콩, 강낭콩, 완두, 양배추를 가해하는 완두굴파리, 가지과 · 박과 · 국화과 등을 가해하는 아메리카잎굴파리와 굴파리가 있다. 굴파리의 유충은 작은 구더기 모양으로 잎에 구불구불한 굴(터널)을 뚫고 다니며 엽육조직을 갉아 먹어 잎에 흰색의 선이 나타난다. 성충은 잎에 상처를 내어 즙을 핥아 먹거나 산란을 하여 작은 반점을 남긴다. 가해를 받은 잎 부위는 생육이 위축되고 심하면 갈변하여 말라 죽는다.

- 민감한 식물 : 강낭콩, 토마토, 가지, 오이, 수박, 참외, 셀러리, 파, 거베라, 국화, 상추 등
- 방제법 : 방충망 설치, 천적[굴파리좀벌]

10) 달팽이류

명주달팽이는 껍질이 있고 민달팽이는 보호 껍질이 없다. 달팽이류는 고온다습하고 어두운 곳을 좋아하므로 밤에 활동을 하는데, 주로 화분 아래, 작물 밑, 낙엽이나 잡

초 아래 습기가 많은 곳에서 서식하여 식물체를 가해한다. 달팽이류가 지나간 자리에는 점질액의 분비물로 인한 작고 가느다란 흔적이 남는다. 식물의 뿌리, 잎, 꽃 및 열매를 갉아먹거나 상처를 준다.

- 민감한 식물 : 배추, 무, 상추, 딸기, 고구마, 오이, 화훼류 등
- 방제법 : 토양표면이나 식물체를 과습하지 않게 깨끗하게 관리하기, 맥주와 담배로 만든 민달팽이트랩 설치, 메타알데히드 입제 살포

그림 6-3 | 해충의 종류

2 선충 nematodes

곰팡이, 박테리아, 바이러스와 마찬가지로 선충 역시 식물에 기생하여 병을 일으키는 기생충이다. 형태는 지렁이처럼 길고 가느다란 실 모양이며, 주로 토양에 잠복해 있다가 식물의 뿌리조직을 먹어서 부풀게 하여 뿌리에 혹을 많이 생기게 한다. 피해가 심하면 뿌리의 흡수기능을 상실시켜 지상부의 생육이 나빠지고 시들어 죽는다. 또한, 선충류는 뿌리에 상처를 내어 토양전염성 병원균의 침입을 도와 2차적 피해를 주기도 한다. 선충은 뿌리뿐만 아니라 구근, 잎, 어린 눈에 피해를 준다. 일단 감염되면 방제하기 어려우므로 정식 전에 토양소독을 철저히 하거나 병해충이 없는 깨

끗한 배양토를 사용하는 것이 좋다.

- 민감한 식물 : 고구마, 당근, 땅콩, 가지과채소, 박과채소, 상추, 베고니아, 시클라멘, 프리지어, 봉선화, 국화, 고무나무 등
- 방제법 : 토양소독, 돌려짓기

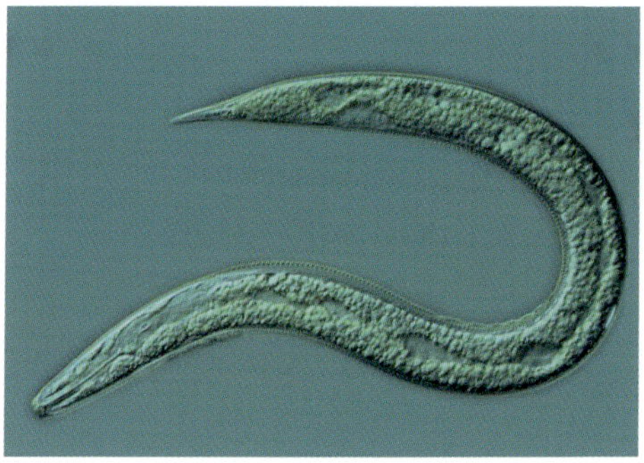

그림 6-4 | 선충

3 친환경 병충해 방제법

1 경종적 방제

재배환경을 조절하거나 재배기술을 적용하여 병충해를 방제하는 방법이다. 다른 방제법에 비해 효과는 적지만, 친환경농업에서는 적극적으로 권장되고 있다. 저항성 품종 또는 종자를 선택하기, 무병종묘 이용, 적절한 환경조절, 합리적인 영양관리, 재식밀도 조절, 병충해의 잠복처가 되는 잡초와 감염된 식물 제거하기, 돌려짓기 등으로 해충의 침입을 차단하기, 병해충이 싫어하는 식물과 함께 재배하는 방법 등이 이에 속한다.

1) 돌려짓기

한 토양에 동일한 작물을 이어짓기하면 염류집적, 토양물리성 악화, 토양전염성병 발생, 해충 증가 등으로 해를 거듭할수록 생육이 뚜렷하게 나빠지게 된다. 이때 동일한 경지에 서로 다른 작물을 돌려가며 재배하면 토양의 물리성 개선뿐만 아니라 병충해를 방지할 수 있다. 토양전염성 세균병인 감자의 더뎅이병은 파나 콩을 2~3년간 재배한 땅에 감자를 재배하면 발병률이 크게 감소된다. 또한, 채소작물과 보리, 옥수수 같은 볏과작물로 돌려짓기를 하면 공통 병충해가 적기 때문에 토양성 병충해 발생을 억제할 수 있다.

2) 동반식물

식물은 화학물질을 분비하여 다른 식물의 생육을 억제시키거나 생물을 공격하는 타감작용allelopathy, 알레로패시이라는 자신을 보호하는 수단을 지니고 있다. 또한 병원균의 침입으로 상처를 받으면 체내에서 피토알렉신이라는 능동적 방어물질이 생성되어 내병성을 키우고 부패를 방지해 준다.

어떤 작물이 다른 작물에 이익을 주는 조합식물을 동반작물companion plant이라 하는데, 타감작용이 큰 작물을 함께 심으면 병충해를 방제할 수 있다. 예를 들면, 파와 오이를 함께 심으면 파 뿌리의 표면이나 몸속에 공생하는 미생물이 오이의 덩굴쪼김병을 막아준다.

표 6-2 | 동반식물의 조합과 효과 (네모도·요네야마, 2003)

동반식물	효과
파 + 오이	오이의 덩굴쪼김병, 오이잎벌레
파 + 가지, 토마토	풋마름병, 잘록병
상추 + 양배추	도둑나방, 배추흰나비, 배추좀나방
셀러리 + 양배추	진딧물, 배추좀벌레나방
바질 + 토마토	선충, 오이잎벌레, 진딧물 예방
쑥갓 + 청경채	도둑나방, 배추흰나비, 배추좀나방
캐모마일 + 양파, 십자화과채소	배추흰나비, 진딧물 예방
로즈마리 + 양배추, 당근, 콩	배추흰나비, 도둑나방 예방
국화와 매리골드 + 토마토, 감자, 콩	토양선충, 온실가루이, 도둑나방 예방
한련화 + 양배추, 브로콜리, 박과채소	진딧물, 호박에 생기는 해충 방제

2 물리적 방제

오랫동안 수행되었던 방제법으로서 물리적 요소인 온도가열, 냉각, 물대기, 태양열 소독, 고압전기, 방사선, 고주파, 초음파 등으로 병해충을 죽이거나 불활성화시키는 것을 말하며, 해충을 직접 손이나 도구를 이용하여 죽이거나 해충이 좋아하는 물질빛, 성페로몬을 이용하여 유인하여 죽이는 방법, 또는 한랭사나 부직포 등으로 해충의 침입을 차단하는 기계적 방제법도 포함된다.

구근류에 온탕처리를 하면 선충, 꽃등애, 뿌리응애를 방제할 수 있으며, 감자나 고구마를 수확할 때 생긴 상처를 큐어링 처리를 하면 병충해의 침입을 억제시킬 수 있다. 또한 응애 방제는 습도를 높여서 관리하고, 흰가루병 및 흰녹병 방제는 습도를 낮추어 준다. 나방과 나비는 빛으로 모여드는 성질[주광성, 走光性]을 이용한 유아등을 설치하며, 진딧물류, 총채벌레류, 굴파리, 오이잎벌레 방제는 반사광을 싫어하는 성질을 이용하여 두둑에 반사성 은색필름을 설치한다.

1) 큐어링 curing

고구마는 수확 후 30℃ 온도와 85% 습도에서 약 4일간 처리하고, 감자의 경우에는 10~15℃ 온도와 85~95%의 습도에서 7일간 처리하면 병균의 침입구가 되는 상처가 빨리 아물게 된다.

2) 트랩 설치

① 성페로몬트랩

대부분 나방류에 적용되며, 페로몬을 유인하여 포살하거나 암수의 교미를 방해하여 번식력을 줄이고 해충밀도를 감소시키는 방법이다.

② 황색끈끈이트랩

곤충이 좋아하는 황색으로 유인하여 포집하는 방법으로, 진딧물[유시충], 나방류, 아메리카잎굴파리 방제에 효과적이다.

③ 민달팽이트랩

민달팽이는 맥주, 막걸이, 오이, 쌀겨 등에 유인되는 특성을 가지고 있다. 민달팽이트랩은 맥주로 유인한 후 살충효과가 있는 담배와 커피가루를 이용하는 방제법이다.

만드는 방법

뚜껑이 있는 일회용 플라스틱컵[200mL] 또는 페트병[500mL]에 맥주 50~100mL를 넣은 후 담배가루[1개피 분량], 커피가루[2g], 커피박[5g] 중 1개를 선택하여 혼합한다. 포장 전체에 2~5m 간격으로 골고루 배치한다. 약 2일 간격으로 잡힌 달팽이를 제거한 후 맥주와 담배 등 내용물은 새로 교체해준다.

3) 부직포 터널재배

텃밭에서 재배할 경우, 이랑 위에 강선[굵은 철사] 또는 FRP[유리섬유강화플라스틱] 프레임으로 소형터널을 설치 한 후 광투율이 높은[75% 이상] 채소전용 부직포를 씌워 재배하면 해충의 성충이나 애벌레의 침입을 차단할 수 있다. 적용 가능한 작물은 파종[정식] 후 30~40일 내에 수확할 수 있는 엇갈이배추, 청경채, 다채 등이다.

표 6-3 | 엽채류 재배시 부직포 터널재배에 의한 해충방제 효과 (농촌진흥청, 2013)

작물명	관행[무피복]		부직포 터널재배	
	수량[g/3.3㎡]	해충 피해 정도[0~5]	수량 g/3.3㎡	해충 피해 정도[0~5]
열무	6953	2	9302	0
엇갈이배추	4208	2	5121	0
청경채	3261	2.5	4302	0
다채	2928	2	3193	0

3 생물적 방제

병원균이나 해충에 기생하는 병원성 미생물이나 천적을 이용해서 병충해를 방지하는 방법을 생물적 방제라 한다. 농약을 사용하는 화학적 방제와 달리 식물에 약해 피해가 없고, 인축에 해가 없는 장점으로 친환경농업에서 활용하는 방제 중 하나이다. 현재 유용미생물을 토양에 투입하여 병해를 방제하는 미생물농약이 개발되어 활용되고 있다. 대표적으로 바실러스*Bacillus*속 세균들은 딸기, 토마토, 오이, 무화과의 흰가루병, 잿빛곰팡이병, 역병 방제에 효과적이며, 스트렙토마이세스*Streptomyces*속 미생물은 딸기와 호박의 잿빛곰팡이병, 잎마름병, 흰가루병 방제 효과가 있다.

그림 6-5 | 무당벌레를 이용한 진딧물 방제

표 6-4 | 주요 해충과 천적

대상 해충	천적
응애	칠레이리응애, 긴털이리응애, 캘리포니커스이리응애
진딧물	칠성무당벌레, 콜레마니진딧벌, 진디혹파리
총채벌레	미끌애꽃노린재, 포식응애
잎굴파리	굴파리좀벌
온실가루이	온실가루이좀벌
배추좀나방 유충	거미류
딱정벌레류, 나방류	곤충병원성 선충

칠레이리응애 콜레마니진딧 진디혹파리 유충 온실가루이좀벌

그림 6-6 | 천적의 종류

4 화학적 방제

화학적 방제법은 농약을 사용하는 방법으로 살균제, 살충제, 살응애제, 살선충제 등이 있다. 농약은 사용이 간편하고 효과가 신속 · 정확한 특징을 지니고 있으나, 사용 농도나 처리방법을 잘못할 경우 약해 피해가 발생될 수도 있다. 또한, 응애, 진딧물, 총채벌레, 장미의 흰가루병 등은 동일한 약제를 계속 사용하면 농약에 대한 내성이 생겨 약효가 떨어지게 되어 병해충 방제가 어렵고, 고농도로 처리할 경우 작물에 잔류되어 인체에 유해할 수도 있다. 따라서, 인공합성농약 대신에 천연의 살균, 살충 효과가 있는 친환경 유기농약 사용이 증가하고 있는데, 고삼, 제충국, 님오일, 마늘 추출물, 난황유, 살충비누 등이 병충해 방제 효과가 있다.

1) 제충국

제충국은 국화과식물로 벌레를 죽일 수 있는 국화라는 뜻이다. 제충국의 살충성분은 피레트린pyrethrin으로 온혈동물인 사람이나 가축에는 해가 없으나, 냉혈동물인 곤충의 운동신경을 마비시켜 죽게 하는 천연 살충물질이다. 활짝 핀 제충국 꽃을 채취하여 7일 동안 상온의 그늘진 곳에서 건조시킨다. 건조시킨 꽃을 75% 이상 에탄올 또는 아세톤과 헥산을 6:4 비율로 혼합한 유기용매에 1~3주 동안 침출시켜 여과하여 사용한다.

2) 난황유

난황유는 2005년 농촌진흥청 유기농업과에서 유기농업작물 보호제로 개발한 것으로 채종유유채기름나 해바라기유 등 식용오일, 물, 계란노른자를 혼합시킨 현탁액이다. 오일의 기름막은 해충의 숨구멍을 막아 질식시키고, 지방산 성분이 해충의 대사과정을 교란하여 직접적인 살충, 살비 효과를 나타내며, 계란노른자는 오일과 물을 유화시키는 역할을 한다. 난황유는 식물의 병충해흰가루병, 노균병, 응애, 진딧물, 가루이류, 깍지벌레 등 예방 및 방제목적으로 사용하며, 유황, 구리, 식물추출물 등 다른 작물보호제와 혼합하여 사용할 경우에는 병충해 방제 효과가 증가한다.

만드는 방법과 사용법

① 용기에 물 100mL와 계란 노른자 1개를 넣고 믹서기로 약 3~4분간 간다.
② A용액에 식용유 60mL[소주잔 1잔]를 첨가하여 다시 믹서기로 5분 이상 간다.
③ B용액을 물 20L에 혼합하여 골고루 섞은 후 분무기에 옮겨 담는다.
④ 잎의 앞 · 뒷면, 줄기 등 식물체 전체에 충분한 양으로 고르게 흠뻑 살포해야 한다.
⑤ 병충해 예방목적으로는 10~15일 간격, 발생 후 치료목적으로는 5~7일 간격으로 3회 정도 살포한다.
⑥ 사용하고 남은 난황유는 냉장고에 보관하면 오랫동안 사용할 수 있다.

3) 마요네즈 살충제

난황유와 동일한 살충효과로 생활에서 쉽게 사용 가능한 마요네즈를 활용한 방법이다. 깨끗이 세척하여 건조한 재활용 페트병에 물 1L를 담고 마요네즈 6.4g을 넣은 후 내용물이 잘 섞일 수 있도록 충분히 흔든다. 분무기에 옮겨 담근 후 식물체 전체 표면에 흠뻑 젖을 정도로 골고루 살포한다.

4) 마늘추출물

마늘은 껍질, 줄기, 잎, 종구에 항균활성물질이 있어서 물로 추출하여 농작물에 살포하면 병원균의 포자 발아 및 균사 생장을 억제하므로 예방 및 치료적 방제 효과가 매우 뛰어나다. 마늘추출물은 고추, 배추, 토마토의 흰가루병, 오이 노균병, 채소류 잿빛곰팡이병에 대한 방제 효과가 뛰어나다. 마늘추출물은 조제 후 시간이 지남에 따라 살균력이 떨어지므로 조제 후 바로 사용해야 하며, 살포 직후 마늘 특유의 냄새가 발생할 수 있다.

만드는 방법과 사용법

① 마늘 100g을 물 1L에 넣고 믹서기로 2~3분간 분쇄한다.
② 분쇄한 용액에 5mL 카놀라유를 넣고 믹서기로 2~3분간 균질화시킨다.
③ 천연유화제를 3mL 넣고 믹서기로 2~3분간 혼합한 후 총 1L가 되게 한다.
④ 거즈를 2~3겹으로 포개어 용액을 거른다.
⑤ 마늘 추출액을 10~50배로 희석한 후 식물체에 직접 살포한다.

5) 살충비누

1L의 미지근한 물에 1~2 티스푼의 물비누를 섞은 후 분무기로 식물체에 골고루 살포하면 진딧물, 응애, 총채벌레 등이 식물체에서 떨어져 나가서 해충의 밀도를 감소시킬 수 있다. 살충비누는 해충에 직접적으로 살포되어야만 그 효과가 나타나는데, 비누액이 곤충의 세포막을 파괴하고 결국 탈수로 인해 말라 죽게 하는 방법이다. 살충비누는 곤충에 묻어 침투되어야 하므로 빨리 건조되는 것을 줄이기 위해 서늘한 날이나 이른 아침 또는 저녁에 살포하는 것이 좋다. 그러나, 너무 높은 농도로 뿌리면 잎의 왁스층이 파괴되어 피해를 입을 수 있으므로 적정량 사용에 유의해야 하며, 살충비누는 주성분이 천연유지코코넛유, 팜유, 올리브유 등와 가성칼륨이 주성분인 천연비누를 사용해야 한다.

5 종합적 방제

식물의 병충해 방제를 위해서 한 가지 방법만 실행하는 것보다 여러 수단경종적, 물리적, 생물적, 화학적 방제을 통합 시행하는 종합 방제체계로서, 생태계의 기능을 최대로 살리고 환경의 악영향을 줄이면서 병충해 방제 목적을 달성하기 위한 방법이다. 종합적 방제는 병충해의 예방과 발생을 가급적 줄이는 것을 우선으로 한다. 원예치료사는 실내에서 식물을 키울 경우와 텃밭 재배 시 저항성품종 선택, 돌려짓기 등 경종적 방제기술과 맥주를 활용한 민달팽이트랩, 부직포 터널재배 같은 물리적 방제, 제충국, 난황유, 살충비누, 마늘추출물 등 친환경 유기농약 사용 등으로 병충해를 종합적으로 방제할 수 있을 것이다.

6 원예치료사가 일상적으로 행할 수 있는 병충해 예방법

1) 새로 구입한 식물은 반드시 검사한다.

구입한 식물의 각 부분, 특히 잎의 앞뒷면과 줄기의 상태를 꼼꼼하게 살펴본다.

2) 기존에 키우고 있던 식물과 잠시 동안 격리시킨다.

새로 구입한 식물의 외관을 세심하게 관찰했을지라도, 병원균이 잠복되어 쉽게 발견되지 않을 수도 있다. 약 2~3주 동안은 격리된 장소에서 키우면서 관찰한 후 이상이 없다면, 다른 식물체와 함께 관리한다.

3) 청결을 유지한다.

재배장소, 식물, 화분, 그리고 도구를 깨끗하게 유지하는 것이 병충해 방제에 도움이 된다. 화분의 토양에 떨어진 잎, 꽃, 열매는 병충해의 영양원이 될 수 있으므로 규칙적으로 제거하는 것이 좋다. 또한, 한 달에 한 번씩은 식물체 전체 부분을 샤워기로 세척하면 포자나 유충을 제거하여 발생횟수를 경감시길 수 있나. 특히, 진딧물과 응애는 잎 뒷면을 가해하기 때문에 뒷면을 특별히 주의 깊게 관리한다.

식물의 잎과 가지를 자르거나 번식에 사용한 칼과 가위 같은 도구는 건전한 식물도 피해를 줄 수 있으므로 작업 전후에 반드시 소독해서 사용한다. 또한, 사람의 손도 바이러스, 응애, 해충을 전염시킬 수 있으므로 작업 전에 손을 깨끗이 씻어 청결을 유지해야 한다.

4) 식물 사이의 간격을 넓게 배치한다.

식물의 간격을 너무 좁게 할 경우, 해충과 응애의 이동이 쉽고, 공기 유동이 원활하지 않다. 물주기 후에 잎에 물이 남게 되면 병해를 쉽게 일으킬 수 있다. 베고니아는 잎 표면에 물이 남아 있을 경우 병해를 일으키기 쉬우며, 잎에 털이 있는 아프리칸바이올렛 역시 병해 발생뿐만 아니라 반점과 탈색의 원인이 된다. 따라서, 식물의 간격을 일정하게 유지하는 것은 쉽게 실천할 수 있는 방법 중 하나이며, 병충해를 쉽게 발견할 수 있을 것이다.

5) 식물을 다룰 때는 상처가 나지 않도록 조심스럽게 다룬다.

병해는 식물체를 거칠게 다룰 때 발생하는 상처를 통하여 감염되기 쉽다. 선인장과 같은 다즙성 식물은 한번 손상되면 회복이 더디므로 주의깊게 취급한다.

6) 최적의 생육환경을 제공한다.

건강하지 못한 식물일수록 병충해의 침입이나 감염에 견디는 힘이 약해진다. 복지원예사는 식물이 건강하게 생육할 수 있는 광, 온도, 물주기, 영양관리 등을 숙지하여 식물의 종류와 품종에 따라 적절히 관리해야 한다.

VII

수확 후 관리

수확 후 관리는 수확된 원예산물이 생산자의 손을 떠나 최종 소비자의 손에 도달되는 전 과정에서 신선도를 유지함으로써 품질을 높이고 손실을 줄이며, 유통 판매기간을 연장시키기 위한 모든 과정을 총칭한다. 과수, 채소, 화훼류의 종과 품종에 따른 특징이 매우 다양하여 적용되는 기술 또한 방대한데 이 장에서는 수확 후 관리의 기본개념과 수확 후 생리변화에 대하여 설명하고, 원예산물 중 화훼, 특히 절화를 중심으로 선도유지 방법을 소개하고자 한다.

1 원예산물의 수확 후 관리

1 수확 후 관리란 무엇인가?

수확 후 관리란 용어의 뜻 그대로 원예산물이 뿌리로부터 잘리는 '수확' 이후에 신선도를 유지하기 위하여 관리하는 과정을 뜻한다. 즉, 수확된 농산물이 생산자의 손을 떠나 최종 소비자의 손에 도달되는 전 과정에서 신선도를 유지하고 부패를 방지함으로써 품질을 높이고 손실을 줄이며, 유통 판매기간을 연장시키기 위한 목적으로 실시하는 각종 과정을 총칭한다.

현대사회의 도심 집중화는 농산물의 생산 장소와 소비지가 지리적으로 멀어지는 경향이 있다. 따라서 농산물의 유통과정 동안의 신선도 유지는 농산물의 가격과 직결되어 상품성 향상을 위한 수확 후 관리는 '제2의 생산 활동'이라고 할 수 있다.

2 수확 후 관리의 특징

원예산물은 크게 과수, 채소, 화훼로 나눌 수 있는데 이에 포함되는 식물의 종과 품종의 수가 방대하고 각 품종마다 선도유지를 위한 조건도 상이하여 수확 후 관리 기술 또한 그만큼 다양하고 복합적이라 할 수 있다. 예를 들어 상추와 같은 채소는 잎을 이용하지만 브로콜리는 꽃봉오리로써 두 식물은 호흡량이 다름으로 취급하는 관점도 달라진다. 다른 예로 사과는 과실이 성숙한 상태에서 이용하지만 바나나는 후숙하여 이용한다. 이와 같이 소비자가 이용하는 목적, 시기, 기호 등에 따라 같은 품목이라도 적용하는 수확 후 관리기술은 달라지기 때문에 수확 후 관리 학문을 연구하는 데 있어서도 품목에 따른 전문성이 요구된다.

수확된 산물은 선별, 예냉, 저장, 포장, 수송 등 여러 과정을 거쳐 소비자에게 도달하게 되는데 각 과정에 따라 적합한 선도유지 기술을 적용해야 한다.

그림 1-1 | 식물의 발달단계에 따른 원예생산물의 이용

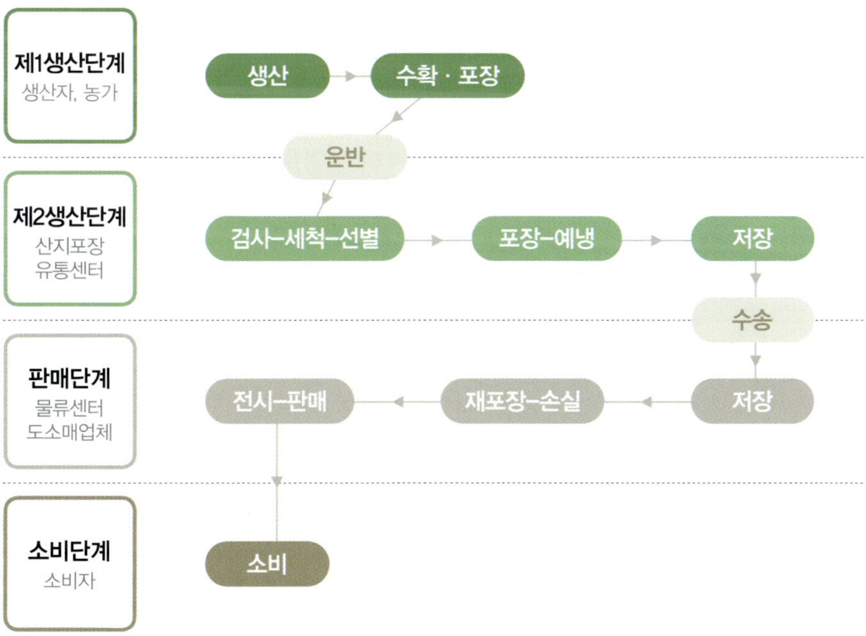

그림 1-2 | 원예산물의 수확 후 관리 과정 (http://www.nhfri.com, 2019)

3 원예산물의 수확과 유통과정

1) 농산물 산지유통센터 APC : agricutural product processing center

농산물의 선별, 포장, 저장, 출하 전처리 등 상품화작업을 수행하는 복합시설로써 농산물의 부가가치를 높이고 유통조직의 경쟁력 강화 및 농가 소득향상을 위한 기관으로 정부 지원 또는 지자체의 지원을 받거나 민간투자로 운영된다.

농산물 산지유통센터의 기능

㉮ 생산단지 : 시장성 좋은 품종을 추천하고 최적 재배기술을 제공하는 등 생산농가를 지원하여 상품성을 향상시킨다.

㉯ 선과장 운영 : 최적의 숙기 판정, 객관적인 품질 선별, 세척과정의 안정성 확립 등 표준화된 수확 후 관리기술을 적용한다.

㉰ 유통 : 대형마트 등 판매경로 확보하여 농가소득의 안정화를 추구하고, 농가재배이력, 원산지 등이 정확히 관리되며 포장, 물류표준화 운송기술, 선도유지를 위한 수확 후 관리기술이 적용되어 농산물 선도유지를 위한 효율적인 관리와 소비자 신뢰를 확보하여 농산물 브랜드화를 추구할 수 있다.

그림 7-3 | 농산물 산지유통센터의 사과 선별

2) 수확

원예산물의 수확 시기 결정은 생산물의 품질 및 생산성과 직결된다. 같은 식물일지라도 이용부위와 이용목적, 유통기간, 시장의 상황에 따라 수확하는 시기는 달라진다. 일부 과일과 채소는 성숙 후기에 최대의 크기와 중량에 이르는데, 크기와 중량은 가격에 직접 영향을 미치는 요인이므로 이 시기를 정확히 판별하는 것이 중요하다.

그림 7-4 | 고구마의 수확

그러나 이용목적에 따라 성숙이 진행되는 초기에 수확하는 경우도 있을 수 있다. 토마토를 예를 들면 완숙토마토를 이용하려는 경우에는 성숙 후기에 수확하지만 단단한 토마토를 이용하는 것이 목적이라면 성숙 초기에 수확한다. 같은 이용 목적이라도 여름철인 경우 유통기간 동안 고온에 의하여 후숙이 겨울보다 빠르게 진행되므로 수확 시기를 앞당기기도 한다. 또한 호박, 오이, 고추와 같은 원예산물은 성숙이 되지 않은 상태에서 수확하는 품목도 있다. 수확 시기는 이와 같이 이용 부위, 목적, 계절, 시장의 수요공급 관계 등의 여러 가지 요인을 복합적으로 고려하여 결정한다. 상품의 가치를 최대한 높이고 선도를 유지하기 위하여 품목에 따른 다양한 수확방법도 연구되고 있는데 사과의 경우 꼭지가 길면 다른 사과에 상처를 입힐 수 있으므로 짧게 자르는 경우도 있고, 일부 절화와 엽채류의 경우 수확시간이 이른 오전이 선도유지에 가장 효과적이라는 연구도 있다.

고구마를 수확하는 경우 근채류인 고구마를 땅에서 캔 후 바로 이동하지 않고 밭에 방치하여 고구마의 표피를 건조시키는 과정을 거치는데 이 과정을 통하여 선별과 운송과정 중 표피의 상처가 생겨 상품성을 떨어뜨리는 것을 줄일 수 있다.

3) 선별등급

수확물을 선별하고 등급을 선정하는 작업은 곧 가격이 결정되는 과정으로써 생산자에게 매우 중요한 과정이다. 소비자 입장에서는 등급에 따른 가격이 객관성 있게 형성되는 것을 중요하게 생각한다. 그러나 식물을 직접 재배하고 수확하는 생산자의 입장에서는 객관성을 유지하기가 어려운 것이 현실이다. 등급은 이러한 상황에서 객관성을 확보하기 위한 기준이다. 품질의 등급화는 모든 사람이 객관적으로 인정할 수 있는 기준, 즉 표준화된 규격의 상품을 말한다.

소비자가 상품을 선택할 때 기준이 되는 요인을 품질요소라 하는데 원예산물의 경우, 모양, 크기, 색깔, 균일도, 영양가치, 맛 등이 이에 해당하며 품질요소에 대하여 좋고 나쁜 정도를 품위라 한다.

식물의 품목, 이용목적 등에 따라 등급의 기준은 달라지며, 나라에 따라 또는 지역에 따라서도 등급을 판별하는 기준이 달라지기도 한다. 국내 원예산물의 등급기준은 크게 국립농산물품질관리원의 주요 농산물 표준규격에 따른 등급기준과 시장유통 시 실제로 적용되는 기준으로 나누어진다.

상품의 규격화 또는 표준화의 필요성

㉮ 시장 유통질서 확립
㉯ 품질, 가격에 대한 생산자, 소비자, 유통업자 간의 분쟁 해결 기능
㉰ 생산자는 생산기술 향상을 위한 척도로 이용

그림 7-5 | 규격화된 화훼류(좌)와 파프리카의 등급별 포장(우)

4) 예냉 pre-cooling

예냉이란 저장고에 저장하기 전에 원예산물의 품온을 빠른 시간에 냉각시키는 처리로써 저장고에 입고 후 원하는 온도로 빠르게 냉각시킬 수 있다. 특히 여름철 고온기에는 호흡률이 높아지는데 예냉처리를 하여 품온[수확물의 온도]을 낮추면 선도를 유지하는 탁월한 효과가 있다.

그림 7-6 | 수확한 엽채류를 포장 후 차가운 물을 샤워시켜 예냉하는 모습

예냉의 방법은 원예생산물의 종류와 형태에 따라 다른데 기본원리는 찬 공기, 찬물, 얼음 등 저온매체를 접촉시켜 농산물의 표면으로부터 열을 빼앗는 감열적 방법과 생산물이 가지고 있는 수분을 증발시켜 잠열을 제거하는 진공식 냉각방식으로 나눌 수 있다.

5) 저장

저장은 유통과정에서 잠시 머무는 단기저장과 수요와 공급을 조절하기 위한 장기저장으로 나눌 수 있다. 저장물의 특성에 따라 서상 시 온도, 습도, 기간 등의 조건은 모두 다르다. 일반적으로 저장의 가장 우선되는 조건은 저온이기 때문에 저온냉장고의 저장이 가장 일반적이다. 그러나 장기저장 시에는 저장성을 극대화하기 위하여 CA저장을 활용한다.

① CA저장 controlled atmosphere storage

CA저장은 저온과 더불어 저장고의 기체 조성비를 인위적으로 조정하여 호흡률을 효과적으로 낮춤으로써 선도를 유지하는 저장 방법이다. 보통은 산소 2~5%, 이산화탄소 2~5%를 유지함으로써 저장물의 품질변화를 지연시킨다. 효과의 극대화를 위하여 산소를 1%대까지 낮추는 초저산소 기술이나 감압저장 등의 기술이 소개되고 있으나 CA저장은 시설을 만드는 데 비용이 많이 들고 유지 관리하는 데에도 기술이 필요하여 영세한 농가가 활용하기는 어려운 실정이고 현재는 대규모 APC나 유통회사에서 활용하고 있다.

② MA 저장 modified atmosphere storage

MA저장이란 폴리에틸렌 필름과 같은 피막제를 이용하여 원예생산물을 외부 공기와 차단하고 생산물의 호흡에 의한 산소 농도의 저하와 이산화탄소 농도의 증가로 품질변화를 억제하는 방법이다.

CA저장과 마찬가지로 산소와 이산화탄소의 조성비를 조절하여 호흡을 억제하는 원리는 비슷하나 MA저장은 다음 순서에서 설명할 '포장'에 가까운 저장 방법

그림 7-7 | 저온저장고

그림 7-8 | CA저장고
공기조성비를 유지하기 위하여 문을 자주 열 수 없으므로 창문이 있다.

그림 7-9 | MA포장의 예

이다. 원예산물을 필름으로 포장하여 밀봉 후 식물의 호흡에 의존한 저산소 고이산화탄소 환경을 만들기 때문에 CA저장만큼 정교하게 기체조성비를 조절하기는 어려우나 소규모로 저장이 가능하고 무엇보다 고비용, 기술이 필요하지 않는 간편한 방법이라 할 수 있다.

또한 필름포장은 공기조성을 조절하는 동시에 증산작용을 막을 수 있어 선도유지에 보다 효과적이다. 최근에는 필름의 종류가 다양하게 개발되어 보다 능동적으로 기체 조성비를 조절할 수도 있고, 필름에 기능성 물질을 첨가하여 항균성을 높이거나 결로를 방지하기도 한다.

6) 포장

원예산물 포장의 일차적인 목적은 유통 중 물리적인 손상으로부터 보호하기 위함이다. 사과, 배와 같은 과실의 경우 일반적으로 골판지상자 안에 스티로폼 또는 종이 재질의 안좌흔들리지 않도록 고정하는 내장재를 넣고 각각 스티로폼 망을 씌운 과실을 담는 형태를 취한다. 포장은 소비자의 요구에 맞추어 소포장이나 혼합 포장하기도 하며 포장재의 인쇄를 통해 판매를 촉진하기 위한 마케팅이나 홍보요소를 반영하기도 한다. 절화의 포장 시 적재방법과 수분공급의 여부에 따라 품질에 크게 영향을 받는데

그림 7-10 | 스티로폼 망으로 포장한 사과

그림 7-11 | 튤립을 보호하기 위한 망포장

대부분의 경우 수분을 공급하는 습식유통이 품질 유지에 효과적이며, 금어초와 같은 절화는 세로로 적재하여야 굴지성에 의한 줄기의 휨을 방지할 수 있다.

그림 7-12 | 물통에 절화를 꽂아 수분을 공급하는 습식유통

그림 7-13 | 가로로 적재하여 수송하는 건식유통

7) 수송

유통기간 중 저온을 일정하게 유지하는 것을 콜드체인cold-chain이라 하는데, 일정하게 온도를 유지하지 못하고 냉장과 상온상태에 모두 노출되면 저장물에 결로가 생겨 품질을 저하하는 요인이 된다. 따라서 냉장수송 차량과 저장고의 온도가 일정할 수 있도록 맞추는 것이 중요하며, 저장물을 차량에 실거나 내릴 때에도 상온에 노출되지 않도록 저장고의 출구와 냉장차량의 입구가 연결된 도킹도어를 이용하여 냉기가 손실되거나 온도 차에 의한 결로가 생기는 것을 방지한다.

그림 7-14 | 저온저장고와 냉장탑차의 도킹시스템

8) 진열

소매점의 진열 시 냉장조건 또한 필수적이며 습도와 광조건 등 저장 품목에 맞는 환경을 조성하여 판매가능 기간을 연장할 수 있다.

9) 소비지

원예산물의 최종 소비지는 일반적으로 가정, 식당 등이 될 수 있는데 구매 후 최대한 빠르게 소비하는 것이 유효한 영양성분을 가장 효과적으로 이용할 수 있는 방법이나, 저장이 필요한 상황이라면 MA포장 방법을 응용하여 랩이나 비닐로 포장하여 냉장고에 저온저장을 하는 것이 선도 유지에 유리하다. 그러나 바나나와 같은 원산지가 열대인 과일은 냉장 보관하지 않으며 에틸렌 발생이 많으므로 다른 과일은 따로 보관하는 것이 좋다. 양배추, 무와 같은 생장점이 있는 채소는 생장점을 제거하거나 잘라서 싹이 계속 나지 않도록 저장하는 것이 좋다. 고구마는 10℃ 이상의 온도에서 저장하는 것이 유리하고, 감자는 고구마보다 저온에서 저장하며 빛을 받으면 녹색으로 변하므로 서늘한 암조건에서 저장한다. 원예산물에는 다양한 종류가 있고 그에 따른 특성이 상이하므로 각 원예산물의 특징을 이해하고 그에 맞는 저장 환경을 조성하는 노력이 필요하다.

2 원예산물의 수확 후 생리

1 호흡 생리

1) 수확 후 호흡의 특징

원예산물은 수확 전에 식물체에 달려 있을 때와 마찬가지로 수확 후에도 살아 있는 유기체로써 생명현상을 지속한다. 과일이나 채소는 숙성이 진행되는 동안 급격한 생리적 · 생화학적 · 구조적인 변화가 나타나는데 이 과정은 일반적으로 식물에서 노화가 진행되는 동안 나타나는 현상과 매우 유사하다.

모식물체에서는 광합성을 통하여 태양에너지가 화학에너지로 전환되어 조직 내에서 유기물로 저장되거나 생체 내 대사과정이 이용된다. 반면에 호흡을 통해서는 복잡한 유기물이 산화되면서 단백질 합성과 같은 대사과정에 필요한 에너지를 생산한다. 그러나 수확된 원예산물은 광합성을 통한 유기물의 저장 과정 없이 호흡작용에 의하여 체내에 축적된 유기물을 산화시키는 과정에서 대사변화에 필요한 에너지를 얻게 되는 것이 특징이다.

즉, 탄수화물 등 복잡한 유기물이 이산화탄소와 물로 분해되면서 생체에너지가 발생하고 중간대사물질은 세포 내에 필요한 여러 가지 기질로 이용된다. 생명유지를 위하여 호흡이 필요하지만 원예생산물의 저장이라는 측면에서 본다면 호흡은 수확 후 품질변화에 나쁜 영향을 미칠 수 있다.

2) 호흡률

호흡속도는 원예산물의 저장력과 밀접한 관련이 있어 저장력의 지표로 사용된다. 호흡은 저장기질을 소모시키는 대사작용이므로 호흡속도를 알면 호흡으로 소모된 기질의 양을 계산할 수 있다.

호흡에 영향을 미치는 요인 중 내적요인은 작물의 종류에 따라 다르며 이용되는 기관에 따라서도 달라진다. 괴경과 같은 저장기관은 대체로 호흡률이 낮은 반면 아스파라거스와 브로콜리와 같은 화기花器기관은 호흡률이 높은 편이다.

호흡에 이용되는 기질에 따라서도 호흡률이 달라지는데 일반적으로 호흡기질은 포도당이나 과당과 같은 단당류가 주로 이용되나 때로는 헤미셀룰로오스나 펙틴, 유기산이 이용되기도 한다. 덜 익은 단단한 과일을 수확하여 두면 시간이 지남에 따라 후숙되어 연화되고 색과 맛이 변하는 현상을 볼 수 있는데 이것이 호흡에 의하여 과실 내의 성분이 변화하는 과정이다.

원예산물의 호흡이 상승하는 데 영향을 미치는 외적요인에는 높은 온도, 공기조성, 물리적 스트레스 등이 있다. 그 밖에도 재배조건, 발달단계에 따라서도 호흡률은 변화하는 양상을 보인다. 호흡이 지나치게 왕성하면 원예산물의 내부성분이 소모되어 품질이 저하되고 저장력도 떨어져 상품가치를 상실하기 때문에 호흡을 억제하는 것이 선도를 유지하는 데 유리하다.

3) 무기호흡

호흡은 주위로부터 산소를 흡수하고 탄산가스를 배출하기 때문에 작물 주위의 기체성분 조성에 변화를 일으켜 생리현상에 영향을 미친다.

밀폐된 환경에서 산소농도가 원예산물이 견딜 수 있는 농도 이하로 떨어지면 무기호흡이 일어나 이취를 발생하고 부패현상이 나타나게 된다. 또한 호흡으로 발생된 탄산가스가 축적되어 작물이 견딜 수 있는 한계농도 이상이 되면 원예산물에 해를 미치게 되므로 호흡으로 인한 기체성분비의 변화는 원예산물의 수확 후 관리에 큰 영향을 미치며, 특히 포장이나 저장에 비중 있게 고려되어야 할 사항이다.

4) 호흡열

호흡이 왕성한 원예산물에서 발생하는 열은 상당하므로 제거되지 않으면 주위온도가 높아져 호흡량이 더욱 증가하게 되고 결국 원예산물을 부패시킨다. 따라서 호흡량이 많은 원예산물을 저장하거나 수송할 때는 통기나 냉장으로 호흡열을 제거해야 한다. 앞서 설명한 예냉은 저장이나 수송 전에 식물체의 품온을 낮춤으로써 호흡열에 의한 품질손실을 줄이는 데 효과적인 방법이다.

5) 성숙과 호흡

그림 7-15에서 보는 바와 같이 결실 직후에 호흡이 일어나지만 그 후 과실이 자람에 따라 서서히 저하되다가 성숙 직전에 최저치로 된다. 그 다음 얼마 후 성숙 직전 또는 성숙기에 다시 급속도로 호흡이 상승하여 최대치에 이른 후 점차로 감소하여 과실이 노화된다. 이와 같은 호흡형을 가진 식물을 클라이매터릭[climacteric]형이라고 하며 이에 속하는 식물로는 사과, 서양배, 중국배, 바나나, 살구, 복숭아가 있다(표 7-1).

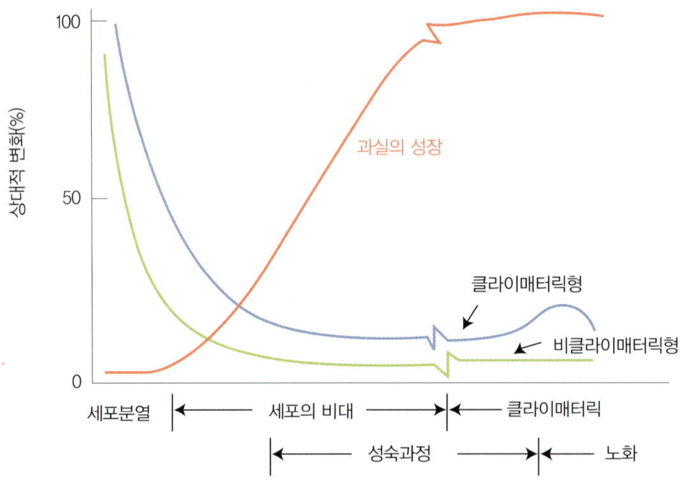

그림 7-15 | 식물의 생장과 호흡형의 변화 (이, 2004)

표 7-1 | 후숙기 호흡양상에 따른 과실의 분류 (론윌 外, 2012)

호흡급등형climacteric type	비호흡급등형non-climacteric type
무화과	딸기
멜론	레몬
바나나	만다린
복숭아	스위트오렌지
블루베리	파인애플
사과	포도
아보카도	체리-단맛
키위	체리-신맛

2 증산 생리

1) 수분의 역할과 품질과의 관계

식물의 수분함량은 보통 중량의 70~95%로 식물의 구성성분 중 가장 많은 부분을 차지하는 주요 구성성분이다. 따라서 원예산물에서 수분손실을 막거나 줄일 수 있는 기술은 선도유지를 위하여 매우 중요하게 다루어야 할 연구분야이다. 대부분의 원예산물은 수확 후 위조, 위축을 일으켜 저장산물의 등급 및 가격을 결정하는 모양, 질감, 향, 무게 등의 품질에 영향을 준다.

특히 증산은 상추, 시금치, 배추 등의 엽채류에 있어서 생체중을 감소시켜 등급과 가격에 직접적인 영향을 미치며 부패 및 품질 저하의 주요한 원인으로 작용한다. 수분손실률은 작물이 원래 가지고 있는 증산계수 외에 온도, 상대습도, 공기흐름 그리고 저장기간에 따라 다르다. 높은 온도는 일반적으로 호흡률을 높이고 증산을 촉진하여 수분손실을 크게 한다.

습도는 온도 다음으로 중요한 저장조건으로써 습도가 낮으면 증산작용이 촉진되어 위조가 발생하기 쉽고, 습도가 너무 높으면 곰팡이균의 서식이 용이해져서 부패하기 쉽다. 결구배추나 양배추 같은 품목은 겉잎이 마를 정도로 건조시켜 저장하는 것이 유리하고, 양파, 마늘, 호박 등은 습도가 높으면 부패하기 쉬우나 토란, 당근 등은 수분이 포화에 가까운 흙속에서도 잘 저장된다. 원예산물의 종류에 따라 적당한 습도를 찾아 유지하는 노력이 필요하다.

수분손실을 막기 위해서는 물을 살포해주거나 포장하는 방법, 그리고 냉각코일을 확대 설치하는 방법 등을 이용하여 저장산물의 건조를 최소화하려는 노력을 하지만 냉장시스템 내에서 수분조절은 일반적으로 쉽지 않다. 저장 중에는 습도를 높게 유지하여 건조되는 것을 막는 것이 일반적이지만 수확 후 얼마 동안은 식물의 증산이 왕성하게 일어나 저장고 내부가 과습하면 곰팡이균의 번식과 더불어 부패를 일으킬 수 있으므로 저장 초기에는 적당한 환기가 필요하다.

수확한 생산물 저장 시 주변의 공기흐름은 수분 손실률에 영향을 미치는 주요 요인 중 하나이다. 저장물의 주변에 바람이 빠르게 흐를수록 수분손실은 빠르게 일어난다. 그러나 공기의 흐름이 전혀 없으면 증산이 일어나는 생산물 표면에 정체된 공기가 수증기로 포화되어 저장물 표면에 물방울이 맺혀 부패의 위험성을 증대시킨다. 또한 공기의 흐름이 없으면 호흡에 의한 열을 제거할 수 없고 이산화탄소가 원예생산물의 주위에 축적되어 가스장해를 일으킬 수 있다. 그러므로 저장고 안에는 팬을 이용하여 적당한 공기의 흐름이 있도록 설계하여야 하고, 저장물을 쌓아 놓을 때도 공기의 흐름을 고려하여 적재하여야 한다.

3 성숙과 식물호르몬

식물호르몬이란 식물에 의해 생합성되며, 생성부위에서 합성되어 작용부위로 이동한 후 미량으로도 식물의 생장이나 생리적 기능을 조절하는 유기화합물로 정의된다. 그림 7-16과 같이 과실이 세포분열을 시작하여 점차 크기가 커지는 세포비대기간을 지나 성숙, 완숙, 노화의 과정을 거치는 동안 호흡의 양상이 변화하는데 이때 각기 다른 식물호르몬이 작용한다. 일반적으로 옥신과 지베렐린은 성장에 관여하고, 에틸렌, ABA, 사이토키닌 등은 성숙과 노화에 관여하는 것으로 알려져 있다.

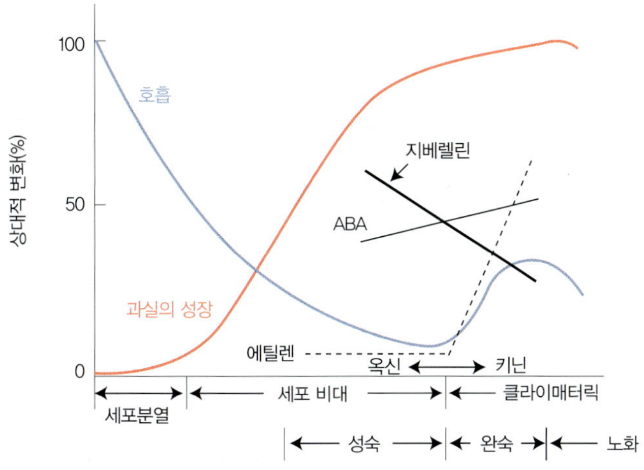

그림 7–16 | 과실의 성숙기와 식물호르몬의 변화 그래프 (이, 2004)

1) ABA와 GA Abscisic acid, Gibberellin

지베렐린은 에틸렌의 성숙 촉진작용을 저해하는 것으로 밝혀졌다. ABA는 지베렐린의 길항물질로 알려져 있다. 그림 7–16에서 지베렐린과 ABA가 교차하는 시점을 성숙 시점으로 생각하였을 때 교차점 이전은 지베렐린 함량이 우세한 상대로 에틸렌 생성량이 낮고 성숙이 지연되는 역할을 하고, 교차점 이후에는 ABA 함량이 우세하여 에틸렌 생성량이 증대되고 성숙현상을 유도하게 된다.

2) 에틸렌 ethylene

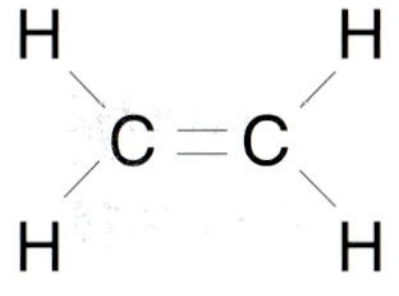

에틸렌은 기체상태의 식물호르몬으로 2개의 탄소 원자와 불포화결합 되어 있는 단순한 구조의 탄화수소이다.

오래전부터 중국에서는 향불이 타는 방에서 과일이 빨리 익는다는 사실을 알고 있었고, 러시아 농부들도 오이에 연기를 피워 암꽃이 생기게 하는 방법을 활용하였는데 이런 것들이 에틸렌의 작용이다.

에틸렌은 식물의 노화호르몬으로 식물이 성숙하는 과정에서 발생하는 것으로 알려져 있다. 에틸렌에 노출된 식물은 노화를 촉진하여 원예산물의 신선도 유지를 위해서는 에틸렌의 생성을 억제하거나 생성된 에틸렌을 제거하는 방법이 사용되고 있다(에틸렌 제거법에 대해서는 뒤의 3.7.1에서 자세히 설명). 그러나 후숙된 과실을 이용하는 경우 에틸렌을 처리함으로써 후숙을 빠르게 유도하여 상업적으로 이용하는 경우도 있다.

에틸렌의 상업적 이용

㉮ 과실의 성숙 : 귤의 착색, 바나나 · 아보카도와 같은 과일의 후숙 촉진
㉯ 낙엽 : 낙엽, 낙과 유도
㉰ 암꽃의 증대 : 오이, 호박 등 박과식물의 생산량 증대
㉱ 유묘의 수평생장 : 콩나물과 같은 새싹채소를 굵게 함

3 선도유지를 위한 수확 후 관리의 실제

수확 후 관리 학문 분야에서는 시장 규모가 큰 과실 중심의 연구가 주류를 이루며, 맛과 영양성분의 손실에 민감한 먹거리 중심으로 연구가 이루어지는 경향이 있다. 그러나 본 교재가 원예치료사[복지원예사] 양성을 위한 목적임을 감안하여 원예치료에서 많이 활용하는 절화의 선도유지 방법을 중심으로 수확 후 관리의 실제에 대하여 설명하였다.

절화란 뿌리로부터 절단한 꽃을 의미한다. 뿌리가 없으므로 줄기의 도관을 통하여 수분과 영양을 흡수시킬 수 있기 때문에 꽃병이나 플로랄 폼 등으로 수분을 공급하여야 절화의 수명을 오래 유지할 수 있다. 이때 공급하는 물과 수명연장제 그리고 절화를 취급하는 환경은 절화의 선도에 미치는 영향이 크다.

그림 7-17 | 난의 유통 시 줄기의 수분 공급(좌 : 워터튜브, 우 : 물 솜)

2 절화의 수확 후 관리의 실제

1) 광

일반적으로 절화를 직사광선에 두면 호흡이 증가하고 위조를 촉진하므로 바람직하지 않다. 그러나 장기저장에서 광은 꽃봉오리의 개화 시 착색을 촉진시킨다.

그림 7-18 | 저장고에서 장미의 물올림시 전등불을 켜줌

2) 온도

꽃의 노화속도는 다른 원예산물과 마찬가지로 온도에 따른 호흡률에 비례한다. 높은 온도는 호흡률을 증가시키고 저장된 탄수화물의 급속한 소모를 초래한다. 식물의 노화율과 밀접한 관계를 갖는 물질대사율은 온도가 상승함에 따라 지수적으로 증가한다. 일반적으로 온도가 10℃씩 증가할 때마다 반응률은 2배씩 증가한다. 따라서 절화의 수명을 연장시키기 위해서는 채화 후 예냉하여 품온을 떨어뜨리고 저온저장과 유통이 필요하다.

꽃을 구입한 후에는 냉장고를 이용하는 것이 유리하다. 일반적으로 온대 원산 절화의 저장 및 보관을 위한 적정온도는 얼지 않을 정도의 낮은 온도인 0~4℃가 적정하므로 보통 꽃 냉장고의 온도는 4℃ 전후로 유지한다. 식물체는 적정 생육 범위 아래로 온도가 내려갈 경우 저온장해(chilling injury)피해를 입고, 그 이하로 내려갈 경우 동해(freezing injury)피해를 입는다.

원산지가 열대나 아열대의 식물을 저온에 두었을 때 잎의 위조, 조직에 수침상, 괴사, 수분손실의 형태로 저온장해가 나타난다. 바나나를 냉장고에 넣어두면 과피가 갈색으로 변하는 현상도 저온장해의 한 현상으로 볼 수 있다. 화훼류 중 안스리움, 극락조화, 카틀레야 같은 열대 원산의 절화는 10~12℃에서 보관한다. 열대 원산지의 절화를 냉장고에 넣어두면 화색이 변하거나 냉해를 입어 오히려 상품 가치를 떨어뜨리게 된다.

그림 7-19 | 수입하는 난 운송상자의 적정 보관온도에 관한 경고문

3) 잎 제거

카네이션과 같이 잎 면적이 적은 절화는 잎의 유무가 수명에 큰 영향을 미치지 못하지만 장미와 같이 잎이 많고 넓은 절화는 줄기에 붙은 엽수가 수명에 영향을 미친다. 구입 후 절화를 손질할 때 일반적으로 줄기 기부로부터 약 1/3~3/5 정도의 잎을 제거하고, 경우에 따라서는 1~2매를 남기고 완전히 제거한다. 잎이 너무 많으면 증산작용이 활발하여 위조현상이 빨리 나타날 수 있으나 잎이 너무 없으면 수분을 흡수하는 힘이 약해질 수 있으므로 적정한 잎을 남기는 것이 중요한데 그 정도는 품목에 따라 차이가 있다.

화병에 절화를 꽂을 때는 잎이 물에 잠기지 않도록 잎을 제거한다. 잎이 물속에 잠기면 박테리아가 번식하고 유해물질이 축적되는 등 물이 부패하고 도관조직이 손상되어 물올림을 방해하게 된다. 장미의 경우 줄기의 가시를 제거하면 꽃목굽음이 촉진되기도 한다.

그림 7-20 | 장미 꽃목굽음 현상
(https://www.quicksearch.in, 2019)

4) 줄기 막힘

절화의 기부를 물속에 계속 담가두어도 일정 시간이 지나면 결국 위조현상이 일어난다. 이러한 현상은 줄기를 통한 수분의 흡수가 점차 감소되기 때문인데 이는 다음과 같은 여러 가지 원인에 의한 도관 막힘이 주원인이 된다.

① 기포 발생에 의한 도관 막힘

줄기를 절단할 때 공기가 도관으로 들어가 물올림을 방해하는 현상이다. 이를 방지하기 위해선 물속 자르기를 하거나 절화를 보관하는 물을 산성수나 따뜻한 물 38~40℃을 사용함으로써 어느 정도 회복할 수 있다.

그림 7-21 | 절화 줄기의 물속 자르기

② 생리적 도관 막힘

품종에 따라 줄기를 절단할 경우 유액이 흘러나와 도관을 막는 경우가 있다. 또한 식물 자체에서 발생되는 물질에 의해 수분흡수량이 감소하는 경우가 드물게 있는데 이러한 현상은 대부분 줄기의 윗부분에서 발생한다.

③ 미생물에 의한 도관 막힘

박테리아와 곰팡이 같은 미생물이 물을 통해 줄기 기부에 침입하여 줄기의 수분흡수를 억제시킨다. 이 경우 미생물이 번식하면서 분비하는 물질이나 미생물 자체의 크기에 의해 물리적으로 도관이 막히게 된다. 박테리아에 의해 도관의 조직이 손상되어 물올림이 되지 않는 경우도 있다(그림 7-22).

이러한 미생물은 보존수에 당이 포함되어 있을 때 급속도로 증식되기 때문에 보존수에 당을 영양원으로 첨가할 경우에는 살균제를 함께 사용하는 것이 필수적이다. 보존수의 물과 통화병은 깨끗이 관리하고 물을 갈아줄 때마다 줄기의 절단면을 사선으로 재절단하여 손상된 도관을 잘라주면 수분흡수를 촉진할 수 있다. 이때 자르는 도구는 도관이 으깨지지 않도록 날카로운 것을 사용하고, 사선의 면적은 넓을수록 수분과 닿는 면적을 넓혀 수분 흡수를 좋게 한다.

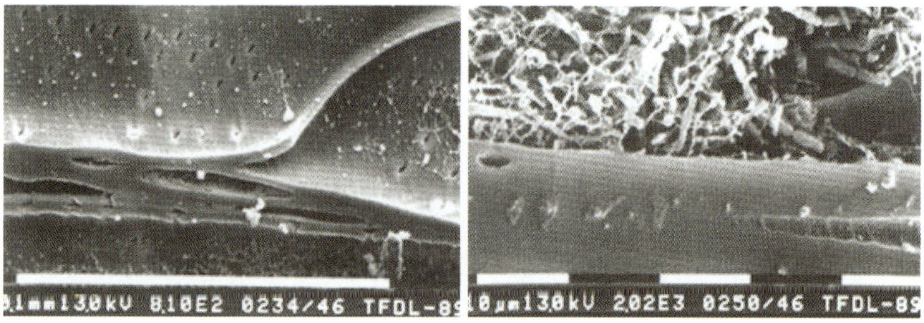

그림 7-22 | 정상적인 도관(좌) 박테리아에 의해 손상된 도관(우) (https://www.chrysal.com, 2019)

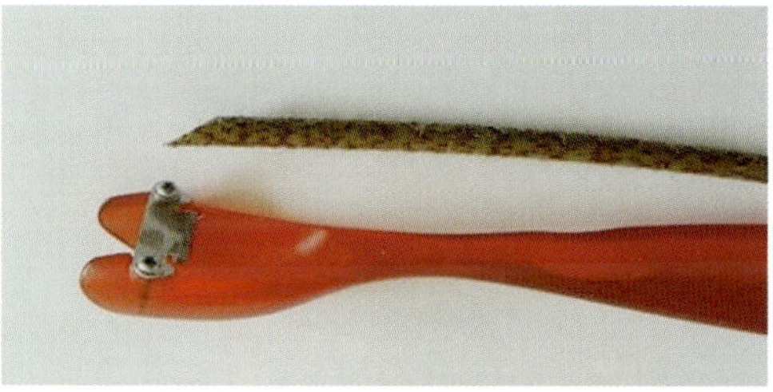

그림 7-23 | 줄기를 사선으로 자르는 커팅 기구

5) 보존수

채소와 과수의 저장에서 수분 관리는 원예산물의 생체중에 포함하고 있는 수분이 최대한 손실되지 않도록 공기 중의 습도를 적정수준으로 유지하는 방법을 적용할

수 있으나, 절화의 수분 관리는 채화 후 줄기를 통하여 수분을 흡수시켜 이용하기 때문에 그보다 더 직접적이고 중요한 역할을 하게 된다.

① 온도

절화를 물에 담가 보존할 때 보존수는 일반적으로 차가운 물을 사용하는 것이 호흡감소를 위하여 유리하지만 경우에 따라 따뜻한 물$^{38\sim40℃}$을 단기간 사용할 수 있다. 노지에서 수화되는 동안 수분을 많이 손실하였거나 봉오리의 개화를 촉진하기 위해서 주위의 온도를 최대한 낮추고 따뜻한 물에 기부를 담가 단시간 수화시키는 것이 효과적이다.

② 수질

절화에 사용하는 수질은 절화의 수명에 매우 큰 영향을 준다. 재배자가 채화 후 최초로 사용하는 물은 병원균의 오염이 없는 깨끗한 물이어야 한다. 이온화 되거나 증류된 물은 절화의 수명을 연장시키고 사용된 보존제의 효과를 높여준다. 그러나 일반적으로 이러한 물을 구하기는 쉽지 않으므로 수돗물을 끓여 식힌 후 침전물을 제거한 후 사용하는 것이 좋다. 끓인 물은 공기가 적게 함유되어 있기 때문에 절화의 줄기로 쉽게 흡수된다. 수중의 낮은 산소 함량은 절화 분비물의 산화를 억제시키는 역할도 한다.

③ 산도 pH

보존용액에 사용되는 물의 pH는 3~3.5 정도로 낮은 것이 좋다고 알려져 있다. 산성의 물은 미생물의 번식을 억제하고, 도관 내 흡수를 촉진시키는 효과가 있다. 일반적으로 구연산, 황산알루미늄 등을 이용하여 산도를 떨어뜨릴 수 있으나 물의 탄산염 또는 중탄산염의 포함 정도에 따라 그 양은 달라진다. 물의 무기물 함량이 비교적 낮다면 물 1L당 한 개 분량의 레몬주스를 넣음으로써 pH를 3.0까지 낮출 수 있다.

④ 습윤제 wetting agents

0.1~ 0.01%의 습윤제는 절화의 수분흐름과 수화작용을 촉진시킨다. 가정에서 사용하는 세제에 포함된 계면활성제가 습윤제의 역할을 한다.

⑤ 염도 total dissolved solutes : TDS

물의 염도는 절화의 품질과 수명에 상당한 영향을 미치는데 염도에 대한 민감도는 종에 따라 차이가 크다. 카네이션, 장미, 국화는 200ppm 정도의 저염도에서도 수명이 감소되고, 글러디올러스의 경우는 700ppm 이상일 때 수명이 감소한다.

⑤ 기타 이온

수돗물에서 발견되는 대부분의 무기물질은 일반적으로 절화에 유독하고 수분흡수력을 감소시킨다. 칼슘과 마그네슘이 함유된 경수는 나트륨이 함유된 연수보다 카네이션과 장미에 유해하다. 글러디올러스, 프리지어, 거베라는 불소에 매우 민감하여 수돗물에 함유된 1ppm의 저농도에서도 장해를 받는다. 그러나 금어초는 불소에 덜 민감하며 다알리아, 라일락, 일부 난류 또한 불소에 민감하지 않다.

⑥ 수심

절화의 수분흡수는 대부분 절단 부위에서 일어나며 줄기를 통해 흡수되는 물의 양은 상대적으로 적으므로 절화를 보관하는 물의 양이 많을 필요는 없다. 물올림을 빠르게 해야 할 경우 단기간 깊은 물에 담가 수화시킬 수는 있으나 장시간 깊게 담그는 것은 잎 주위의 공기순환을 감소시키고 폴리페놀과 같은 물질을 분비시키기 때문에 좋지 않다.

6) 에너지원

절화는 뿌리가 없어 양분을 흡수할 수 없지만 줄기의 도관으로 물과 함께 당을 흡수시키면 절화의 생리작용에 필요한 에너지원을 얻을 수 있다. 에너지원이 공급되면 화색이나 잎색을 더욱 좋게 하고 선도를 유지하는 데 효과적이다.

일반적으로 에너지원으로 사용하는 당은 자당, 설탕sucrose의 형태로 사용되나 종에 따라서는 포도당이나 과당이 더 효과가 좋은 경우도 있다. 적절한 당의 농도와 처리 방법은 절화의 종류에 따라 다르다. 일반적으로 절화를 장기적으로 보존할 때에는 1.5~2%의 낮은 농도가 적당하고, 펄싱 같은 단기간 침지처리에서는 이보다 고농도의 당이 사용되며, 다소 높은 농도로 하기도 한다.

금어초는 1~2%, 카네이션 봉오리의 개화를 위해서는 2~3%의 당 농도가 적당하며, 글라디올러스는 3~4%의 당 농도가 적당하다.

7) 식물생장조절제

식물생장조절제로 알려진 화학물질들은 극미량으로 절화의 생장, 발육 그리고 노화를 조절한다. 이러한 물질들은 인위적으로 합성되기도 하고, 식물체 내에서 호르몬으로 존재하기도 한다.

① 에틸렌 ethylene

에틸렌은 무색, 무취의 기체 형태인 식물호르몬이다. 에틸렌은 불완전연소 시 발생하기도 하고 성숙된 과일, 식물의 부패, 노화한 꽃과 같은 식물의 시든 조직에서도 발생한다. 절화마다 에틸렌에 대한 민감도는 다양하나 금어초, 카네이션, 양란과 같은 꽃은 12시간 동안 1ppm보다 적은 양에 노출되어도 급속히 노화된다. 따라서 에틸렌에 의한 피해를 최소화하기 위해서는 식물 근처에 불완전연소체 가스의 누출이 없도록 하고, 바나나와 같이 에틸렌 발생량이 많은 과일이나 시들어가는 다른 식물과 함께 두지 않으며, 절화를 취급하는 작업이 이루어지는 곳은 되도록 저온을 유지하도록 한다.

생체 내에서 에틸렌의 생합성은 여러 가지 물리적·환경적 자극에 의해서 조절된다. 특히 노화 시 호흡의 급증과 함께 에틸렌의 급격한 증가를 보이는 카네이션과 같은 클라이매터릭 화기climacteric flower는 자기촉매적조직의 노화 시 내생적으로 발생하는 극소량의 에틸렌이 스스로 엄청난 양을 발생시키도록 촉발하는 과정 에틸렌을 발생하는 것으로 알려져 있다.

㉮ 에틸렌에 의한 품질저하 방지

에틸렌에 의한 피해를 최소화하기 위해서는 이미 발생된 에틸렌을 제거하거나 에틸렌의 발생을 억제해야 한다. 또한 저장하거나 작업하는 장소의 온도를 저온으로 유지하고, 곰팡이균이 없도록 청결하게 유지하며, 작업차량도 가솔린보다 전기차를 사용하는 것이 에틸렌의 의한 피해를 줄이는 데 도움이 된다.

에틸렌 제거 방법

공기를 자주 환기시키고, 에틸렌 흡착제를 사용하거나 에틸렌이 함유된 공기에 자외선을 조사하여 에틸렌을 산화시키는 방법이 사용된다. 에틸렌 흡착제의 종류에는 과망간산칼륨^{KMnO_4}이 상업적으로 많이 사용되는데 버미큘라이트, 벽돌, 펄라이트, 활성탄, 지올라이트 같은 다공성 물질에 과망간산칼륨을 흡수시켜 만든 것으로, 공기 중의 에틸렌을 흡착하여 이산화탄소와 물로 산화시키는 역할을 한다. 과망간산칼륨은 산화되지 않은 초기에는 짙은 자주색을 띠고, 에틸렌을 산화시킬수록 갈색으로 변하여 효과가 떨어진다.

그림 7-24 | 에틸렌을 흡착하여 변색된 과망간산칼륨

에틸렌 발생 억제 방법

에틸렌의 발생을 억제하기 위해서는 저장온도를 저온으로 낮추고, 공기조성을 저산소 고이산화탄소 농도로 조절함으로써 에틸렌의 생성률을 낮추고 호흡률을 낮추어 선도유지에 효과를 볼 수 있다. AOA[Aminooxyacetic acid], AVG[Aminoethoxyvinyl glycine]는 에틸렌 합성 억제제로 에틸렌의 전구물질인 ACC 합성효소의 작용을 억제시켜 에틸렌의 합성을 억제한다. 에틸렌에 민감한 절화류의 보존용액은 이 성분을 포함한다. 일반적으로 화훼보다 과수에 상업적으로 많이 사용하는 1-MCP는 밀폐된 공간에서 일정 농도를 일정 시간품목에 따라 적정 농도와 시간은 다름 식물체에 처리함으로써 에틸렌의 발생을 억제한다.

② 지베렐린 gibberellin, GA_3

절화는 개화작용을 지속하거나 수명연장을 위해 탄수화물의 공급이 필요하며, 이때 지베렐린은 물질대사의 이동촉진에 영향을 미친다. 또한 화기발육에도 영향을 미치는데 단정화서장미나 튤립같이 줄기 끝에 한 송이의 꽃만 피는 것 절화보다 안개초, 스타티스, 글러디올러스, 백합, 금어초와 같은 여러 송이의 작은 꽃을 지닌 절화의 노화지연에 효과적인 것으로 알려져 있다.

특히 안개초의 경우 지베렐린 300ppm 처리는 봉오리 상태의 소화를 90% 이상 개화시키는 것으로 나타났다. 지베렐린은 화기발육뿐만 아니라 절화 잎의 황화 억제에도 매우 효과적이어서 백합이나 알스트로메리아의 품질향상을 위하여 처리하기도 한다.

8) 절화수명 연장제

절화의 품질 및 수명 연장을 위해 개발된 절화수명 연장제는 일반적으로 품질 유지제, 보존제, 선도유지제 등 다양하게 불리운다. 절화보존제는 처리시기와 방법 및 목적에 따라 그 구성성분과 처리방법이 달라진다. 처리시기별로 절화보존제를 구분하면 수확 직후 재배가에 의해 처리되는 것을 전처리제라 하고, 소매상이나 소비자에 의해 사용되는 것을 후처리제라고 한다. 목적이나 특성으로 구분하면 물올림, 펄싱, 봉오리 열림제, 보존용액 등으로 구분한다.

① 물올림 또는 재수화 再水和, conditioning, rehydration

이 처리는 노지에서 수확 후 또는 등급판정이나 저장, 수송 도중 수분손실이 심한 절화에 물을 흡수시켜 절화의 팽만성을 회복시키는 것으로 단기 물올림을 한다. 서늘한 환경에서 38~40℃의 따뜻한 물을 몇 시간에서 하룻밤 정도 물올림하는 방법을 많이 사용하고, 절화가 많이 시들었을 때는 깊은 물에 잠기도록 담가 물올림하기도 한다. 거베라, 국화, 라일락과 같은 단단한 목질부를 가진 절화는 80~100℃의 뜨거운 물에 수 초간 줄기 기부를 담근 후 찬물에서 재수화시키는 열탕처리를 한다. 열탕처리는 식물체내의 수분이 증기가 되어 팽창함으로써

그림 7-25 | 열탕 및 탄화처리

그 장력으로 수분을 끌어올리는 원리이다. 줄기 끝이 쪼개지는 아마릴리스와 상사화 같은 절화는 줄기 절단부를 수 초간 불에 태우는 탄화처리를 함으로써 줄기 끝 갈라짐을 방지할 수 있다.

② 펄싱 pulsing

펄싱은 주로 수송이나 저장 전에 단시간 처리하는 방법으로 침지하는 용액의 당 농도는 일반 보존제보다 높은 농도로 처리한다. 글라디올러스, 스프레이 카네이션, 스탠다드 카네이션, 국화, 장미의 수명 연장과 개화 촉진, 꽃색과 크기의 향상에 효과가 크다. 일반적으로 펄싱은 1000lux 광 조건, 20~27℃ 온도에서 12~16시간 정도 처리하는데 적정 당 농도는 글라디올러스와 거베라는 20% 이상, 카네이션과 안개꽃은 10%, 장미와 국화는 2~5%로 사용되는데 펄싱 시간이 짧고 온도가 높을수록 당 농도를 높게 처리한다.

③ 봉오리 열림제 bud opening solution

봉오리 열림제 또는 개화촉진제라고도 불리며 정상적인 채화 단계보다 이른 단계에서 채화한 경우 절화의 꽃봉오리를 정상적으로 만개시키기 위해 처리한다.

실제적으로 조기 채화하고 봉오리 열림제를 사용하는 절화는 카네이션, 장미, 국화, 글러디올러스, 안개꽃, 거베라, 스타티스 등이다. 개화촉진제는 펄싱보다 처리 시간은 길고, 당 농도는 낮게 처리한다.

④ 절화보존용액

절화의 보존수에 쉬어 절화 수명의 연장을 돕는 물질로 절화수명연장제라고도 불린다. 보통 도소매업자들이 절화를 유통하는 동안 또는 소비자들이 구입하여 용기에 절화를 꽂아 둘 때 사용하게 된다. 보존용액의 주요한 성분은 당 0.5~2%, 살균제, 계면활성제, 에틸렌 제거제, 기타 생리활성물질 등이 포함된다. 당은 광범위한 절화의 종류에 에너지원으로써 사용하도록 비교적 저농도로 포함하고,

그림 7-26 | 액상 형태의 크리잘®

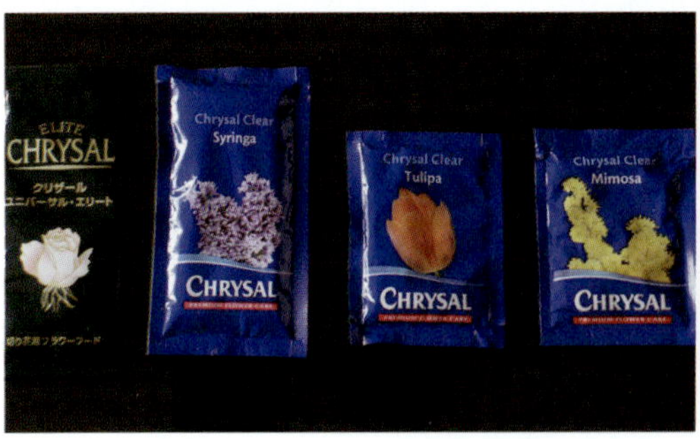

그림 7-27 | 절화의 종류에 따른 다양한 분말형태의 크리잘®

그림 7-28 | 화분받침에 깔아서 분화의 유통기간 중 선도를 유지하는 분화용 크리잘®

박테리아 번식을 막기 위하여 살균제를 첨가하며, 물올림을 돕기 위하여 계면활성제를 사용한다. 보존용액의 종류에 따라 에틸렌에 민감한 절화용으로 개발된 보존용액에는 에틸렌 제거제가 첨가되어 있고, 알스트로메리아용 용액에는 잎의 황화를 방지하기 위한 지베렐린과 같은 생리활성물질이 첨가되어 있다.

시중에는 크리잘Chrysal®, 화정華精® 등의 상품명으로 유통되는 보존용액이 있으며, 절화의 종류에 따라 알맞은 제품을 선택하여 적정 농도로 사용하면 절화 수명 연장에 좋은 효과를 볼 수 있다.

⑤ 자가제조 수명연장제

절화수명연장제의 구입이 어렵다면 주요 성분인 당과 살균제를 사용하여 수명연장제를 만들어 사용할 수 있다.

보존용액은 침전물을 제거한 수돗물이나 정수기물을 끓여서 식힌 후 사용하는 것이 좋다. 이때 물의 산도는 pH 3~3.5 정도의 산성수가 적정한데 가정에서 구하기 쉬운 구연산을 사용하여 산도를 낮출 수 있으며, 구연산 농축액을 만들어 적정 산도가 될 때까지 소량씩 첨가하여 만든다. 정확한 제조를 위해서는 산도를 측정할 수 있는 간이산도측정기나 리트머스시험지를 이용하면 좋으며, 재료는 시중에서 저렴하게 구입할 수 있다. 당 공급원으로는 손쉽게 구할 수 있는 설탕을 이용한다.

㉮ 물 1L당 설탕 10~20g을 녹여 1~2%의 설탕물을 만든 후 살균제를 넣고 pH 3.5가 되도록 구연산을 넣어 보정한다.

㉯ 탄산이 빠진 음료가 남았다면 남은 음료 500mL에 정수기물 500mL를 더하여 1L 용액을 만든 후 가정용 표백제살균용액 1mL 반티스푼을 넣어 제조할 수 있다.

---

2 화훼의 유통

1) 유통 구조

우리나라의 화훼유통 구조는 크게 법정도매시장과 유사도매시장을 통한 경로로 나누어 볼 수 있다. 물량이 집중된 서울 지역을 예를 들어 알아보고자 한다.

① 법정도매시장

법정도매시장은 서울의 양재동 화훼공판장과 같은 경매를 통하여 유통되는 구조를 갖고 있다. 등급에 비례하는 가격이 형성되고 전체 수요와 공급의 물량을 파악하기 용이하여 시장의 안정을 추구할 수 있다. 그러나 현재 법정도매시장의 유통물량은 유사도매시장보다 적고 수입 꽃을 취급하지 않으므로 꽃을 구입하는 도매업이나 플로리스트는 꽃의 품질은 신뢰할 수 있으나 종류가 다양하지 못하다는 단점을 느끼고 있다. 경매장 뒤편에 위치한 도매시장은 경매에서 낙찰된 절화를 판매한다. 이용시간은 새벽 12시부터 오후 1시까지이며, 부자재점은 3시까지 이용 가능하다.

그림 7-29 | 화훼공판장의 경매(aT 화훼공판장 http://www.at.or.kr)

② 유사도매시장

유사도매시장의 유통방법은 경매를 거치지 않고 계약한 생산농가와 직거래 하는 형태이다. 도매점(유사도매시장의 한 점포)은 계약한 농가의 꽃을 위탁판매하고 수수료를 제외한 핀매대금을 농가에 돌려주는 형식이다. 그래서 유사도매시장을 위탁도매시장이라고 부르기도 한다.

이러한 시장은 절화와 분화로 나뉘어 운영되는데 절화의 유사도매시장으로 가장 규모가 큰 곳은 서울고속버스터미널 꽃시장이고, 분화는 남서울분화도매시장이다. 이러한 유사도매시장의 형태는 전체 시장 물량의 이동을 한눈에 파악하기 어렵고 등급에 따른 가격형성도 신뢰하기 어려운 단점이 있으나, 오랜 시간 관습적으로 유지되고 있으며 법정도매시장을 통한 유통량보다 훨씬 많은 물량이 유사도매시장을 통하여 거래되고 있다. 근래에는 법정도매시장에서 경매를 거친 화훼류뿐만 아니라 네덜란드, 일본, 남미를 비롯한 다양한 나라로부터 수입된 화훼류를 취급함으로써 품종의 종류가 다양하여 이용자의 수요가 줄지 않는 실정이다.

이용시간은 월요일부터 토요일까지 오전[새벽] 12시부터 오후 1시까지 판매하지만 생화는 양재꽃시장과 마찬가지로 월, 수, 금에 입고된다.

그림 7-30 | 서울고속버스터미널 꽃도매상가(http://www.exterminal.co.kr/floor.asp)

그림 7-31 | 절화 유사도매시장

그림 7-32 | 분화 유사도매시장(남서울, 하남)

VIII

화훼장식

1. 화훼장식의 정의와 특성
2. 화훼장식의 분류
3. 화훼장식의 기술과 적용
4. 향기요법과 색채요법

화훼장식은 꽃, 식물[초본, 목본] 및 부자재 등을 활용하여 조형하는 예술의 한 분야로서 우리의 삶과 함께 발전해 왔으며 다양한 화훼식물을 장식함으로써 그 기능을 활용하고 이를 통해 인간의 삶을 보다 질적으로 상승시키는 데 큰 역할을 하고 있다. 현대에 와서는 보다 그 범위와 가능성이 확대되고 있으며 인간의 심리적 안정과 여가로서 복지 차원의 기능성 화훼장식에 이르기까지 폭넓게 활용되고 있다. 본 장에서는 화훼장식의 개념과 종류, 화훼장식이 갖고 있는 기능성 등을 내용으로 설명하였다.

1 화훼장식의 정의와 특성

1 화훼장식의 정의

화훼장식은 화훼식물[초본식물과 목본식물]을 주소재로 하여 절화, 분화, 가공화 등 이용목적에 따라 미적 창의성과 조형성을 갖춘 장식물을 각종 공간에 제작하고 설치하며 관리하는 기술을 총칭한다.

그림 8-1 | 실외 화훼장식

2 화훼장식의 특성

화훼장식은 화훼식물재료와 보조재료의 조화로 미를 창조하는 꽃예술 활동이다. 화훼장식의 범위는 공간에 따라 실내외 장식으로 구분되고, 절화, 분화, 가공화에서 정원식물[가드닝]에 이르기까지 소재 활용도와 제작 효율이 높다. 특히 화훼식물은 다채로운 소재를 이용할 수 있고, 시각과 후각 등 감각기관을 자극하고 집중력 향상으로 주된 원예치료 프로그램으로서도 중요한 역할을 차지하고 있다. 장식, 건축, 환경, 교육, 치료, 경제에 이르기까지 다양한 기능적 특성을 가진다.

3 화훼장식의 기본 요소와 원리

1) 디자인 요소

① 선

점이 모여 선이 된다. 선은 정적인 선으로 직선과 동적인 선으로 곡선과 사선이 있다. 화훼장식에 있어서 선은 절화, 절지, 절엽의 형태로 나타난다. 또한 선은 방향성을 가지고 있으므로 형태를 정하는 골격의 역할을 하고 수직선의 강직함과 수평선의 평안함 등 감정을 표현하기도 한다.

② 형태

평면과 입체의 형태로 나타나고 자연적 형태, 인위적 형태, 추상적 형태로 구분할 수 있다. 따라서 형태는 자연성, 사실성, 정적 속성과 단순화된 상징성을 표현할 수 있다. 보통 화훼장식에서는 구상과 추상의 형태로서 표현하며, 다양한 화훼장식 소재의 속성이 주는 느낌과 변화를 구체적 장식물로 적용하게 된다.

③ 질감

화훼장식 소재가 주는 시각적 특징이다. 즉 경험으로 얻어지는 촉감의 지각과 시각에 따른 소재의 표면상태의 재질감이다. 따라서 소재의 거침, 부드러움, 광택 있음, 단단함, 부드러움, 조밀함, 불규칙적임 등 질감을 통해 심리적 반응도 다양하게 나타난다. 특히 화훼장식에서의 질감은 화훼장식 주소재와 부소재의 질감, 색채의 조화 등 통일과 대조 등을 이용하여 여러 감정을 표현할 수 있다.

④ 색채

색채는 화훼장식에서 상당히 중요하다. 특히 색채는 삼성을 지니고 심리적으로 반응을 유도한다. 자연의 초록색은 긍정성, 혈압강하, 긴장 완화 역할을 한다. 한편 적색은 근육 활동 반응을 상승시키고 정서를 적극 또는 불안정함으로 이끈다.

⑤ 향기

화훼장식 소재는 각각의 향을 가지고 있고 이는 아로마테라피와 연계하여 프로그램에 적용될 수 있다.

2) 디자인 원리

① 구성

전체적인 아이디어 및 생각, 구상한 설계도와 같다. 화훼재료를 통해 주제를 정하고 활용될 수 있는 장소, 목적, 시간 등과 조화를 이룰 수 있는 것이 중요하다.

② 조화

화훼소재의 재질과, 색상, 형태의 어우러짐을 말하며 화훼장식 작품의 주제와 배치될 장소 등과의 조화도 중요하다. 화훼디자인 요소가 상호 통합되고 분리되지 않는 것을 의미한다.

③ 균형

화훼재료의 무게 분포도로 결정하는 물리적 균형과 보는 사람으로 하여금 편안한 느낌을 자아내고 시각적 안정감을 느끼게 하는 시각적 균형이 있다. 또한 시각적 균형은 대칭 균형과 비대칭 균형으로 나뉜다.

④ 비율

부분과 부분, 부분과 전체의 상호 관계를 의미한다. 화훼장식에서는 작품 전체의 비율, 꽃과 화기와의 비율, 색과 형태의 비율 등이 중요하다. 황금비$^{1:1.618}$는 가장 아름다운 조화로 나누어지는 분할로 화훼장식에서 많이 쓰인다. 현대적 작품에서는 과대비율$^{1:0.9}$, 과다비율$^{1:7}$ 이상도 이용된다.

⑤ 강조

대비되는 요소를 이용하여 주제를 표현하는 것을 말한다. 강조는 화훼재료, 색상, 형태, 리듬 등을 활용하여 표현하게 된다.

⑥ 리듬

규칙적이거나 조화 있는 반복을 통해 나타나는 시각적 운동이다. 화훼재료의 크고 작음, 길고 짧음, 양의 많고 적음, 간격 등을 통해 표현되며 움직임과 율동을 강조할 수 있다.

⑦ 통일

근접, 반복과 연속성은 통일을 이루는 중요한 요소이다. 적절한 반복은 통일과 긴장을 느끼게 한다. 화훼장식에서의 통일은 화훼소재의 반복과 연결을 통해 이루어지며 이는 전체적 통일감을 형성한다.

2 화훼장식의 분류

1 절화장식

1) 꽃다발

꽃으로 만든 다발을 말하며, 축하용과 애도용으로 사용되고 있다. 부케bouquet, 프랑스, 슈트라우스strauss, 독일, 보케boeket, 네덜란드 등으로 불린다.

꽃다발 제작 방법은 줄기가 보이는 부분을 끈으로 묶는 핸드타이드 방법, 꽃의 줄기를 철사로 대체하여 줄기를 마음대로 구부릴 수 있게 하여 만드는 방법 등으로 주로 신부 부케에 이용되고 있다. 또한 플로랄 폼을 이용하여 꽃을 꽂아 만드는 방법도 있다. 일반적으로 많이 사용하고 있는 핸드타이드hand-tied 부케는 줄기가 모이는 부분을 끈으로 묶는 방법으로 기능적 성격을 가진다. 형태는 나선형spiral으로 돌려가며 디자인하거나 평행적으로 제작한다.

그림 8-2 | 꽃다발의 종류나선형 1, 2 평행형 3

2) 꽃바구니

바구니 형태의 대표적 절화 상품으로 바구니는 형태와 사이즈가 다양하므로 공간장식, 선물용, 행사용, 장례용 등 목적에 따라 다양하게 활용된다. 보통 절화를 이용하는데 선물이나 과일 등과 함께 장식하기도 한다.

그림 8-3 | 꽃바구니의 종류(원형, 평행형)

3) 화환

도너츠 형태의 원형으로 화환, 리스(wreath), 크란츠(kranz)로 불린다. 꽃과 잎을 꽂거나 엮어서 제작하며 영원성을 상징한다. 고대 그리스시대에 충성과 헌신, 승리의 상징으로 신에게 바치는 장식물로 머리에 쓰거나 옷에 부착하였다. 우리나라는 근조화환, 축하화환, 신화환 형태가 있다. 원이 시작과 끝이 없듯이 불멸과 영원한 삶을 상징하고 있어서 추모나 애도 등 대부분의 화환은 장례용으로 많이 쓰이나 추수감사절이나 성탄절 때 현관문 장식이나 테이블장시, 윈도우장식, 벽걸이장식 등 축하용으로도 많이 사용하고 있다. 리스의 제작방법은 둥근 플로랄 폼에 줄기가 보이지 않도록 절화를 짧게 꽂는 방법과 나무넝쿨이나 짚, 로프, 철사, 철망, 이끼 등으로 만든 둥근 원에 편백잎, 동백잎, 혹은 꽃을 모아서 실이나 철사로 감아 부착시키면서 둥글게 이어가는 방법이 있으며 최근에는 현대적인 테크닉을 이용한 다양한 리스를 볼 수 있다.

그림 8-4 | 화환의 종류(장식적, 식생적, 선형적, 구조적)

4) 부케

신부의 꽃다발로 많이 알려져 있으며 부케bouquet는 불어로 꽃, 풀, 가지 등의 다발 혹은 묶음의 의미로 풍요로움과 다산을 상징한다. 부케의 화형은 원형, 삼각형, 캐스케이드 등 형태적인 것에 중점을 두며 테크닉으로는 소재를 와이어링하는 방법과 핸드타이드 방법, 부케 홀더를 이용하는 방법 등이 있다.

신부 부케는 체격을 고려하여 신부와 드레스의 아름다움을 최대한 돋보이게 디자인 되어야 한다. 부케의 화형에는 일반적으로 원형, 삼각형, 캐스케이드, 크레슨트 등이 있고 철사를 사용하거나 핸드타이드 기술을 이용하거나, 플로랄 폼을 사용하기도 한다.

그림 8-5 | 부케의 종류 원형 1, 폭포형 2, 초승달형 3

5) 테이블장식

테이블은 식문화와 커뮤니케이션의 공간으로서 빛, 소리, 공간감, 색감, 미감이 함께 어우러진 곳이다. 테이블 화훼장식은 사회적 교류의 장으로서 테이블의 분위기 형성을 이끄는 역할을 한다. 식물이 주는 다양한 감각적 자극을 통해 인간의 오감을 활성화시키는 동시에 지각적 쾌적성을 유도하는 데 효과적이다.

그림 8-6 | 테이블장식

2 분화장식

1) 디시가든

① 디시가든

여러 가지 모양의 접시류와 찻잔, 컵, 칵테일잔 등 높이가 낮은 용기에 흙을 채우고 식물을 심어서 감상하는 것으로 접시처럼 얕고 작은 용기에 식물을 식재하여 정원이나 풍경을 꾸민다 하여 접시정원dish garden이라 한다. 용기의 선택이 다양하여 좁은 공간 장식에 이용될 수 있고 제작 가격이 저렴하며 손쉬운 변형이 가능한 장점이 있다. 동양에서는 분경으로 수반에 자연의 풍치를 축소 표현하는 등 다양한 형태의 제작이 가능하다. 식물식재에 따라 목본분경, 초본분경, 석분경, 이끼분경 등이 있다.

② 원예치료적 측면

㉮ 실내 프로그램으로 모든 대상자에게 적용할 수 있고, 봄, 여름, 가을에 걸쳐 실시할 수 있는 프로그램이다. 작업수행 능력, 판단력, 의사결정력 향상에 효

과적이며, 자신감 향상, 상호 협조로 타인에 대한 인식이 확대될 수 있다. 또한 손의 기민성 향상, 미세 근육 운동에 효과적이다.

㉯ 정신장애인은 협동작품을 통해 고립감 감소, 사회적응 훈련이 가능하다. 편마비 환자의 경우 2인이 1조가 되어 합동작품을 만들도록 할 수 있고 치매 어르신의 경우, 어린 시절 흙으로 했던 놀이를 생각하며 과거의 기억을 자극할 수 있다. 청소년 · 어린이는 모형 곤충이나 새를 장식하여 디시가든에 흥미를 유도할 수 있다.

㉰ 다양한 식물과 용기를 이용하여 제작이 가능하다.

㉱ 쉬운 활동으로는 참관, 이끼 덮기, 식물 배치하기, 상토 배합하기 등이 가능하고 어려운 활동으로는 큰 용기에 여러 식물을 이용하여 제작해 볼 수 있다.

그림 8-7 | 디시가든

2) 테라리움

① 테라리움

라틴어 terra[땅]와 arrium[용기, 방]의 합성어로 투명한 용기에 식물을 꾸미고 가꾸는 것으로 유리정원이라 한다. 자연 속에서 식물의 생리작용과 대기의 순환 법칙을 이용하여 뿌리에서 빨아올린 물이 식물의 기공을 통해 배출되고 유리벽에 물방울로 맺혀 있다가 떨어져 다시 뿌리로 흡수되는 것을 이용한 것이다. 식물은 광합성에 의해 낮에는 잎에서 탄산가스를 흡수하고 산소를 내주고, 반대로 밤에는 호흡작용에 의해 산소를 흡수하고 탄산가스를 내뿜는 산소의 순환으로 지탱이

되어 물과 산소의 순환이 용기 자체 내에서 이루어지게 되는 원리인 셈이다. 따라서 관리에 많은 시간이 요구되지 않는다는 장점을 갖고 있다.

1829년 런던의 내과의사가 밀폐된 용기 속에 흙을 담아두고 나방과 나비의 유충에 관한 연구를 하던 중 그 당시 외부환경에서 생육할 수 없는 양치류 식물들이 용기 속에서 자라는 것에 의문을 갖고 연구를 시작한 데서 유래되었다.

② 원예치료적 측면

㉮ 모든 대상자에게 적용할 수 있고 봄, 여름, 가을에 걸쳐 실시할 수 있는 실내 프로그램으로 사고력, 창의력, 표현력 증진, 판단력, 의사결정력 향상, 손의 기민성 향상 효과 등이 있다.

㉯ 프로그램을 어려워하는 대상자의 경우 그룹 내의 대상자들이 하는 것을 보고 따라 할 수 있도록 하고, 치료사는 개입의 시기를 적절히 조절하여 프로그램 후 대상자가 자신감을 가질 수 있도록 도움을 줄 수 있다.

㉰ 정신지체의 경우 유리용기가 깨지지 않도록 세심한 주의가 필요하고, 상지 기능의 재활을 요하는 대상자는 다소 어려운 작업일 수 있으므로 대상자의 특성을 잘 파악하여 적용한다. 치매 어르신의 경우 과거 유년기 흙으로 했던 놀이를 생각하며 과거의 기억을 자극할 수 있다.

㉱ 원예용 분류군 식물별로 테라리움을 제작하여 활용해 본다.

㉲ 참관하기, 식물 심기, 포트에서 식물 꺼내기, 상토 배합하기 등 쉬운 활동으로부터 재료를 분류 · 분배하는 작업 돕기, 식물 학습하기 등 어려운 활동까지 광범위하게 적용할 수 있다.

그림 8-8 | 테라리움

3) 토피어리

① 토피어리

토피어리topiary에서 토피아topia는 라틴어의 '가다듬기'에서 유래되었고 식물의 모양을 다듬거나 자르는 예술을 말한다. 식물을 여러 모형으로 만든 것 등도 속한다. 정원에 포인트 역할을 위한 기둥, 원뿔, 경계수의 형태로 사용되었는데 놀이공원의 캐릭터 조형과 가로변 사철나무를 전정한 것 등도 해당된다.

② 원예치료적 측면

㉮ 모든 대상자에게 적용 가능한 실내 프로그램으로 4계절에 길쳐 실시할 수 있다.

㉯ 지식 습득 효과가 있으며 실습 과정은 간단하나 시간이 많이 소요되므로 시간 분배에 신경을 써야 한다.

㉰ 창의력, 사회적 상호작용 향상, 손과 눈의 협응, 손의 기민성 훈련, 운동 감각 등에 효과적이다.

㉱ 꽃의 길이를 조절하여 꽂기, 하나하나가 모여 전체를 이루는 것을 경험한다.

㉲ 조화 토피어리 제작 시 정신장애인은 소원을 생각하며 미래에 대한 희망을 갖게 하고, 재활이 필요한 경우 손의 기민성에 따라 크기를 고려하여야 하며, 너무 작은 소재 사용의 경우에 근육을 경직시킬 수 있어 주의한다. 본드 사용 시 본드가 묻은 상태의 손을 입에 넣지 않도록 주의한다.

그림 8-9 | 토피어리

㉶ 생화와 조화 토피어리를 습식 혹은 건식 플로랄 폼을 이용하여 만들어 본다.

㉷ 참관하기, 조화 자르기, 우레탄을 이용하여 형태 만들기, 우레탄에 고정시키기 등 쉬운 활동부터 우레탄의 크기와 양을 늘려 작업을 확대해 보는 어려운 활동까지 가능하다.

3 가공화 장식

1) 건조화

식물의 각 기관을 자연건조 시키거나, 화학 또는 물리적인 처리로 건조 및 가공시킨 입체적 건조화로 드라이 플라워dried flower, 보존화preserved flower, 평면적 건조화인 압화pressed flower 등이 있다. 가공화는 반영구적으로 재사용이 가능하고, 생화에 비해 취급이 쉽다. 물 공급이 필요 없어 특수공간에도 장식이 가능하고, 이국적 재료의 구입이 용이하며, 중량이 가벼워 높은 곳에 배치 가능한 장점이 있다. 또한 염색, 박피, 가공 등 다양한 소재로서 변형이 가능하다.

2) 압화 pressed flower

압화는 식물기관인 꽃, 잎, 줄기 등을 인공적 기술로 누름 건조시켜 제작한 후, 평면 건조된 소재를 이용하여 회화적으로 구성한 조형예술이다. 건조 재료에 버섯, 과일, 해초 등도 이용된다. 압화 제작 시 식물 채집, 창작, 작품을 생활에 활용하는 즐거움 등을 느낄 수 있고 누구나 쉽게 할 수 있으며, 주의력, 집중력, 인내력 등을 기를 수 있는 장점도 있다. 일반적으로 제작된 압화는 장식용과 생활용품 등으로 사용된다.

그림 8-10 | 압화

3) 콜라주 Collage

콜라주는 20세기에 등장한 독특한 시각예술의 형태로 천, 쇠붙이, 나뭇조각, 모래, 나뭇잎, 말린 꽃 등 여러 가지 재료를 화면에 붙여서 구성하는 표현 기법이다. 프랑스어로 '풀로 붙이다', '물건을 펴서 붙이다'라는 뜻을 가지고 있다. 표면 위로 도드라지지 않는 평평한 재료를 이용하여 만든 평면 콜라주와 평면 위에 부피가 있는 물건들을 붙이는 입체 콜라주가 있다.

그림 8-11 | 콜라주

4) 프리저브드 플라워 preserved flower

프리저브드 플라워는 보존화로서 생화를 장기간 보존할 수 있는 특수 보존액을 사용하여 탈수, 탈색, 착색, 보존 및 건조 단계를 거쳐 제작되는 신개념의 드라이 플라워이다. 자연 건조된 건조화에 비해 생화에 가까운 탄성과 유연성을 지니고 있으며 다양한 색상으로 염색이 가능하여 전문적 디자인이 가능하다. 프리저브드 플라워에 적합한 꽃은 꽃잎이 비교적 두껍고 단단하며 겹겹으로 된 연한 색상의 꽃으로, 탈색이 쉽고 크기가 작은 것이 가공에 용이하다. 잎 종류는 적당히 두껍고 단단한 것이 좋다.

그림 8-12 | 프리저브드 플라워

3 화훼장식의 기술과 적용

1 화훼장식 기술

화훼장식은 전문적인 기술로 장식용 소재의 다듬기, 자르기, 구부리기, 꽂기, 감기 등의 반복적 활동이 이루어진다. 특히 절화장식은 감각운동 요소로 감각, 신경근육, 운동 요소의 분석이 가능하다. 따라서 재활치료로서 화훼장식[절화장식]의 방법이 활용된다.

1) 다듬기

재료의 다듬기[지각처리/공간관계], 감각 인식으로 재료를 구분하고 선별하는 작업[감각처리/시각자극], 다양한 소재의 꽃잎과 줄기의 감촉 느끼기, 거친 질감[감각처리/촉각자극], 방향성식물[감각처리/후각자극], 뾰족한 재료로 신체 일부 자극[감각처리/고유수용감각], 꽃의 형태를 만지고 이름 맞히기[지각처리/입체인지지각]

2) 자르기

신경근육의 사용, 관절을 사용하여 반복적으로 자르고[신경근육/관절가동범위], 가위질은 손의 악력과 운동을 촉진, 굵은 나무줄기 휘기와 자르기 반복하기[운동/근육협응]

3) 구부리기

신경근육의 사용, 관절을 사용하여 반복적으로 자르고[신경근육/관절가동범위], 휘기 활동 반복하기[신경근육/근력], 나무 소재를 길이와 굵기 별로 휘기[운동/운동제어], 잎 종류와 줄기를 접거나 땋기 및 엮기[운동/소동작협응]

4) 꽂기

관절을 사용하여 반복적으로 자르고[신경근육/관절가동범위], 좌우 구별하여 꽂기[지각처리/좌우구별], 용기와 손 위치 방향 전환해서 꽂기[지각처리/형태불변성], 플로랄 폼에 일정한 깊이로 꽂기[지각처리/공간에서의 위치], 꽃의 길이 조절하여 꽂기[지각처리/전정배경 구별], 용기의 깊이와 크기에 따라 꽂기[지각처리/깊이지각], 플로랄 폼의 위치와 높낮이 조절하여 꽂기[신경근육/반사], 작업 중 집중 시간 조절하여 꽂기[신경근육/근긴장], 플로랄 폼을 좌우로 나누어 대각선으로 꽃을 꽂기[운동/정중선 교차], 어깨높이 이상의 위치에 꽂거나 휘기[운동/편측성], 샘플대로 꽂기[운동/운동계획], 플로랄 폼의 면적을 적게 적용하여 꽂기[운동/시각-운동 통합]

5) 감기

관절을 사용하여 반복적으로 자르고[신경근육/관절가동범위], 넝쿨 종류를 엮거나 감아 작품 완성하기[신경근육/지구력], 굵은 나무줄기의 양쪽 균형을 맞추어 휘거나 꺾기[신경근육/자세배열], 양손으로 잎 말기[운동/양측통합]

2 화훼장식을 통한 원예치료 적용

1) 오감 자극

2) 기타

시각 자극	촉각 자극	후각 자극
식물의 다양한 형태, 색, 크기	다양한 질감	향기

❶ 색채의 이해, 색채의 개념

❷ 개체 수, 숫자 계산, 연산 등의 수 개념

❸ 결손 극복, 절단[희생]을 통한 미의 재창조, 자신감 회복

❹ 결손상태[절화], 창조를 통한 장애 상태 극복

❺ 원예용어, 식물이름, 도구 사용법 인지 등 지식 획득

❻ 재료의 운반, 자르기, 꽂기 등을 통한 소근육 운동 효과

❼ 조형성 있는 공간구성

❽ 화훼장식 관련 문학, 예술, 역사, 환경, 과학

❾ 손과 눈의 협응

❿ 자연의 법칙 이해 : 광, 물, 온도, 습도, 비료 등

⓫ 생명체를 다루며 양육, 제작 후 관리, 지속적인 관심 등

⓬ 공동작업을 통한 사회성 발달, 대인관계 증진

⓭ 화훼장식을 통한 쾌적성, 정서적 안정 유도, 환경미화

⓮ 정리를 통한 정상적인 생활 유도, 마무리

4 향기요법과 색채요법

1 향기요법 아로마테라피, aroma therapy

1) 향기요법

식물을 증류시켜서 얻은 에센셜 오일을 이용하여 몸과 마음을 건강하게 하는 방법으로 향기aroma와 치료therapy를 합성한 말이다. 일반적으로 향기치료, 향기요법, 아로마테라피 등으로 칭한다. 꽃이나 나무 등 허브식물에 유래하는 방향 성분정유, essencial oil을 이용하며, 심신의 건강을 비롯하여 미용을 증진하는 기술 혹은 행위이다.

식물은 식품, 향방부제, 약품, 화장품, 향수 등 다양하게 사용된다. 유용한 성분을 가지며 치유능력을 가진 식물은 보다 높은 가치를 인정받고 있고, 허브herb는 우리 몸의 균형을 위한 치료제로, 다양한 음식요리의 재료로 이용되고 있다. 특히 우리 몸의 면역체계, 신경체계, 내분비 계통에 작용하여 일상생활의 스트레스에 적응하는 데 도움이 된다.

그림 8-13 | 아로마테라피

표 8-1 | 아로마테라피에 사용되는 주요 정유 (방향식물의_이용 https://ko.wikipedia.org/wiki)

정유명	학명	과명	추출부위	추출법	주된 작용
일랑 일랑 ylang ylang	*Cananga odorata*	포포나무과	꽃	수증기 증류법	진정, 수렴, 최음 등
오렌지 스위트 orange	*Citrus sinensis*	운향과	과피	압착법	식욕 증진 등
로만 카모마일 roman chamomile	*Anthemis nobillis*	국화과	꽃	수증기 증류법	진정, 진통, 통경 등
클라리 세이지 clary sage	*Salvia sclarea*	꿀풀과	잎, 꽃	수증기 증류법	항염증 완화, 호르몬 조정 등
그레이프프루트 grapefruit	*Citrus paradisi*	운향과	과피	압착법	식욕 증진 등
샌달우드 백단 sandalwood	*Santalum album*	단향과	심재	수증기 증류법	진정, 수렴, 강장, 소독, 항염증 등
주니퍼 세이요우네즈 juniper	*Juniperus communis*	측백나무과	과실	수증기 증류법	정화, 수렴, 이뇨 등
스위트마죠람 sweet marjoram	*Origanum majorana*	꿀풀과	잎	수증기 증류법	진정, 혈압 강하 등
제라늄 geranium	*Pelargonium graveolens*	쥐손이풀과	잎	수증기 증류법	호르몬 조정, 항염증 작용 등
티트리 tea tree	*Melaleuca aleternifolia*	도금양과	잎	수증기 증류법	면역, 활력, 살균, 소독 등
네롤리 neroli	*Citrus aurantium* var. *amara*	운향과	꽃	수증기 증류법	진정 등
유향 프랑킨센스·올리바남 frankincense, olibanum	*Boswellia carteri*	감람과	수시	수증기 증류법	세포 성장 촉진, 수렴, 진정, 항균 등
페퍼민트 peppermint	*Mentha piperita*	꿀풀과	잎	수증기 증류법	살균, 항균, 건위 등
벨가못 bergamot	*Citrus bergamia*	운향과	과피	압착법	식욕 증진, 항염증 등
유칼립투스 eucalyptus	*Eucalyptus globulus*	도금양과	잎	수증기 증류법	살균, 소염, 진통, 거담, 항바이러스 등
라벤더 lavender	*Lavandula angustifolia*	꿀풀과	꽃, 잎	수증기 증류법	진정, 면역 활력, 살균, 소독, 진통, 세포 성장 촉진 등
레몬 lemon	*Citrus limon*	운향과	과피	압착법	소독, 살균 등
레몬그라스 lemongrass	*Cymbopogon citratus* 서인도형 *Cymbopogon flexuosus* 동인도형	벼과	잎	수증기 증류법	항염증, 식욕 증진, 소염 등
장미 다마스크·로즈 rose otto	*Rosa damascena*	장미과	꽃	수증기 증류법	수렴, 자궁 강장 등
로즈마리 rosemary	*Rosmarinus officinalis*	꿀풀과	잎	수증기 증류법	수렴, 이뇨, 자극, 두뇌 명석, 발한 등

2) 아로마테라피 효과

에센셜 오일의 사용 효과는 사람에 따라 개인차가 많고 잘못 사용으로 인한 부작용이 있으므로 장기간 사용 시는 전문가의 도움이 필요하다. 따라서 허브는 사소한 치료에 이상적이며, 예방치료책으로 적용하는 것이 가치가 있다. 다음은 일반적인 향기요법으로 적용 가능한 방법이다.

① 응급처치

벌레물린 데, 쇼크 혹은 기절, 간단한 화상, 염좌, 약간 베이거나 피부가 벗겨졌을 때

② 가정 내에서 이용

부엌의 냄새 제거, 욕실용, 서재나 사무용방 공기정화, 거실, 침실

③ 직장 스트레스 해소

어깨 뭉침, 목 염증, 무릎 통증, 사무실 공기정화, 스포츠 전후, 근육통, 무좀

④ 개인적 고통 해소

체취 제거, 구취 제거, 숙취, 가스 제거

⑤ 증상에 따른 적용

불면증, 월경전 증후군, 갱년기, 주부습진, 햇빛에 탈 때, 우울증, 꽃가루 알레르기, 여드름, 탈모 방지, 코골이, 주름진 피부 관리

3) 화훼장식과 아로마테라피

실내외 허브를 식재한 분식물은 불쾌한 냄새 등을 제거하여 천연 공기정화제로서 이용될 수 있다. 이때 분식물 장식에 사용되는 향을 가진 허브식물은 분식으로부터 정원 조성에까지 많이 활용되고 있다. 특히 허브정원은 아로마테라피에 가장 적합

한 공간이 된다. 다만 허브식물의 치유능력은 조심스럽게 다루어져야 하므로 식용으로 인정되지 않는 허브는 함부로 먹어서는 안 되며 치명적 독성을 가진 식물의 식재는 피해야 한다. 궁극적으로 허브정원은 예방치료의 가치를 가지고 면역체계 전반에 도움이 되는 식물 선택을 통해 치유역할을 할 수 있다. 허브식물의 향을 통해 자연스럽게 곤충을 유인하여 소리정원이 되고, 허브식물은 정원에서 해충 등 벌레를 제거하는 데 효과가 있다. 무더운 여름에 상쾌한 분위기를 줄 수 있는 향기 정원 역시 치유의 역할을 한다.

2 색채요법 칼라테라피, color therapy

1) 색채요법

고대의 치유법으로서 균형의 회복, 내면의 자극을 통해 건강 회복을 목적으로 한다. 색채는 기분에 중요한 요소로 인간의 행동에 영향을 준다. 색채는 시각을 통해 느껴지는 직접적인 것으로 스트레스 관련 질병에 효과적인 것으로 알려져 있다.

색채에 대한 연구는 18세기에 과학자들과 예술가들이 빛과 색채의 속성에 관심을 갖으며 시작되었고, 19세기와 20세기에도 지속적으로 연구되어 현재 널리 사용하는 색채요법 이론은 철학자이며 교육자인 루돌프 스타이너에 의해 개발되었다.

색채는 사고, 행동, 건강, 대인관계에까지 영향을 끼치며 신체와 정신, 특히 감정의 조화를 이루도록 함으로써 치유적 효과가 있다. 색채의 고유 이미지는 상징성과 감정적 표현으로 활용된다.

---

① 청색은 사려 깊음, 믿음, 관심, 충성심, 하늘, 물, 바다를 상징하고, 차분한 분위기를 만든다. 평화로움, 평온함, 고요함, 진정, 슬픔, 냉담 등을 암시하나 내적 평화의 이미지를 갖고 있다.

② 적색은 피, 토마토, 빨강 장미 등을 연상시키며 활동성, 힘, 생명, 행복, 번영을 상징한다. 열정, 분노 등의 감정과 외향적이며 적극성, 불꽃, 각성의 이미지를 갖고 있다.

그림 8-14 | 다양한 색채

③ 황색은 해바라기, 유치원 버스가 떠오르고 따듯함과 지성, 기쁘고 명랑함과 동시에 긴장을 주기도 한다. 유머, 혼란 등을 나타내고 빛의 이미지를 갖고 있다

④ 백색은 웨딩드레스, 눈 등 순수함을 상징하며 시원하고 깨끗함을 표현할 때 사용된다. 다만 눈물, 괴로움을 의미하기도 하나 평형과 확장, 투명과 맑음의 이미지를 갖고 있다.

⑤ 자색은 우아, 신비, 치유자, 봉사자의 이미지로 감정적으로 민감하고 섬세함, 철학, 꿈, 거만, 사색가 등으로 표현되고 치유의 이미지를 갖고 있다.

⑥ 녹색은 성장의 색으로 자연을 상징하며 안전, 젊음, 관대함과 자유, 조화를 추구하며 재생의 이미지를 갖고 있다.

2) 칼라테라피 효과

① 청색은 피로회복, 감정이완, 자율신경의 균형, 고혈압, 불면증, 정신적 피로에 효과가 있다

② 적색은 대뇌 자극으로 혈압상승, 혈행촉진, 식욕촉진, 정력왕성, 저혈압 및 냉증에 효과가 있다.

③ 황색은 소화촉진, 식욕증진, 심신활성화로서 식욕부진, 빈혈, 현기증, 당뇨병 등에 효과가 있다.

④ 백색은 안정감, 균형감각, 순수함의 상징, 혈압의 안정, 진정 효과, 천식, 피부병, 다이어트 등에 효과가 있다.

⑤ 자색은 고혈압 예방, 불면증, 두통 등에 효과가 있다.

⑥ 녹색은 치료와 안정을 촉진하고 진정 효과, 청록색은 긴장 이완에 효과가 있다.

3) 화훼장식과 칼라테라피

화훼花卉는 꽃과 녹색의 바탕을 의미한다. 관상을 목적으로 재배하는 모든 식물, 화목, 정원수, 야생화, 과수, 채소까지도 관상식물이 될 수 있다. 특히 화훼식물은 꽃식물, 관엽식물, 열매를 관상하는 화목류, 향을 감상하는 허브식물까지 광범위하다. 이 모든 화훼식물은 고유한 색을 가지고 있으며 궁극적으로 이를 통해 다양한 치유 효과를 얻게 된다.

그림 8-15 | 다양한 색채의 화훼식물

IX 실내원예

1. 실내식물의 개념
2. 주요 실내식물의 재배 환경 관리
3. 실내 원예식물의 공기정화 기능

실내원예는 아파트와 같은 주거공간에서 생활하는 현대인의 생활공간에 실내식물을 도입하는 것으로, 우리들의 메말라가는 정서를 회복하고 실내환경을 쾌적하게 꾸미는 역할을 한다. 그러나 빛이 부족하고 건조한 실내에 식물 소재를 잘못 도입하여 실패하는 경우를 흔히 볼 수 있다. 원예활동에서 중요한 것 중의 하나는 식물의 생리생태적 특징을 이해하고 적절한 식물을 이용하는 것이다. 따라서 이번 장에서는 실내환경의 특징을 살펴보고 우리의 실내 환경 조건에 어떤 식물이 적절한지 알아보았다.

1 실내식물의 개념

1 실내식물의 정의

실내식물indoor plant은 건축물 내의 실내조건에서 화분이나 플랜트박스, 유리용기 등을 이용하여 연중 잎이나 꽃, 열매의 관상을 목적으로 기르는 식물을 말한다. 주로 열대나 아열대 원산으로 잎의 기이한 모양과 색깔, 무늬를 관상하는 관엽식물foliage plant이 대부분이며, 꽃보기식물 중 일부 실내의 음지에서도 꽃이 피는 분화식물이나 음지성 자생식물 등을 말한다. 관엽식물은 대부분 열대 정글 속에서 사는 식물들이거나 아열대 숲속에서 사는 상록성 식물들이므로 햇빛이 부족한 실내에서 기르기가 가능하다.

2 실내식물의 식물학적 분류

① 천남성과 Araceae 식물

주로 열대나 아열대 원산으로, 다양한 모양이나 특이한 무늬, 덩굴성 등을 가진 유년상의 잎을 관상하기 위해서 기르는 많은 관엽식물이 속한다. 외떡잎식물로 고온다습한 환경을 좋아하여 추위에는 비교적 약한 편이다.

천남성과의 꽃은 육수화서 형태로 피며, 안스리움이나 스파티필름의 경우 변형된 화포가 아름다워서 기르기도 한다. 덩굴성 식물이 많고 주로 포기나누기나 꺾꽂이로 번식한다. 대부분 중남미지역이 원산인 반음지식물로 빛이 부족한 실내에서 잘 적응하며 수경재배도 잘 된다.

식물체 내에 칼슘 옥살레이트라고 하는 바늘과 같은 작은 결정체가 있어서, 줄기나 잎의 자른 면이 피부에 닿을 경우 가려움증이 나타나거나 먹었을 경우 혀를 자극하는 성분에 의해 잠시 말을 하지 못할 정도의 심한 통증을 일으킬 수 있다. 대표적인 종류는 아글라오네마*Aglaonema*, 알로카시아*Alocasia*, 안스리움*Anthurium*, 디펜바키아*Dieffenbachia*, 스킨답서스*Epipremnum*, 몬스테라*Monstera*, 필로덴드론*Philodendron*, 스파티필름*Spathiphyllum*, 싱고니움*Syngonium*, 칼라디움*Caladium* 등이다.

그림 9-1 | 천남성과 식물

② 야자과 Palmae 식물

210속 3000여 종이나 되는 많은 종류가 열대 및 아열대에 분포하고 있다. 외떡잎식물에 속하지만 목부가 비정상적인 2차 생장을 하므로 나무의 형태로 발달한다. 잎은 우상엽과 선상엽으로 나누고, 줄기는 대나무형과 기둥형 두 가지가 있다. 생육온도는 고온성에서 냉온성까지 다양하고 일반적으로 단명종자로 실생번식하는 것이 많으며 포기나누기도 한다.

깃털이나 손가락 모양으로 갈라진 큰 잎으로 수형이 아름다워 이국적인 풍경을 연출하는 실내조경으로 많이 쓰인다. 추위에는 비교적 약한 편이며, 낮은 습도에서도 견딜 수는 있지만 잘 자라기 위해서는 습도를 높여주는 것이 좋다.

대표적인 종류는 테이블야자*Chamaedorea*, 아레카야자*Chrysalidocarpus*, 관음죽*Rhapis*, 켄챠야자*Howea*, 공작야자*Caryota* 등이다.

그림 9-2 | 야자과 식물

③ 고란초과 Polypodiaceae 식물

전 세계에 널리 분포하며 열대나 아열대에서 다른 식물에 뿌리를 내리고 사는 착생식물이다. 뿌리처럼 생긴 기는줄기가 있으며 특이하게 생긴 비늘조각들이 그 줄기를 덮고 있다. 잎으로 보이는 엽상체라고 하는 기관 밑에 달리는 포자로 번식되는 식물로 음지, 다습한 환경에서 잘 자라지만 건생식물도 있다. 크기는 이끼만큼 작은 것에서 24m 가량 되는 키가 큰 것도 있으며, 관상가치가 있는 것만 화훼로 취급 재배하고 있다.

대표적인 종류는 아스플레니움*Asplenium*, 아디안텀*Adiantum*, 보스턴고사리*Nephrolepis*, 박쥐란*Platycerium*, 프테리스*Pteris*, 루모라고사리*Rumohra* 등이다.

그림 9-3 | 고란초과 식물

④ 두릅나무과 Araliaceae 식물

주로 나무로 발달하는 쌍떡잎식물이다. 인삼, 두릅, 오갈피 등 대부분 약용식물로 가치가 큰 식물이 속한 과이기 때문에 뿌리에서 인삼과 유사한 냄새가 난다. 잎은 보통 손가락 모양으로 나누어져 있거나 갈라진 특징이 있다. 대부분 꺾꽂이가 잘 되므로 번식에 이용된다.

대표적인 종류에는 팔손이나무*Fatsia*, 아이비*Hedera*, 쉐플레라*Schefflera*, 디지고데카*Dizygotheca*, 팻츠헤데라*X Fatshedera*, 해피트리*Heteropanax fragrans* 등이 있다.

그림 9-4 | 두릅나무과 식물

⑤ 파인애플과 Bromeliaceae 식물

온난 습윤한 열대지역과 서인도제도에 분포하며 50여 속 2000여 종이나 자생한다. 흔히 아나나스라고 불리는 외떡잎식물에 속한 줄기가 짧은 착생식물로, 열대나 아열대 원산지에서는 나무나 바위에 붙어서 자란다. 잎은 줄기 없이 뻣뻣하고 끈 모양이며, 대부분 뿌리에서 뭉쳐 나온다. 잎의 가장자리가 위로 휘어서 잎이 모여 있는 기부는 물을 저장해 두는 물탱크 역할을 하고 있어 건조에 견디도록 되어 있고, 그 물탱크를 통해서 양분과 수분이 흡수되기도 한다. 꽃이 아름답고 주로 개화 시 화려한 화포나 주변 잎에 색이 들어 아름답다. 지생 및 착생식물 등 다양하며, 보통 포기나누기로 번식한다.

대표적인 종류에는 구즈마니아*Guzmania*, 브리시아*Vriesea*, 틸란드시아 이오난사*Tillandsia ionatha*, 틸란드시아 우스네오디데스*Tillandsia usneoides*, 에크메아*Aechmea*, 네오레겔리아*Neoregelia* 등이 있다.

그림 9-5 | 파인애플과 식물

⑥ 뽕나무과 Moraceae 식물

54속 이상이 있으며 낙엽 · 상록 교목과 관목으로 이루어져 있다. 주로 열대와 아열대지방에 분포하나 벤자민고무나무와 인도고무나무, 무늬왕모람 등 실내식물로 많이 이용되는 무화과나무속*Ficus*의 식물들은 동남아시아 원산이 많다. 이들 *Ficus*속 식물은 어느 정도 자란 후에는 습할 때 공기 중의 줄기에서 뿌리가 나오고, 줄기를 잘랐을 때 흰색의 유액乳液이 나오는 특징이 있다. 대표적인 종류에는 벤자민고무나무*Ficus benjamina*, 인도고무나무*Ficus elastica*, 떡갈잎고무나무*Ficus lyrata*, 무늬왕모람*Ficus pumila* 'Variegata' 등이 있다.

그림 9-6 | 뽕나무과 식물

⑦ 기타

쥐꼬리망초과의 피토니아*Fittonia*, 박주가리과의 호야*Hoya carnosa*, 물밤나무과의 파키라*Pachira*, 용설란과의 산세베리아*Sansevieria*와 여러 종류의 드라세나*Dracaena*, 제스네리아과의 아프리칸바이올렛*Saintpaulia*, 벌레잡이통풀과의 네펜데스*Nepenthes*, 돌나물과의 칼랑코에*Kalanchoes*, 대극과의 포인세티아*Euphorbia*, 측백나무과의 골드크레스트*Cupressus* 등이 있다.

그림 9-7 | 기타 실내식물

2 주요 실내식물의 재배 환경 관리

1 원산지 환경 특성

실내식물은 주로 열대나 아열대 지역이 원산지인 식물로써 다음과 같은 원산지 환경 특성이 있다.

① 햇빛이 많은 열대지방을 연상하기 쉽지만 우리가 실내에서 이용하는 열대나 아열대 원산의 식물은 대부분 열대우림이나 큰 나무의 밑에서 자라는 식물이었기 때문에 오히려 온대 원산의 식물보다 빛을 적게 필요로 한다. 그러므로 햇빛이 적은 실내조건에서 관엽식물을 기르기에 적합하다.

② 대부분의 관엽식물은 높은 공중습도를 요구하나 건조한 우리의 생활환경이 문제시된다. 특히, 겨울철 난방 시 공중습도가 낮다.

③ 내한온도가 높은 관계로 사계절이 있는 우리 환경은 식물이 요구하는 환경을 제공할 필요가 있다. 침실, 거실, 화장실, 현관, 베란다 등 실내 공간별 온도 차이가 있음을 알아야 한다.

④ 개화 조절이 따로 필요 없으며, 비료 요구량이 적어 토양유기물 함량이 적어도 되는 특징이 있다.

2 실내식물 재배 환경

1) 광선

식물은 다른 환경과 마찬가지로 빛에 대한 요구도가 각각 다른데, 이것은 원래 자라던 곳의 빛이 각기 다르기 때문이다. 따라서 관엽식물 중에는 광선을 잘 받지 않으면 잎이 아름답지 못한 것이 있는 반면에 광선이 너무 강하면 잎이 타버리거나 변색되는 것 등 여러 가지이다. 실내에서 식물을 가꿀 때 자신이 필요로 하는 것보다 빛이 적은 곳에서는 줄기가 길어지고 잎 면적이 넓어지게 된다. 이것은 어두운 곳에서 빨리 벗어나 빛이 많은 곳을 찾는 본능적인 표현이라고 할 수 있다. 실내식물이 빛을 필요로 하는 정도를 크게 양생식물, 중생식물, 음생식물로 구분한다.

그림 9-8 | 빛을 충분히 받아 형성된 포인세티아의 붉은 포엽(우)과 빛이 부족한 포엽(좌)

① 실내 양생식물

매일 많은 양의 직접 광선을 견딜 수 있으며 남쪽 방향의 창가에 배치하는 게 좋다. 네오레겔리아, 칼랑코에, 구즈마니아, 포인세티아, 시클라멘, 디펜바키아, 골드크레스트, 크로톤, 틸란드시아, 제브리나, 다육식물 등이 있다.

그림 9-9 | 실내 양생식물

② 실내 중생식물

빛을 많이 필요로 하지만 한여름의 강한 햇빛과 12시부터 오후 3시까지의 강한 빛으로부터는 보호해 주어야 한다. 따라서 남쪽 창가의 경우에는 커튼이나 블라인드 등으로 차광해 주어야 한다. 햇빛이 직접 들지는 않는 실내에 놓고 길러도 상관은 없으나 이 경우 주기적으로 햇빛을 쪼여줌으로써 원기를 회복시켜줄 필요가 있다. 또한 12시경쯤 햇빛이 사라지는 동쪽 창가나 오후 늦게 햇빛이 들어오는 서쪽 창가에 두는 것도 한 방법이다.

스파티필름, 파키라, 호야, 아글라오네마, 알로카시아, 안스리움, 아라우카리아, 백량금, 테이블야자, 아레카야자, 스킨답서스, 팔손이, 벤자민고무나무, 피토니아, 아이비, 몬스테라, 보스턴고사리, 파키라, 프테리스, 아프리칸 바이올렛, 산세베리아, 쉐플레라, 싱고니움 등이 있다.

③ 실내 음생식물

실내에서의 광선은 식물이 정상적인 생장을 하는 데 꼭 필요한 것이다. 그러므로 실내 음생식물이라도 500Lux 이상의 광선이 필요하다. 아스플레니움, 엽란, 루모라고사리, 아스파라거스 등이 있다.

결국 실내식물을 잘 가꾸기 위해서는 원산지와 유사한 그들이 요구하는 적절한 환경을 제공해주는 것이 가장 기본적인 관리이다. 일반적으로 잎이 얇고 넓은 식물은 빛을 적게 요구하고, 잎이 비교적 두껍고 작은 식물은 빛을 많이 요구한다. 잎에 무늬가 있는 식물은 그렇지 않은 경우보다 빛을 많이 필요로 하며, 빛이 적을 경우에는 잎의 무늬가 없어진다. 또한 같은 경우일 때 꽃이 아름다운 식물이 그렇지 않은 식물보다 빛을 많이 필요로 한다.

식물이 필요로 하는 양보다 빛이 적을 때는 잎과 잎 사이의 마디가 길어지고 잎이 넓어지며 좀 더 짙은 색이 된다. 이것이 오랫동안 방치되거나 더욱 빛이 적을 때는 식물이 더 이상 자라지 않게 되고, 꽃봉오리가 있는 경우에는 꽃이 피지 않고 떨어진다.

2) 온도

식물이 광합성을 통하여 탄수화물을 만들고 뿌리로 무기양분과 수분을 흡수 및 이동하는 대사활동은 온도에 따라 크게 영향을 받는다. 식물의 최적온도는 각 식물의 원산지에 따라 구분하는 것이 가장 안전하다. 열대나 아열대지방이 원산지인 비교적 잎이 얇고 넓은 실내 관엽식물은 상대습도가 높고 온도가 일정하게 높은 것을 좋아하므로, 우리나라의 5~9월까지는 잘 자란다. 그런데 우리나라와 같이 겨울철에 추운 온대지방의 경우에는, 실내의 기온이 10℃ 이하까지 내려가는 공간의 경우 식물에 따라서는 정상적으로 자라지 못한다.

최저 기온이 15℃ 이상은 되어야 실내에서 겨울철을 견딜 수 있는 추위에 매우 약한 실내식물의 종류에는 아글라오네마, 알로카시아, 아펠란드라, 디펜바키아 등이 있다. 대부분의 실내 관엽식물은 최저 기온이 10℃ 이상의 실내에서 겨울을 보낼 수 있다. 그러나 겨울철에는 베란다에 있는 관엽식물을 안으로 들여놓아야 한다. 겨울철 실내 최저 기온이 0℃ 또는 그 이하의 추위에서도 견딜 수 있는 식물은 주로 우리나라의 남부 해안가나 아열대지방에서 자라는 식물이다. 백량금, 아이비, 엽란, 팔손이나무, 금식나무 등이 이에 속한다.

3) 물관리

물은 식물체의 몸을 구성하는 성분이고, 체내에서 물질을 만드는 데 사용되는 원료이다. 뿌리로부터 수분 및 양분의 흡수가 지속적으로 일어날 수 있도록 토양의 수분유지는 식물생육에 있어 필수적이다. 하지만 과습은 오히려 뿌리의 호흡을 불가능하게 하여 생육을 방해하고, 건조는 식물의 위조(萎凋)를 촉진하게 된다. 따라서 적정량의 수분유지를 위한 관수는 식물관리의 기본이다.

토양조건, 공기수분, 식물의 종류, 생육과정에 따라 차이가 있으므로 일률적으로 며칠에 한번 씩 물을 주라고 하는 것은 부적당하다. 습관적으로 물을 자주 주다보면 지나치게 과습하여 뿌리가 썩게 된다. 뿌리가 항상 습해 있을 때는 물을 흡수하기 위해서 뿌리가 노력을 하지 않으므로 뿌리의 발육이 느리다. 건습의 과정을 충실하게 반복하여야 뿌리가 건강하고 식물 생육이 좋다. 통기성이 좋은 배양토일수록 자주 물을 주어야 하며, 화분의 표토가 약 0.5~1㎝ 정도까지 말랐을 때 화분의 배수구에서 물이 나올 정도로 충분히 재 관수해주는 것이 가장 바람직하다. 공기 중의 습도도 식물의 생장에 중요한 역할을 한다. 일반적으로 열대나 아열대 원산의 잎이 넓은 관엽식물이나 고사리 종류, 난과식물은 습도가 높아야 잘 자라는 반면, 다육식물이나 선인장, 봄철에 작은 꽃이 일제히 화려하게 피는 온대 원산의 식물은 습도가 너무 높으면 잘 자라지 못한다. 실내식물의 물주기 요령은 다음과 같다.

---

① 물의 온도는 실내 온도와 비슷한 것이 좋으므로, 하루 정도 물을 받아 두었다가 준다. 온실에서 식물을 키우는 경우 여름철 온실 안의 호스 속에 있는 뜨거운 물이 식물체에 닿지 않도록 주의하며, 뿌리의 저온 피해를 방지하기 위해 겨울철 늦은 오후에는 관수를 피한다.

② 물을 줄 때는 가능하면 식물체의 잎이나 꽃에 닿지 않도록 하며, 물을 토양에 주어 흙이 튀지 않도록 해야 깨끗하고 병충해 없는 식물을 관리할 수 있다.

③ 관수 시 화분 밑의 배수구에서 물이 충분히 흘러나올 때까지 주어 토양속 공기를 환기시켜 준다.

④ 화분 받침에 고인 물은 오래 두어 썩지 않도록 한다. 화분 받침에 물이 고이면 항상 습한 것도 문제가 되고, 분뇨에서 나온 유해한 가스가 용해되어 있어서, 뿌리 부패의 원인이 되기도 한다. 최근 시중에 나오고 있는 서랍식 화분 받침을 이용하는 것도 좋은 방법이다.

⑤ 한여름 햇빛이 강한 시간에는 잎 표면의 관수를 피해야 한다. 관수 후 잎 표면에 남아있는 물방울이 볼록렌즈 역할을 하여 잎 표면을 태우는 일소현상이 나타나기 때문이다.

⑥ 겨울철에는 실내라 하더라도 다른 계절에 비하여 춥고 낮의 길이도 짧으므로 많은 식물이 휴식에 들어간다. 따라서 뿌리의 활성도 떨어져서 같은 식물이라 하더라도 다른 계절에 주는 양으로 계속 물을 주게 되면 물이 식물체에 흡수되지 못하고 계속 토양에 남게 된다. 그 결과 심하면 뿌리가 썩으므로 물을 반 이상으로 줄여서 준다.

⑦ 겨울철 실내 난방에 의해 습도가 낮아져서 잎을 통한 증산량이 많아 잎이 건조하고 낙엽 되는 피해가 발생한다. 수막이 생겨 과도한 증산작용을 막을 수 있도록 하루에 1~2회 정도 잎에 분무하여 주거나 화분을 모아 두어 습도를 유지하게 만든다.

⑧ 물을 주는 적당한 시간은 봄과 가을의 경우 오전 9~10시 사이, 여름에는 오전 7~8시 사이, 겨울에는 11~12시 사이가 좋다. 분흙의 온도가 25℃일 때 수분의 흡수량이 가장 크다. 물이 차거나 화분 내 흙의 온도가 미처 오르지 않은 상태에서 물을 주게 되면 왕성한 흡수가 이루어지지 않는다. 해가 떠올라 분흙의 온도가 올라갔을 때 미지근한 물을 주는 것이 좋다.

그림 9-10 | 물주기

4) 토양

토양은 식물체를 지지하고 식물이 필요로 하는 무기양분과 물의 공급처로서, 화분에서 식물을 기를 때는 각각에 알맞은 토양을 만들어 주어야 한다.

식물이 잘 자라는 토양이란, 소공극과 대공극이 공존하여 식물이 필요로 할 때 양분이나 수분을 제때 적절한 양을 공급해 주고, 뿌리가 숨 쉴 수 있게 적당한 공기가 있는 토양을 말한다. 일반적으로 부피당 토양입자가 50%(유기물 입자 최대 10% 포함), 공기가 25%, 물이 있는 공간이 25%인 토양 즉, 고상, 액상, 기상이 2:1:1의 비율일 경우 식물의 생장에 가장 좋다.

식물은 각종 대사작용과 잎의 증산에 의해 소모된 수분을 보충하기 위해 토양 중의 수분을 흡수한다. 따라서 식물체 뿌리 주변의 토양은 언제나 적당한 수분을 갖고 있어야 한다. 물은 토양입자 사이의 공기를 함유한 틈보다 좀 더 작은 틈에 보관되어 있다. 그 정도는 토양의 성분에 따라 달라 모래, 펄라이트, 질석과 같은 입자가 굵은 인공토양의 경우에는 물을 적게 가지고 있지만, 진흙, 피트, 피스모스와 같은 입자가 작은 인공토양의 경우에는 물을 많이 오랫동안 가지고 있게 된다. 따라서 원예에서는 자신이 가꾸는 식물의 수분을 좋아하는 정도에 따라 여러 가지 토양을 섞어서 사용한다. 예를 들어 건조에 비교적 강하고 습한 것을 싫어하는 선인장류나 철쭉류의 경우에는 비교적 통기가 좋은 모래를 섞는 비율을 높여 배양토를 만들고, 수분을 매우 좋아하는 천남성과 관엽식물에서는 수분 보유력이 좋은 피트를 많이 섞어 만드는 것이 좋다.

한편, 뿌리가 자라나고 양분을 흡수하기 위해서는 산소가 필요하다. 그 이유는 뿌리가 산소를 흡수해 숨을 쉬면서 체내에 있는 양분[탄수화물과 같은 유기양분]을 분해하고 에너지를 얻어 토양 내의 양분[무기양분]과 수분을 흡수하기 때문이다. 실내에서 식물을 가꿀 때에는 식물의 종류에 맞게 여러 배양토를 섞어서 사용하거나 원예용 토양을 구입하여 사용해야 한다.

한편, 주변에 있는 일반 밭흙은 병해충이나 개미 등이 서식할 뿐만 아니라 토양입자 간 결속력이 강해서 식물을 오래 기르다 보면 딱딱하게 굳어버린다. 따라서 물을 주어도 토양 사이로 스며들지 못하고 토양과 화분 사이로 빠져버려 식물이 시들어 버리는 경우가 많으므로 실내식물의 화분에는 사용하지 않는 것이 좋다.

일반적으로 잎이 얇고 넓은 식물은 그렇지 않은 식물보다 물을 오랫동안 많이 가지고 있을 수 있는 입자가 작은 토양에 심어야 한다. 다육식물이나 선인장의 경우에는 입자가 굵어 물빠짐이 좋은 토양에 심는다. 화려한 꽃을 피우는 식물을 그렇지 않는 식물보다 양분이 풍부한 토양을 필요로 한다.

5) 분갈이

화분에 심은 식물이 자라면 뿌리의 부피가 커져서 뻗어나갈 토양이 부족해지고, 토양 내의 양분도 충분하지 못하므로 좀 더 큰 화분에 옮겨 토양을 보충해 줄 필요가 있다. 오랫동안 화분에 담겨 있는 토양은 단단해져서 뿌리의 생장에 필요한 양분이나 수분, 공기의 공급이 원활하지 못할 뿐만 아니라, 수돗물에 있는 무기염이 축적되어 식물체에 손상을 줄 수 있으므로 새로운 흙으로 갈아주는 것이 좋다.

일반적으로 1년에 한 번 봄에 꽃이 없는 식물을 분갈이하는 것이 원칙이다. 그 외에는 화분에 뿌리가 가득 차서 바닥으로 뿌리가 나오거나 아랫잎이 변색된 경우, 토양 표면으로 뿌리가 심하게 나왔을 때, 토양 표면에 이끼, 잡초가 끼어 뿌리의 호흡을 방해할 때 분갈이를 해 주는 것이 좋다. 분갈이 방법은 다음과 같다.

① 기존의 화분보다 지름이 큰 화분과 배양토를 준비한다.
② 화분 가장자리를 가볍게 두드려 흙과 화분 사이를 벌려 준다.
③ 화분의 흙을 뺀 후 뿌리에 붙은 흙을 털어내고 묵은 뿌리를 정리한다.
④ 큰 화분에 새 흙을 넣고 원래 심겨 있는 위치까지만 흙을 채운다.
⑤ 분갈이하면서 필요에 따라 포기나누기나 비료주기, 잡초 제거, 가지치기도 동시에 실시하면 효과적이다.
⑥ 이후 분갈이에 의해 상한 뿌리털이 재생하도록 며칠 동안 음지의 다습한 곳에 두었다가 원래 두었던 환경으로 옮겨 기른다.

그림 9–11 | 오랫동안 분갈이를 하지 않아 뿌리가 가득 찬 화분

3 실내 원예식물의 공기정화 기능

실내식물에 의한 공기정화 원리는 크게 두 가지 방법으로 볼 수 있다. 첫째, 잎과 근권부 미생물의 흡수에 의한 오염물질 제거이다. 잎에 흡수된 일부 오염물질[포름알데히드 등]은 광합성의 대사산물로 이용되어 제거되고, 화분 토양 내로 흡수된 오염물질은 근권부 미생물에 의해 제거된다. 둘째, 음이온, 향, 산소, 수분 등의 다양한 식물 방출물질에 의해 실내 환경이 쾌적하게 된다.

1 실내 습도조절

식물의 기공을 통한 증산이나 식재용토 표면으로 증발되는 수분에 의해 실내 습도가 조절된다. 증발산이란 잎의 뒷면에 있는 기공을 통해서 물 분자가 공기 중으로 나오는 현상을 말하며, 증발은 화분 토양 표면으로부터 물 분자가 증발되는 것을 말한다. 화분의 가습 효과는 증산 90%, 증발 약 10%에 의해서 나타난다. 실내에 식물을 공간대비 9%를 두면 약 10%의 상대습도가 증가한다. 대기가 건조하면 증산과 증발량이 증가하고, 습하면 감소하는 자기조절[self-control]능력이 있다. 증산에 의해서 형성되는 공중습도는 완전한 무균상태이다. 식물의 종류, 배치 방법 및 양에 따라 실내 환경의 온도, 습도가 달라진다.

농촌진흥청에서 천연 가습 효과가 뛰어난 가습식물 선발 실험 결과에 의한 실내식물 종류별 상대습도 증가량은 다음과 같다. 허브류의 경우 장미허브 39.1%, 제라늄 32.2%, 애플민트 21.3%이며, 관엽류의 경우 마삭줄 36.6%, 드라세나 맛상게아나 30.4%, 피토니아 27.1%, 아이비 26.4%, 쉐플레라 24.9%, 안스리움 24.4%, 네펜데스 23.1%, 클로로피텀[접란] 22.9%, 산호수 19.3%, 자금우 14.2%의 순이다. 또한 식물과 솔방울 그리고 물의 가습 효과를 비교한 결과 식물은 약 41%, 솔방울 18%, 물 10% 상대습도가 증가하였다.

2 실내 온도조절

실내 온도를 낮추는 효과가 있다. 식물 잎의 기공에 의한 증산작용 시 기화열의 사용과 공기의 순환으로 인해 실내온도를 약 0.7℃ 정도 낮출 수 있을 뿐만 아니라, 실내에 필요한 외부 공기 환기량을 식물의 공기정화로 인해 줄임으로써 냉 · 난방비 절감이 가능하다.

3 피톤치드

피톤치드[phytoncide]는 자연적, 비화학적, 식물을 의미하는 피톤[phyton]과 죽인다는 의미를 갖는 치드[cide]의 합성어이다. 즉, 식물이 외부의 공격으로부터 자신을 보호하기 위해 방출된 물질이 사람에게는 전혀 해롭지 않은 방법으로 공기 중의 세균을 죽이는 물질을 총칭한다. 피톤치드는 균을 죽이는 항균 효과를 갖고 있어 실내 부유세균의 수를 줄여 실내정화 효과가 있다.

향의 효능은 쾌적감과 소취 · 탈취 효과, 항균 · 방충 효과가 있으며, 테르펜유와 같은 일부 향은 스트레스 호르몬인 코티졸[cortisol]의 농도를 감소시켜 스트레스를 완화시키는 효과가 있다.

4 음이온 발생

1) 음이온 생성

인간의 신체가 이온균형을 유지하여 신진대사를 촉진하기 위해서는 숲의 음이온 양인 1㎤당 400~1,000개가 필요하다. 그러나 산업화 이후 도시화 되면서 대기가 오염되었고, 오염물질은 대부분 양이온으로 대전됨으로써 음이온의 비율이 낮아졌다. 자연 상태와 가까운 환경에서는 공기 중의 음이온과 양이온의 비율이 1.2:1 정도이며, 이에 비해 도시지역이나 오염지역 등은 1:1.2~1.5으로 양이온의 비율이 높은 것으로 알려져 있다.

음이온은 1㎤당 약 30조 개 정도의 대기 분자 중에서 자외선과 가시광선, 적외선, 우주선이나 지각에서 발생한 각종 방사선에 의해 1만 개 이하의 극히 일부 분자에서 전자가 튀어나와 이온화되는 과정에서 생성된다.

튀어나온 전자는 대기의 78%를 이루고 있는 질소(N_2)에 붙을 확률이 높지만 21%를 구성하고 있는 산소의 전자친화력이 질소보다 약 100배 정도 높기 때문에 일반적으로 산소분자가 음이온이 되고 질소가 양이온으로 대전된다. 또한 물분자가 H^+와 OH^-에 물분자가 결합된 $OH^-(H_2O)n$ 형태로 대전되는 것으로 알려져 있다. 숲속은 식물의 광합성 작용과 증산작용에 의해 산소와 물분자가 많아 음이온이 많다.

2) 음이온 효과

① 신진대사 촉진

현대인은 미세먼지를 포함하여 양이온이 많은 생활환경에 노출됨으로써 각종 질병이나 스트레스에 시달리고 있다. 따라서 충분한 음이온 공급으로 신체의 이온 불균형에 대한 문제 해결이 필요하다. 음이온은 피부와 호흡을 통해 몸속으로 들어가 신진대사를 촉진하는 효과가 있다.

② 전기적 특성에 의한 오염물질 제거

사람 머리카락 지름$^{50\sim70\mu m}$의 약 1/5~1/7 정도로 지름이 10μm보다 작은 미세먼지^{PM10}나 지름이 2.5μm보다 작은, 즉 머리카락의 약 1/20~1/30에 불과할 정도로 매우 작은 초미세먼지$^{PM2.5}$는 너무 작고 가벼워 가라앉지 못하고 서로 밀어내며 공기 중에 부유하게 된다. 이때 음이온이 공급되면 오염물질은 전자를 얻고 음$^-$으로 대전되어 다른 오염물질$^+$을 전기적으로 끌어들여 점차적으로 커진다. 거친 오염물질 덩어리는 중량 때문에 부유하지 못하고 바닥에 낙하하여 청소를 할 수 있게 된다.

③ 식물에 의한 음이온 발생

음이온 발생량은 식물 종류별로 차이가 있으며, 공간에 약 30% 정도 화분을 두면 공기 1㎤당 약 100~500개 정도의 음이온이 발생한다. 밀폐된 유리 챔버에 화분을 공간 대비 30% 넣고, 챔버 내 온도 20±2℃, 습도 53±7%, 생장상의 중앙부가 29±1μmol · m^{-2} · s^{-1}의 조명하에서 주로 사용되고 있는 실내 관엽식물 중 18종의 음이온 발생량을 조사한 결과 폴리셔스*P. fruticos a*가 913개/㎤로 가장 많았으며, 다음으로 디펜바키아*D. camille* 673개/㎤, 팔손이*F. japonica* 513개/㎤, 스킨답서스*E. aureum* 507개/㎤, 셀렘*P. selloum*, 골드크레스트*C. macrocarpa*, 산세베리아*S. trifasciata*, 마지나타*D. marginnata*, 인도 고무나무*F. elastica*, 아글라오네마*A. crispum*, 관음죽*R. excelsa*, 로즈마리*R. officinalis*, 테이블야자*C. elegans*, 안스리움*A. andraeanum*, 아레카야자*C. lutescens*, 시클라멘*C. persicum*, 칼랑코에*Kalanchoe blossfeldiana*, 아이비*H. helix* 순으로 측정되었다(2008, 최).

5 식물의 오염물질 흡수에 의한 실내 공기정화

1) 포름알데히드

포름알데히드는 각종 건축자재나 가구류의 방부제, 접착제 등에서 많이 발생하며 암을 유발하는 원인물질로 알려져 있다.

포름알데히드는 식물의 기공을 통해 흡수되어 포름산으로 전환되고, 포름산은 다시 이산화탄소로 전환되어 광합성 과정인 캘빈 사이클을 통해 당, 유기산, 아미산 등으로 전환됨으로 무독화된다. 포름알데히드 제거 효율이 우수한 식물은 초본성 관엽식물의 경우 디펜바키아, 셀럼, 스킨답서스, 팔손이, 접란, 틸란드시아, 안스리움, 싱고니움이며, 허브식물 중에서는 라벤더, 제라늄, 로즈마리, 그리고 난류에서는 나도풍란, 덴파레, 호접란이다.

2) 휘발성유기화합물

휘발성유기화합물VOCs : volatile organic compounds은 실온에서 액체로 휘발하기 쉬우며 피부에 잘 흡수되는 성질을 가지고 있고, 무색, 무취인 종류가 많다. 새집증후군의 주요 원인물질로 알려져 있으며 건축재료, 세탁용제, 가구류, 카펫접착제, 페인트 등에서 주로 방출되고, 벤젠, 톨루엔, 자일렌 등이 대표적인 물질로 실내에서 300~400 종류가 검출된다.

톨루엔 제거 능력이 우수한 식물은 아이비, 피토니아, 자금우, 이끼류 등이며, 벤젠 제거 능력는 아이비, 크라슐라염좌, 수국, 심비디움 등이 우수하다.

3) 일산화탄소

일산화탄소는 무색, 무취의 기체로 가정에서 가스의 불완전연소로 인해 발생한다. 호흡기관에 들어가 적혈구의 산소운반 능력을 저하시켜 두통, 구토감, 호흡곤란을 일으키며 심하면 사망한다. 스킨답서스, 안스리움, 돈나무, 접란, 쉐플레라, 백량금 등은 일산화탄소 제거 능력이 우수한 식물이다.

그림 9-12 | 식물의 실내 공기정화

X 치료정원

1. 정원의 개념
2. 치료정원의 개념
3. 치료정원의 계획 및 설계

정원은 인류 문명의 발달과 함께 형성된 생활공간으로 초기에는 식량자급과 심신위로의 기능을 하였다. 그러나 최근의 정원은 자연친화적 생활공간으로서의 기능과 학습의 장, 그리고 현대인의 지치고 병든 몸과 마음을 안식하고 치유하는 회복 공간으로서 의미가 확대되고 있다. 따라서 이 장에서는 정원의 의미와 다양한 정원의 형태와 기능을 알아보고, 원예치료사[복지원예사]가 알아야 할 치유공간으로서 정원의 역할과 필요성에 대하여 설명하고자 하였다.

1 정원의 개념

1 정원의 정의

정원庭園, garden의 용어적 의미는 뜰庭과 동산園이 합쳐진 말로 담장이나 울타리로 둘러쌓인 공간 안에 식물을 심은 동산을 뜻한다. 정원의 원형은 외부로부터 보호하기 위하여 울타리나 담장으로 격리된 사적인 공간에서 의식주를 해결하기 위한 식물 생산활동의 공간이었다. 그러나 이것이 점차 발달하여 오늘날에는 식물을 주체로 경관을 아름답게 창조하여 감상하고 즐기기 위한 미적 추구 및 기능적인 이용 등을 수행하는 공간의 의미를 갖게 되었다. 정원의 사전적 의미는 '흙 · 돌 · 나무 등의 자연재료와 인공물 및 건축물에 의해 미적 · 기능적으로 구성된 구역' 구성요소로 계단, 담, 울타리, 테라스, 벤치, 잔디와 지피류, 조명, 조각, 기타 장식물 등, 법률적으로는 '식물, 토석, 시설물 등을 전시 · 배치하거나 재배 · 가꾸기 등을 통하여 지속적인 관리가 이루어지는 공간'으로 정의하고 있다.

2 정원의 기능

개인이나 공공의 공간에 정원을 조성하면 시각적으로 미관이 향상될 뿐만 아니라, 심리적으로는 편안하고 안정감 있는 공간을 창출해 내어 휴식할 수 있는 공간을 제공하는 것이 정원의 중요한 기능이다. 정원은 환경적으로도 쾌적함을 주는 등의 여러 기능을 갖고 있기에 오래전부터 오늘날까지 시대와 장소에 따른 다양한 양식의 정원이 발달되어 왔다. 그리고 그 기능은 다음과 같다.

1) 공간의 미관 향상

개인적인 공간이거나 공적인 공간의 실내 · 외에 식물을 이용한 인위적 방법으로 자연을 접할 수 있는 공간을 조성하면 경관의 아름다움이 훨씬 향상된다.

2) 심신 치료의 공간 제공

복잡한 도심 속에서 자연을 가까이 느낄 수 있는 정원의 녹색은 색채학 측면에서도 심리적으로 안정감을 준다. 바라보는 것만으로도 정서순화와 스트레스 감소에 중요한 영향을 미치며, 생활의 여유로움을 갖고 휴식할 수 있는 공간을 제공한다.

3) 쾌적하고 건강한 환경 제공

정원에 식재된 정원수와 화단의 초본류 등은 산소 공급과 외부 오염으로부터의 공기정화와 함께 증산작용을 통한 습도 조절 및 바람을 막아 보온 효과를 준다. 겨울철에는 온도 차를 감소시켜 주변의 기후미기상를 조절해준다.

4) 교육적 공간 역할

정원 내의 식물들이 생육하는 일련의 과정과 더불어 동물들을 관찰하며 자연에 대한 이해와 중요성을 함양할 수 있는 자연학습 공간으로서 중요한 역할을 담당한다.

5) 여가활동을 위한 공간 역할

정원 내에서 식물과의 교감, 관리 및 취미활동으로 즐길 수 있는 가드닝gardening을 통해 건전하고 건강한 여가활동을 즐길 수 있다.

6) 생산을 위한 공간 제공

정원 내에서 채소나 약초 및 유실수 등을 심고 가꾸어 과일이나 채소 등을 생산한다. 오늘날 건강한 삶의 질이 요구되는 시대에 가치 있는 청정 먹거리의 공급처가 될 수 있다.

3 정원의 범위와 유형

1) 정원의 범위

정원의 범위는 학자에 따라 다르나 일반적으로 이용자의 주체에 따른 분류, 이용목적에 따른 분류, 공간조성의 위치에 따른 분류, 공간조성의 종류에 따른 분류로 나눌 수 있다.

① 이용자 주체에 따른 정원의 구분

개인이나 공공의 즐거움과 삶의 질 향상을 목적으로 식물을 재배하는 개인정원과 공공정원으로 나눈다.

㉮ 개인정원 private garden

개인이 선호하는 꽃, 채소, 과수, 허브 및 관상식물을 기르는 소형정원으로 주택공간 및 근접한 대지의 한 부분으로 정의하며, 주택정원, 가정 · 주택텃밭, 옥상텃밭 그리고 기타 도시텃밭정원[주말농장]이 있다.

㉯ 공공정원 public garden

모든 대중을 위한 정원으로 수집 · 증식 · 보존 등 과학적 연구 및 전시와 교육 등의 기능을 갖춘 장소이다. 이들 중에 하나 또는 그 이상의 목적을 갖고 식물을 재배하는 식물원, 수목원, 공동체정원, 도시텃밭정원, 도시공원, 치유정원 및 어린이정원으로 구분할 수 있다.

② 이용목적에 따른 분류

정원을 연구, 보존, 교육, 치유 등의 사용 목적에 따라 다양하게 분류할 수 있다.

㉮ 식물원

식물의 과학적 연구, 보존, 전시 그리고 교육의 목적을 위해서 식물들을 체계적으로 문서화하여 수집하고 보관하는 기관이다.

㉯ 수목원

식물원의 일종 또는 식물원의 하위 개념으로서 수목을 중심으로 연구, 보존, 전시 그리고 교육을 수행하는 기관이다.

㉰ 공동체정원

레크리에이션, 교육, 보존, 원예 실무연습, 약용식물 및 경제성 있는 식물들의 재배와 같은 특별한 필요들을 채우기 위해서 또는 지역 공동체를 위하여 그리고 그들에 의해서 개발된 한정된 자원들을 가진 소규모 정원이다.

㉱ 도시텃밭정원

도시 내 일정한 지역에서 식용 또는 관상을 목적으로 식물을 재배하기 위한 개인 또는 가족에게 할당된 소규모 토지들로서 때때로 대중에 대한 식물전시, 원예실무 교육 등을 수행한다.

㉲ 도시공원

공공녹지의 일종으로 여러 사람들이 쉬거나 가벼운 운동, 산책, 놀이 등을 즐길 수 있도록 마련된 넓은 장소이다.

㉳ 치유정원

식물이 가지는 치유적 특징과 정원이 가지는 휴식, 고요함 등을 위해서 특별하게 디자인되고 조성된 정원이다.

㉴ 어린이정원

어린이를 대상으로 하는 정원으로 어린이 눈높이에 맞게 디자인되어 자연에 대한 호기심과 흥미를 불러일으키는 공간으로 조성된 정원이다.

③ 공간조성에 따른 정원의 분류

정원은 공간조성 위치에 따라서 실외정원, 실내정원 등으로도 분류한다.

㉮ 실외정원

실외에 설치되어 자연 기후환경에 영향을 많이 받는다.

예) 식물원, 수목원, 공동체정원, 도시텃밭정원, 치유정원, 도시공원, 주택정원, 가정 · 주택텃밭, 옥상정원, 옥상텃밭, 어린이정원

뉴욕 웨이브힐 식물원New York Wave Hill

시카고 모턴 수목원Chicago Morton Arboretum

가정 · 주택텃밭경기도 양평군

뉴욕 식물원 어린이정원New York Botanical Garden

도시텃밭 정원경기도 남양주시

미네소타 원예치료 정원Minnesota Landscape Arboretum

그림 10-1 | 실외정원의 여러 형태

㉯ 실내정원

실내정원은 조성유형에 따라 넓은 의미와 좁은 의미의 범위로 분류할 수 있다.

- 넓은 의미의 실내정원 범위 : 실내정원 실내에서 식물을 가꾸는 것, 그림 10-2 상단 과 벽면정원 벽면에 식물을 붙여 키우는 것, 그림 10-2 하단 등이 있다.

실내정원 서울 영등포 신세계 백화점

실내정원 Singapore Changi 국제공항

벽면정원 서울 건물 내 옥상

벽면정원 Berlin Dussmann 서점

그림 10-2 | 넓은 의미의 실내정원의 유형

- 좁은 의미의 실내정원 범위 : 베란다정원, 실내텃밭 다양한 상자, 베드, 냉장고형 텃밭 , 디시가든 dish garden , 테라리움 terrarium , 공중걸이 hanging basket , 보틀가든 bottle garden , 비바리움 vivarium 등이 있다.

④ 공간 조성의 구성물에 따른 분류

정원에 심어진 식물의 종류나 조성 구조물 등에 따라서 구분한다. 초본원 herbaceous garden , 침엽수원 conifers garden , 다년생정원 perennial garden , 암석원 rock garden , 물정원 water garden , 허브와 채소정원 herb and vegetable gardens , 약용정원 medicinal garden 등이 있다.

2 치료정원의 개념

1 치료정원의 의미

1991년 미국원예치료협회AHTA는 원예치료를 '식물과 원예활동을 이용하여 인간사회, 심리 및 신체적 적응력을 개선시키고 이를 통하여 인간의 신체, 정신적 치유를 도모하는 과정'이라고 최초의 통합된 정의를 하였다. 이후 '사람의 신체적, 정신적 개선을 위하여 식물과 정원활동을 이용하는 과정이며 연령, 배경, 능력에 상관없이 효과적이고 유익한 처치'라고 원예치료의 정의를 새로이 수정하면서 '원예활동'을 정원 일과 관련된 '정원활동'으로 개념을 확장시켰다. AHTA는 2006년에 수정된 원예치료의 새로운 정의에 따라 원예치료에 이용 가능한 원예활동의 범위를 보다 유연하게 확장하고 있다. 이에 대하여 치료정원therapy garden이란 '고통의 질병 등에 대한 치유의 수단이나 과정으로 사용되는 정원의 형태'를 뜻하고, '정원의 식물 및 시설물을 이용하여 식물을 가꾸고 수확, 관찰 경험하는 과정을 돕는 기능성을 부여하는 정원'을 의미한다. 여기에 치유를 목적으로 하는 식물이 식재되어야 하고, 식재되는 식물은 의학적 목적으로 사용되거나 치유경관 조성에 매우 중요한 요소가 된다. 또한 활용대상은 치유 및 재활을 필요로 하는 모든 사람으로 하며 목적은 원예활동을 통해 사회적 교류, 사회성 등을 증가시키고 직접적인 치유에 도움이 되는 정원을 말한다.

치료therapy란 '의학의 기술로 치료하다' 등의 치료요법 등의 의미로 어떤 질병, 장애 또는 문제를 치료, 치유, 완화하기 위해 계획된 체계적 과정과 활동을 의미한다. 이와는 다르게 치유healing는 보다 정신적, 경험적, 인간적인 면에 초점을 둔, 즉 정서적인 차원으로 치료보다는 '회복'의 의미로 해석된다. 이는 인간이 감정적, 신체적 상처를 입기 전에 예방, 보완 및 방지 역할을 하는 치유영역과 사고 후 심신의 스트레스를 등으로 인한 회복의 의미로서의 치유영역으로 나눌 수 있다.

근래 원예치료의 발달로 인해 다양한 대상자 중심의 치료활동을 목적에 두고 원예활동의 환경[장소]을 강조한 치료정원이 발달하고 있다. 이는 환경적 특성에 따른 능동적 참여가 가능하고, 자연과 접촉 및 연계된 요소는 인간의 정신적인 안정과 건강 증진 및 스트레스 회복에 긍정적인 영향을 미치기 때문이다. 따라서 이러한 건강과 의료 패러다임의 시대적 변화 속에 자연을 접촉할 수 있는 옥외공간을 확장하여 치유목적의 정원설계를 통한 치료정원의 조성이 점차 증가하고 있다.

치료정원은 이용자의 특성 및 요구를 설계에 적극적으로 반영시켜 원예치료 활동에 사용될 수 있도록 계획된 공간으로, 정원에서는 식물을 기르고 수확과 관찰하는 과정을 돕고 식물과의 상호작용을 통해 이용자들의 반응을 긍정적으로 이끌어 낼 수 있다. 또한 이러한 일련의 과정이 치료 및 재활 프로그램의 구성 요소로 사용될 때 치료정원으로서의 역할을 수행할 수 있다. 치료정원을 일반정원과 비교했을 때 아름다움에 대한 기대 효과적인 측면에서 공통요소가 있기는 하나 일반정원이 조경가의 자질 발휘에 의한 미적 공간 중심이라면, 치료정원은 이용자의 건강과 행복을 위한 대안적 수단을 제공하는 공간으로 정신적, 육체적 치유에 자극이 될 수 있도록 조성되어야 한다. 또한 이용자마나 요구되는 필수 요건이 부합됨과 동시에 즐거움과 기능성을 모두 갖추어야 한다. 치료정원은 치유적, 회복적, 재활적 목적으로 단순히 수동적으로 경험되는 장소이기보다는 정원가꾸기, 놀이활동, 식물 재배활동 등의 신체활동 및 대인관계의 향상 등 적극적으로 활용하는 장소가 되어야 한다. 이러한 치료정원에서의 정원활동은 사회성과 치유성 기능을 동시에 가능하게 하며, 대인관계 형성 및 자연과의 접촉 등은 다양한 교류활동으로 이어지게 되고 정원이 주는 환경적 특성으로 인한 오감의 자극은 심신의 치유와 기능 향상을 가져다준다.

2 치료정원의 역사

원예는 기원전 2000년, 문명의 4대 발상지 중 하나인 메소포타미아[Mesopotamia] 지방에서 시작되었다. 티그리스Tigris와 유프라테스Euphrates사이의 비옥한 강 유역에 자리 잡은 전형적인 건조한 경관에서 처음으로 정원이 설계되었고, 농업이 이루어지며 인간에게 즐거움을 주었다. AD 5세기경 정원은 일반적으로 건강 증진에 기여하는 것으로 인식되어 여행으로 인한 휴식 장소, 질병을 치료하거나 회복하기 위한 장소로 사용되었다. 고대 이집트의 알렉산드리아Alexandria에서는 정신적인 혼란이 온 환자에게 정원을 거닐도록 했다는 기록이 나오는데 이것이 최초의 기록으로 알려져 있다. 중세에는 아프거나 연약한 사람들이 기독교 호스피스 내에 위치한 정원에서 치료를 받았고, 환자에게 봉사하는 수도원들은 아치형의 안뜰을 갖추고 있었는데, 그 안뜰에서는 환자의 수에 따라 규모가 다르고, 밀폐된 정원을 치료공간으로 사용하였다. 15세기 초 스페인 동북부 사라고사Zaragoza의 한 정신병원에서 원예치료에 대한 최초의 보고서가 발견되었다. 이 보고서에는 정신질환을 가지고 있는 환자들의 치료를 위해 정원 가꾸기 활동을 활용했다는 기록과 함께 정원활동을 계절별로 다양한 야외활동으로 계획하여 환자들의 혼란을 진정시키는 방법 등으로 사용되었다고 한다.

1798년 미국 필라델피아 지역의 러쉬Benjamin Rush 교수는 정원에서 일한 정신장애인 중 한 사람에게서 증상이 경감되는 것을 발견하고 흙을 만지는 것이 정신장애인의 치유에 효과적이라고 발표하였다. 19세기 이전의 정원은 각 나라의 기후와 지형 그리고 문화적인 차이에 따라 다양한 형태로 나타났다. 귀족들이 즐기는 왕궁 정원이 주를 이루었으나, 19세기 이후의 정원은 일반인의 휴식과 심신을 단련시킬 수 있는 장소로 발전하였다. 제2차 세계대전 이후 많은 상이傷痍군인들의 정신적 · 육체적인 치료가 필요하였으며 원예활동 중에 효과가 두드러지게 나타나 작업치료와 연결함으로써 원예활동이 재평가되었다. 1973년에는 미국원예치료협회가 설립되어 미국 전역에서 원예치료 보급 활동을 하고 있고, 영국에서도 1978년에 원예치료 및 농업훈련회가 설립되어 장애자가 정원 일을 할 수 있는 자원제도가 정착되었다. 이와 같은 원예치료는 주로 미국과 유럽을 중심으로 한 선진국에서 이루어져 왔다.

로저 울리히Roger Ulrich는 미국 펜실베니아주의 병원에서 숲이 보이는 병실과 벽돌로 둘러싸인 병실에서 수술 환자를 회복시키는 것에 대한 비교 연구를 하였다. 그 결과 정원을 응시하는 것이 때로는 수술, 감염 및 기타 질병으로 인한 치유를 가속화 할 수 있음을 입증하였다. 당시로서는 획기적인 연구 결과이며 1984년 사이언스에 게재되어 원예치료의 중요성을 재확인하였다.

최근 들어 정원은 자연경관 감상이나 휴식을 위한 공간에서 식물을 가꾸고 관리하는 참여활동 공간으로 변화하면서, 인간의 몸과 마음을 건강하게 단련시키는 치료정원의 역할과 필요성이 강조되고 있다. 그간의 많은 연구를 바탕으로 질병 치료와 회복에 대한 자연환경의 가치가 더욱 중요하게 인식되고 있다. 치료정원의 기능과 역할은 정신적 · 신체적 장애인뿐만 아니라 비장애인을 포함하여 정신적으로 스트레스를 받고 있는 모든 이들에게 광범위하게 적용되며 그 효과도 다양해지고 있다.

3 치료정원의 목적

과거 원예치료 환경은 주로 실내 치료활동만으로 이루어지는 건축지향적인 성격이 강했다. 일반적으로 건축의 개념은 경관과 휴식적인 환경으로만 생각되었다. 그러나 자연이 사람들에게 미치는 심리적 만족감과 안정성 및 건강 증진 등에 대한 간접적 치유 효과 사례가 알려지면서 외부 자연환경인 치료정원에 대한 설계 연구가 증가하고 있다. 치료정원의 목적은 육체적 움직임과 운동 촉진, 절제력 증대 및 사회적 지지 등을 증대시켜 궁극적으로 신체적, 정신적, 사회적으로 정상적인 생활을 할 수 있도록 돕는 것이며, 미국원예치료협회에서 정한 세부적인 내용은 다음과 같다.

표 10-1 | 공간에 따른 치료정원의 목적 (Simson, 1998)

공간	목적
치료의 공간	정원에서 지면이나 용기재배 등의 치료프로그램을 실시할 때 공간의 혜택을 통한 원예치료 활동을 극대화할 수 있다.
소통의 공간	정원에서 마주하게 되는 사람들과의 관계를 통해 자신감을 얻게 되며 새로운 기술과 타인에 대한 이해를 배우게 된다.
회복의 공간	정원이 주는 특성인 휴식과 질병회복 및 즐기는 공간으로 활용된다.
미적인 공간	미학적인 공간으로 계획되어 이용자들에게 쾌적한 공간을 제공한다.

4 치료정원의 적용방법

치료정원에서 원예치료 활동을 적용하는 방법은 크게 주체적 치료와 객체적 치료로 구분할 수 있다. 그중 주체적 치료는 대상자가 직접 원예활동에 참여하는 것을 의미하는 능동적 참여방법으로 크게 식물의 재배 프로그램과 식물의 이용 프로그램으로 나눌 수 있다.

수동적 관찰방법은 다른 사람에 의해서 돌보아진 정원, 식물원 등의 경관, 실내정원과 환경 등을 이용하는 것으로 정원에 식재된 식물들을 인식하거나 주거환경 내에 식물을 배치하여 녹색을 보고 느끼고 형상화하는 등 식물에 대한 자연스러운 인식 자체가 치료 효과를 나타내는 것이다.

식물을 단순히 쳐다보는 것만으로도 뇌파 중 델타파가 현격하게 감소하고 알파파가 증가한다는 결과가 확인되면서 이러한 방법은 보다 편안함을 느끼면서도 사고력과 집중력을 높여준다는 것을 의미한다.

한편, 객체적 치료 효과는 식물 자체가 주위 환경에 미치는 영향을 통하여 치료 효과를 얻는 것을 의미하는데, 인간의 직간접적인 관계없이 식물체가 주거환경에 영향을 끼쳐 치료 효과를 거두는 것이다. 정원 주변에 다량의 음이온과 휘발성 살균물질을 방출하거나 실내정원의 경우 실내공기를 정화시키고, 겨울철에는 실내의 상대습도를 높여주는 역할을 하여 환경의 질을 개선시키며 심신의 안정과 치료에 영향을 미친다.

표 10-2 | 치료정원의 참여방법 (차, 2012)

<table>
<tr><th colspan="2">구분</th><th>내용</th></tr>
<tr><td rowspan="2">주체적 치료</td><td>능동적 방법[참여방법]</td><td>치료 대상자가 직접 원예활동에 참여하는 것</td></tr>
<tr><td>수동적 방법[관찰방법]</td><td>다른 사람에 의해서 돌보아진 잘 가꾸어진 경관 즉, 정원이나 식물원, 실내환경[실내정원] 등을 이용하는 방법</td></tr>
<tr><td colspan="2">객체적 치료</td><td>식물 자체가 주위환경에 미치는 영향을 통하여 인간이 치료 효과를 얻는 것[공기정화, 음이온 방출 및 심신의 안정 등]</td></tr>
</table>

5 치료정원의 도입장소

치료정원의 도입이 가능한 장소에는 대상자의 유형에 따라 질병, 장애, 심신의 기능을 고려하여 적합한 시설 및 도구 등을 갖추어 조성하고 효율적으로 활용할 수 있어야 한다. 즉, 장소, 대상자, 사물 및 활동시스템을 고려하여 유지관리와 접근성에 중점을 둔 특수화된 장소이어야 하고, 장소는 크게 실내와 실외로 나눌 수 있으며 적용 가능 장소는 다음과 같다.

표 10-3 | 치료정원의 적용이 가능한 장소 (손 外, 2002)

장소	활동내용	장소 구분
식물원 및 수목원(국 · 공립, 지방, 민간 식물원 · 수목원)	관람 혹은 참여	실외 · 실내(온실)
도시공원(어린이공원, 근린공원, 도시자연공원, 묘지공원, 체육공원, 쌈지공원)	산보, 관람, 레크리에이션, 운동, 식물행사 참여 등의 활동	실외
교육기관(유치원, 초등학교, 중고등학교, 대학교)	학교정원, 원예치료실, 학습장, 실습농장 및 온실 등 자연과의 접촉을 통한 학습	실내 · 외
주택정원	정원 및 텃밭 가꾸기	실외
주거공간	관찰 및 참여	실내
옥상정원	관람 및 참여	실외
산림욕장	관람 또는 참여	실외
관광농원 및 주말농장	관찰 및 노동 참여	실외
상업공간(레스토랑, 백화점, 호텔, 은행 등) 및 업무공간(병원, 요양원, 재활원, 교도소, 사무실, 공항, 관공서 등)	관찰, 휴식 및 즐김	실내 · 외

6 치료정원의 특성

치료정원은 공간의 주된 특성인 정원 환경 내 식물 및 시설물을 이용하여 신체적, 정신적 질병 등의 개선을 위한 치유의 수단이나 과정으로 사용되는 공간이다. 즉, 자연과 접하며 식물과의 상호작용을 극대화하여 정원에서의 능동적인 원예활동을 통하여 치료효과를 증대시킬 수 있는 장소이다. 이러한 치료정원은 이용자의 특성과 요구 및 이용 목적에 대한 원예활동 프로그램의 세분화와 그에 따른 디자인 설계가 계획되어야 하며, 이러한 정원 환경의 자연요소와 상호작용을 통해 이용자들의 정적인 반응을 이끌어낼 수 있도록 해야 한다. 그러나 치료정원의 이용 대상자는 환자나 장애인뿐만이 아니라 보호자 및 가족, 운영자, 방문객을 포함하고 있기에 수동적 및 능동적 치료활동이 가능해야 할 뿐만 아니라, 식물과 사람들 간의 상호작용이 일어날 수 있도록 이용자의 접근성도 고려해야 한다. 즉, 연령, 배경, 능력에 상관없이 효과적이고 유익한 종합적인 디자인 원리가 적용되어야 한다.

결과적으로 쾌적성과 심미성을 강조하는 일반정원과는 달리 이용자의 특성에 대한 이해와 배려가 필수적으로 이루어져야 하며, 궁극적으로는 원예치료의 정확한 목적과 목표를 지원받을 수 있는 공간으로 조성되어야 한다. 따라서 치료정원은 모든 이용자에게 즐겁고 유용한 공간이 되기 위하여 다음과 같은 특성을 갖추어야 한다.

표 10-4 | 치료정원의 특성 (윤, 2012)

특성	내용
접근성	치료정원은 이용자의 접근성을 고려하여 본질적으로 개선 및 조절된 정원이다. 즉, 정원에서 식물과 다양한 요소들을 통하여 이용자들이 긍정적인 상호작용을 경험할 수 있어야 하며, 능력과 무능력에 개의치 않는 정원활동을 약속할 수 있는 장소로서의 특징을 지닌다.
지속성	정원에서 치료와 원예활동이 지속적으로 유지될 수 있도록 계획되어야 한다.
쾌적성	치료정원은 주변이 깨끗하게 잘 정돈되어 있어야 하며, 환자와 방문객들을 위한 공간도 잘 정리되어 있어야 한다.
사회성	치료정원 내에는 다양하고 풍부한 식물이 존재하고, 사람들과도 사회적 상호작용을 할 수 있는 공간이 있어야 한다.
안정성	치료정원은 안전하고 지원적인 환경이어야 한다. 치료정원에서 식물들과 장소, 시설물들은 항상 안전하게 유지관리 되어야 하고 이용자의 복지, 방문자 그리고 직원들을 위해 위험요소는 제거되어야 한다.
종합성	치료정원의 계획과 조성에는 종합적인 유니버셜 디자인 원리가 적용되어야 한다. 치료정원은 장애인과 비장애인 모두에게 유용하고 즐거운 곳이어야 한다.
차별성	치료정원은 주변 환경으로부터 쉽게 구분되는 독특함을 지닌 장소이어야 한다.

7 유니버셜 디자인의 개념과 원리

치료정원은 이용자의 효과적인 회복과 쾌적성을 제공하여 치료 효과를 극대화하며, 심신의 치료가 필요한 이용자와 일반 이용자 모두에게 유용하고 즐거운 공간이어야 하므로 종합적인 디자인의 원리가 적용되어야 한다.

유니버셜 디자인universal design은 전 생애를 통하여 장애를 가진 사람뿐만 아니라 모든 사람들에게 안전하고 기능적이며 편리한 환경을 제공하려고 하는 원리를 가지고 있다. 단순히 좋은 디자인good design의 의미가 아닌 보다 폭넓은 의미에서 모든 사람을 위한 디자인 즉, 모든 연령과 다양한 능력을 가진 사람이 사용할 수 있도록 상품과 공간을 디자인하는 것이다. 치료정원의 계획원리는 모든 대상자를 배려한 유니버셜 디자인 원리가 기본으로 적용되며, 그 내용은 다음과 같다.

표 10-5 | 치료정원의 유니버셜 디자인 원리 (정, 2018)

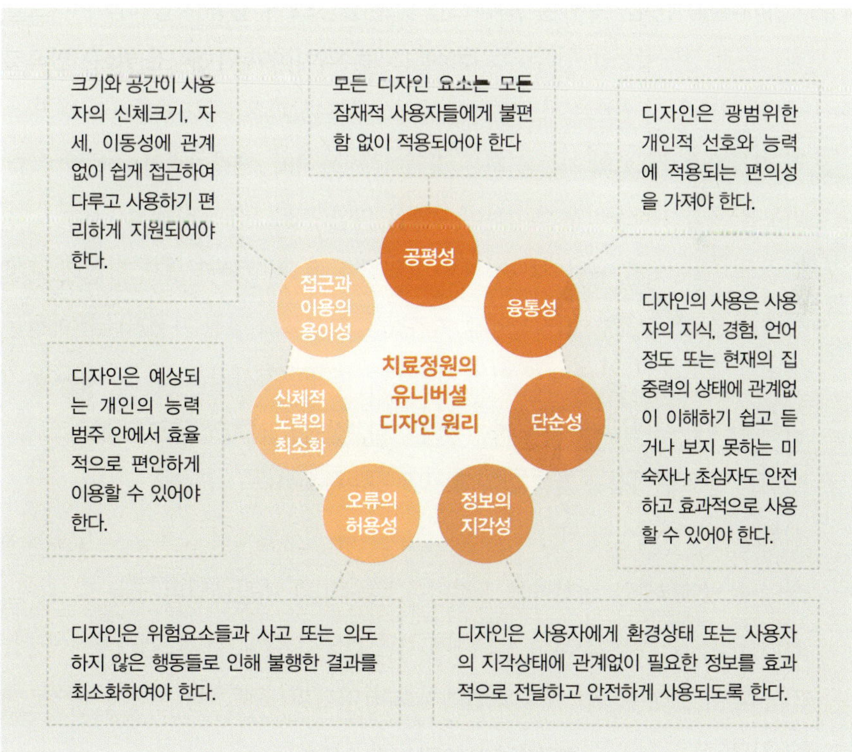

8 치료정원의 유형과 기능

치료정원은 이용자의 특성, 장애 형태, 적용 장소에 따라서 5가지 유형으로 나눌 수 있는데, 그 유형은 감각자극 치료정원, 재활 치료정원, 청소년과 장애아동을 위한 치료정원, 고령자 및 장애인을 위한 치료정원, 실험정원 등이다.

감각자극 치료정원은 한 가지 이상의 감각기관에 장애가 있는 환자에게 5감각(촉각, 미각, 후각, 시각, 청각)을 이용한 즉, 모든 기능의 자극을 사용하여 감각을 촉진시키며 기능회복에 기여할 수 있도록 고안된 정원이다. 이는 향기, 모양, 소리 등을 정보전달 수단으로 하여 식물 및 정원을 즐기는 치료정원으로 특히 시각장애를 가진 사람이 향기로 식물을 식별하고, 손으로 식물을 만져 봄으로써 식물의 다양한 질감이나 형태를 식별하며 즐길 수 있는 기능을 가진 정원이다.

재활 치료정원은 신체적, 정신적 결함과 손상이 있는 환자의 운동기능을 회복시켜 주며, 중독환자의 사회 복귀를 도모할 수 있도록 조성된 정원으로 운동치료 훈련과 원예치료를 통해 운동기능의 회복을 지원하는 기능의 정원이다.

청소년과 장애아동을 위한 치료정원은 모든 아이들이 안전하게 놀 수 있고 신체운동 및 지각을 자극하는 치료정원인 동시에 사회성과 체력을 증진시킬 수 있는 다목적 환경학습장으로의 기능을 하는 정원이다. 놀이터, 체력단련장, 원예학습장, 지각기능을 자극하는 공간을 조성하여 교정을 위한 프로그램과 함께 활용하기도 한다.

고령자 · 장애인을 위한 치료정원은 고령화 혹은 사고와 질병으로 인해 예전과 같은 활동을 할 수 없는 사람들에게 여가활동 중심으로 정원 가꾸기나 원예활동 등의 기회를 제공하고, 삶에 보람 있는 사업이나 사회공헌 사업으로 마을 혹은 녹지 만들기에 참여할 수 있는 기능을 하는 정원이다. 정원을 사회적 통로로 이용하며 거동이 어려운 만큼 안정성을 갖춘 활동의 공간으로 활용한다.

실험정원은 장애인의 치료를 목적으로 하거나 실생활에서 응용할 수 있도록 정원조성이나 원예활동을 실천하는 공간이다. 장애인과 비장애인의 교류 및 원예치료에 관심을 높이는 장소로 모든 사람에게 접근 가능한 감상, 휴게, 레크리에이션을 위한 기능을 가진 정원으로 동시에 원예치료사 양성과 프로그램 실천의 장으로 활용할 수 있다.

표 10-6 | 정원의 유형 (정, 2018)

분류	목적
감각자극 치료정원	• 오감을 촉진시켜 감각기능 회복
재활 치료정원	• 신체적 손상환자의 운동기능 회복 • 사회복귀를 위한 재활치료
청소년 · 장애아를 위한 치료정원	• 사회교육, 체력증진 환경학습의 장 • 체력단련장, 원예학습장, 지각기능 자극 및 모든 아이들과 교류하는 다목적 정원 제공 • 교정을 위한 프로그램 적용
고령자 · 장애인을 위한 치료정원	• 원예활동을 통한 여가활동 • 사회공헌 사업으로 연계한 사회참여 기회 부여
실험정원	• 장애인치료, 직업훈련, 원예기술 습득 • 장애인과 비장애인의 교류 가능 • 모든 사람이 쉽게 접근할 수 있는 정원 만들기를 제안하는 정원

감각자극 치료정원 시카고 식물원

감각자극 치료정원 시카고 식물원

재활 치료정원 미국 미네소타

고령자 · 장애인을 위한 치료정원 베를린

그림 10-3 | 치료정원의 유형

표 10-7 | 치료정원의 유형에 따른 이용자 특성 및 장애 형태 (손 外, 2006)

치료정원의 유형과 기능 특성		실험정원	감각자극 치료정원	재활치료 정원	고령자 · 장애인을 위한 치료 정원	청소년 · 장애아동을 위한 정원
이용자 특성과 장애형태	지적장애[정신지체]	○				○
	지체부자유	○		○	○	○
	시각장애	○	○		○	○
	청각장애	○			○	○
	언어장애	○			○	○
	내부장애	○		○		○
	정신장애	○				○
	고령에 의한 운동기능장애	○		○	○	
	회복 가능한 운동기능장애	○		○		
	기타 심신장애	○	○	○	○	○

3 치료정원의 계획 및 설계

치료정원의 계획과 설계는 여러 가지 요인을 복합적으로 고려해야 하는 등 매우 복잡하나 간단하게 언급하면 다음 순서에 따라서 진행하는 것이 좋다.

1 치료정원의 조성과정

치료정원의 완성과정을 단계적으로 기획, 계획, 설계, 시공, 관리로 나누어서 구분할 수 있다.

1) 기획

치료정원을 조성할 위치를 먼저 결정하고 장소가 결정되면 정원의 목적, 성격, 역할, 사업비, 건설 일정에 대해서 전문가 집단이 모여서 자세히 검토한다. 정원은 원예치료 프로그램을 실천하기 위한 장소이므로 착공하기 전에 프로그램을 고려하여 정원의 필요 요소를 충분히 검토하여야 한다.

2) 계획

계획은 기획 단계에서 제안된 내용이 치료 목적에 맞게 효과적으로 잘 반영되도록 건설부지의 구분, 규모 등을 종합적으로 검토하여 전체적인 이미지, 기본적인 골격, 시설내용 등을 결정한다.

3) 설계

설계는 계획을 시공으로 연결하는 과정으로 치료 목적 달성이 가능한 범위 내에서 최대한 디자인을 잘하는 것이 중요하다. 디자인 과정에서는 공간 규모, 치료 및 휴식공간의 배치, 이용의 편리함, 미관적인 면, 안전성 등이 합리적으로 잘 연계되도록 설계한다.

4) 시공

설계도에 따라 실제로 정원을 만드는 과정으로 전문조경가가 시공 및 감리를 철저히 하여 설계도에 따라 정원이 만들어졌는지 확인하는 것이 필요하다. 특히 장애인, 어린이정원에서는 안전성이 매우 중요하므로 이점을 고려하여 감리가 이루어져야 한다. 외국에서는 치유공간 건설에 자원봉사자가 참여하기도 한다.

5) 관리

정원의 관리 목적은 올바른 손질과 양호한 상태의 유지에 있는데, 특히 식재한 식물은 건축물이나 토목구조물과 달리 생물로서의 특수성이 있고 끊임없이 성장, 변화하기 때문이다. 식물을 잘 유지하고 기르는 것은 정원관리의 가장 중요한 점이며 정원의 평가에도 큰 영향을 미친다. 치료정원은 참여자에게 건전한 식물상을 제공하기 위해 식물이 최적 환경조건에서 생육할 수 있도록 비배관리 등에 세심한 관리가 필요하다.

2 치료정원의 설계 시 고려사항

치료정원에 조성되는 시설물들은 이용자의 특성과 요구사항이 적극적으로 반영되어야 한다. 또한 정원환경 내 식물과의 상호작용은 정원을 이용하는 환자, 의료진, 방문객들 모두에게 긍정적인 반응과 감성을 이끌어 내어 신체적 · 정신적 증상으로부터의 회복 능력을 증진시킬 수 있도록 해야 한다.

또한 정원의 디자인은 이용자인 어린이, 노약자, 환자, 장애인 등의 취약계층에게 가장 안전하고 긍정적인 경험을 제공하기 위해 유니버설 디자인의 원칙이 기본으로 준수되어야 한다.

1) 부지계획 및 현장조사

정원은 태양의 방향을 고려하여 가능한 한 1년 내내 햇빛이 잘 들고, 평지이며 겨울철 바람에 직접 노출되지 않는 곳에 조성한다. 공간 내에 있는 기존 자연요소는 가능하면 보전한다. 대상지로서의 접근성, 주변 환경 파악, 부지 이용 현황 등은 현장에 가서 직접 조사한다.

2) 공간배치

정원은 시설물 내 병원, 교실, 요양소 등에서 바라보이는 곳이나 휴식공간 근처, 놀이공간, 간이식당 근처 및 편의시설 등의 공공 공간 및 시설에서 가깝게 보이는 곳에 배치한다.

3) 접근성 및 이용성

장애유형에 따른 공간상의 요구를 고려하여

---

① 장애인과 휠체어를 탄 이용자의 동선을 위해서 50m마다 1.5m×1.5m 이상 교행할 수 있는 포장된 통로가 필요하다「장애인·노인·임산부 등의 편의증진 보장에 관한 법률 시행규칙」 참고. 통로 주변에는 앉은 위치에서 식물을 체험할 수 있는 공간을 구성하고, 보행을 위한 난간을 만들며, 적절한 장소에 휴식공간을 설치한다. 가급적이면 계단보다는 램프나 리프트를 만든다.

② 감각기관에 손상을 입은 환자나 보행기를 이용하는 어린이의 접근성 등 고려하여 계획한다.

③ 모든 주요 통행로의 바닥 포장은 접근성과 안정성을 고려하여 평평하게 마감 처리하며, 공동작업 및 휴게공간으로도 이용할 수 있도록 한다.

④ 유지, 수리 및 보수에 필요한 중장비의 접근도 고려하여 계획한다.

---

4) 이용자별 공간 영역성

장애인, 아동, 청소년, 부모, 의료관계 직원, 방문객 등 이용자층의 요구를 파악하여 공간을 구획하거나 이들을 서로 연결시켜 줄 수 있는 공간을 계획하여 가능하면 다양한 유형의 대상자를 고려한다. 또한 조용히 쉬면서 개인의 프라이버시를 보호받을 수 있는 독립적인 공간을 제공한다.

5) 사회성

환자와 보호자, 직원, 어린이와 부모, 장애인과 일반인이 함께 이용할 수 있는 교류의 장을 마련한다. 특별한 행사 및 오락을 행할 수 있는 공간을 조성하며, 벤치는 휴식과 사람을 사귈 수 있는 공간이 되도록 한다.

6) 다양한 자연환경과의 상호작용

감각기관 및 오감을 자극할 수 있는 요소인 식물, 동물, 물 등의 자연환경을 활용하여 적극적으로 자연을 체험할 수 있는 공간을 계획한다. 자연요소를 활용하여 이용자 스스로가 식재와 수확 등의 경험을 할 수 있도록 하며, 계절의 변화에 따른 다채롭고 아름다운 자연경관을 볼 수 있도록 계획한다.

예) 새가 있는 곳, 보도에서 잘 보이는 경관수, 조각이 있는 휴식 장소, 피크닉 장소 등을 동선과 계절을 고려하여 조성하고 배치

7) 지속적인 유지관리

치료정원 내의 시설과 식물들을 잘 관리하기 위한 유지, 보수에 필요한 인력과 비용을 고려하여 정원계획을 수립한다. 이러한 유지관리를 통해 정원 내 손상된 요소로부터 이용자의 안전을 보호받아야 한다.

3 치료정원 경관요소

1) 출입구

모든 문이나 출입구는 휠체어나 보행보조기구가 어려움 없이 통과할 수 있도록 충

분히 넓어야 하고, 문은 쉽게 밀기 위해 충분히 가벼워야 한다. 출입구의 너비는 보행보조기구 사용 시 최소 0.9m~1.2m 이상 고려하여 계획하고, 바닥면에는 문턱이나 높이 차이를 두지 않도록 한다「장애인·노인·임산부 등의 편의증진 보장에 관한 법률 시행규칙」 참고. 또한 장애인 등에게 지장이 없는 출입구를 적어도 한 곳 이상 설치하도록 한다.

2) 바닥포장

바닥은 단단하고 수평이며 마찰에 강하고 미끄러지지 않는 재질의 포장을 선택해야 한다. 콘크리트나 벽돌과 같이 소음이 발생하고 쉽게 들어 올려지는 포장은 지양한다. 보행 시 소음이 적게 발생하고 햇빛의 반사 및 복사가 적은 포장을 선택하면 좁은 시야장애로 인해 불편함을 겪는 이용 대상자들에게 도움을 줄 수 있다. 정원의 면적이 넓을 경우 마감이 명확한 색채나 질감의 포장으로 공간을 구분해야 한다.

3) 보행통로

휠체어 이용자들을 포함한 모두의 안전을 위해 위험물이나 정원활동에 저해되는 요소들을 제거해서 부딪치는 것 없이 계속적으로 걸을 수 있도록 해야 한다. 주 보행통로에서는 두 대의 휠체어가 쉽게 통과할 수 있도록 50m마다 1.5m×1.5m 이상의 교행구역을 설치하여야 한다「장애인·노인·임산부 등의 편의증진 보장에 관한 법률 시행규칙」 참고. 보행통로 주변은 흥미로운 요소를 도입해서 산책을 유도하고, 제한된 활동 영역으로 인해 운동량 증가를 가져올 수 있도록 한다. 또한 기억력 감소 및 방향감각의 상실을 고려하여 루프 모양의 보행통로를 계획하고, 점 또는 선과 무늬를 사용하면 이동할 때 방향성을 부여할 수 있다. 관수 시 배수를 위해 배수 구멍이 있는 포장을 선택한다.

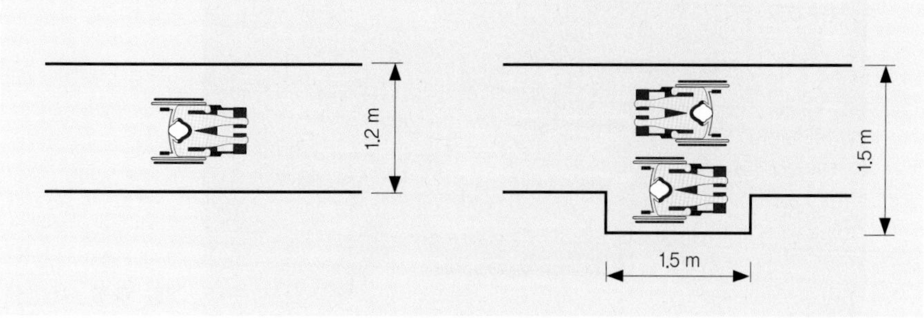

그림 10-4 | 휠체어의 통행 폭

4) 계단, 경사로 및 난간

계단은 보행에 큰 부담이 되고 넘어짐 등의 위험이 높은 장소이므로 안전을 확보하고 부담을 경감하도록 배려할 필요가 있다. 디딤판의 마무리는 평탄하고 미끄러지지 않는 재료로 양쪽에는 난간을 설치한다.

경사로는 계단보다 넘어짐이나 계단의 높이 차이 즉, 단차[段差]로 인해 떨어질 위험성을 감소시키며, 가능한 완만할수록 좋다. 경사로의 유효 폭은 1.2m 이상이어야 하고, 기울기는 진행 방향으로 1/12[8.3%] 이하로 한다[「장애인·노인·임산부 등의 편의증진 보장에 관한 법률 시행규칙」 참고]. 경사로 측면에는 떨어짐을 방지하기 위해서 난간을 설치하거나 높이 5㎝ 이상의 경계석을 붙여서 휠체어의 벗어남[탈륜]을 방지하도록 하고, 난간은 오른손잡이와 왼손잡이를 위해 양쪽에 설치한다.

5) 의자 및 벤치

의자의 소재나 재질 등은 가볍고 위험요소가 없는 것으로 선택하고, 이동성이 있으며, 디자인은 연령과 신체, 건강 정도 등을 고려하여 크기를 결정한다. 또한 편안함을 줄 수 있는 디자인을 고려하여 휴식 및 안락감을 줄 수 있도록 한다.

벤치의 경우 대상자와 스탭, 대상자와 대상자 간의 언어적 교류를 높이기 위해 L자 타입이 적합하다. 대상자들뿐만 아니라 스탭과 자원봉사자 등에 대한 착석 공간을 마련하는 것도 중요하다.

그림 10-5 | 재활병원의 벤치와 높임화단[베를린]

6) 용기화단

① 높임화단 raised bed

높임화단이란 지표면에 비해 높이를 높인 화단을 의미하는 것으로 체력이 부족한 환자나 보행보조기구를 사용하는 장애인 및 정신장애인의 신체적 접근을 용이하게 만든 화단이다. 정원에서 몸을 굽히지 않고도 이용 및 활동할 수 있으며 나무, 시멘트, 벽돌 등 다양한 형태의 재질로 제작할 수 있다.

휠체어 가능 높임화단
(Wikipedia, https://en.wikipedia.org, 2019)

휠체어 가능 높임화단
(Pinterest, www.pinterest.co.kr, 2019)

그림 10-6 | 치료정원의 높임화단

설계 치수는 인간의 관절 운동범위 및 인체공학적 치수에 의해 결정된다. 높임화단은 타원형과 직사각형 등 여러 형태로 다양하게 설치 가능하며, 직사각형의 경우 모서리 부분을 완만한 형태로 제작하여 대상자가 상처를 입지 않도록 한다. 높임화단은 장소에 구애받지 않고 다양한 형태 및 크기로 제작할 수 있어 사용이 편리하다.

표 10-8 | 높임 화단의 표준규격 (Relf, 1994)

구분		휠체어를 이용하는 경우cm	보행보조기구를 이용하는 경우cm	일반인cm
높이		66~82.5	66~82.5	16~33
넓이	한 측면 사용	66	66	66
	양 측면 사용	66~132	132	132
직경원형		99~132	132	132

② 수직화단 vertical bed

수직화단은 대상자가 신체를 굽히는 수고를 덜어주고, 정원활동의 접근성을 강조한다. 이동이 가능한 주머니식으로 제작하여 작업 가능한 위치에 두고 활용하거나 겨울철의 경우 실내로 가져와 보다 편리하게 활용 가능하도록 한다. 정원 면적을 효율적으로 사용할 수 있고 동선의 유도 및 공간을 분할할 수 있는 자연 건축적인 요소로 사용할 수 있다.

③ 공중걸이 화분 hanging basket

공중걸이 화분은 밧줄과 간단한 도르래 설비를 이용하여 화분을 공중에 매달아 접근성을 높인 화분이다. 공중걸이의 높이는 조절이 가능하도록 하고, 소재는 정신장애인의 경우 안전성을 위해 가벼운 플라스틱이나 나무 등을 사용하는 것이 좋다. 또한 인공토양을 이용하여 화분의 무게를 가볍게 하는 것이 중요하다.

7) 초점경관

초점경관은 정원을 이용하는 장애인들에게 보다 쉬운 길 찾기와 방향을 제공한다. 정원 내 산책로를 따라 시각적 자극을 유도하고, 공간 지향성을 도와줄 수 있는 랜드마크 요소를 설치하여 정원 내에서 길을 찾지 못하고 배회하는 환자 및 이용자들이 안전하고 자연스럽게 되돌아올 수 있도록 계획한다. 안내판으로 설치할 경우 문자의 크기, 색의 대비를 고려하여 잘 보이는 곳의 눈높이 위치에 배치한다.

8) 식물

치료정원에서 가장 큰 치유적 특성은 끊임없이 변화하는 자연을 통해 오감을 효과적으로 자극할 수 있다는 점이다. 치료정원 내 주요 요소인 식물은 이용자의 흥미를 끌 수 있는 것이어야 한다. 독성이나 날카로운 가시가 있어 이용자에게 위험한 식물을 제외하고 다용도로 이용 가능한 식물로서 계절감을 느끼게 하는 초화류나 채소류 또는 이용자의 건강에 도움이 되는 약초, 특별한 향이나 색깔, 질감을 가진 허브식물과 열매를 맺는 식물 등 다양한 식물을 선정하도록 한다.

그림 10-7 | 정신병원의 연못[베를린]

9) 자연적 요소

풍경, 종소리, 물소리, 새소리 등 자연적인 요소의 도입은 감성을 자극하여 원예활동의 치료 효과를 더욱 높일 수 있다. 특히 물 요소는 효과적인 시청각적 요소로 심리적 안정과 자연의 생동감을 준다. 연못이나 분수대를 설치할 경우 안정성을 고려하여 깊이를 얕게 설치하여야 한다.

10) 인위적 요소

첨단기술이 발달함에 따라 치료정원 내 조명, 오디오, 시스템, 향기 등을 첨가하여 예술성이 강조된 공간을 계획할 수도 있다. 낮과 밤 및 계절에 따라 다른 조명을 설치하여 분위기를 바꿀 수 있으며, 원예치료와 더불어 음악치료 및 향기치료까지 적용할 수 있다.

XI

도시농업

도시농업은 '도시'와 '농업'의 합성어이다. 최근 생활수준이 향상되면서 도시의 다양한 생활공간을 활용하여 여가와 휴식을 즐기기 위한 텃밭, 농장이 확대되고 있다. 도시농업은 도시민의 여가와 휴식뿐만 아니라 경제, 사회적 유익을 얻고 신체, 정신적 건강 회복과 치유를 통해 도시민의 생활환경과 삶의 질을 향상시킨다. 이 장에서는 원예치료사[복지원예사]가 알아야 할 도시농업의 기본개념과 현황, 가치와 효과에 대하여 설명하고자 하였다.

1 도시농업의 정의

1 도시농업 都市農業, urban agriculture의 정의

도시농업은 '도시'와 '농업'의 합성어로 어원적으로는 도시의 다양한 생활공간에서 도시민이 농사를 짓는 행위 또는 토지를 이용하여 농작물을 재배하거나 유용한 동물을 먹이는 유기적 생산업이라 할 수 있다.

도시농업은 문헌에 따라 학문적으로 다양하게 정의하고 시대의 변천에 따라 계속해서 그 개념과 유형이 새롭게 정의된다. 업으로 하는 농촌농업(農村農業, rural agriculture)과는 구별되며, 도시농업은 자연친화적인 도시환경을 조성하고 도시민의 농업에 대한 이해를 높여 도시와 농촌이 함께 발전하는 데 이바지함을 목적으로 한다.

도시농업의 법률적 정의는 도시지역에 있는 토지, 건축물 또는 다양한 생활공간을 활용하여 농작물을 경작 또는 재배하는 행위, 수목 또는 화초를 재배하는 행위, 양봉을 포함하여 곤충을 사육하는 행위를 말한다. 우리나라 「도시농업의 육성 및 지원에 관한 법률」은 정부가 2010년 '도시농업 활성화 전국협의회'를 구성함과 동시에 관련 법률 제정을 위한 사전 준비 작업을 시작하여 2011년 11월 제정, 2012년 5월에 시행하여 도시농업 활성화를 위한 지원 근거를 마련하였다.

참고) 도시농업의 육성 및 지원에 관한 법률[약칭 : 도시농업법]

제2조[정의]

1. "도시농업"이란 도시지역에 있는 토지, 건축물 또는 다양한 생활공간을 활용한 다음 각 목의 어느 하나에 해당하는 행위로서 대통령령으로 정하는 행위를 말한다.
   가. 농작물을 경작 또는 재배하는 행위
   나. 수목 또는 화초를 재배하는 행위
   다. 「곤충산업의 육성 및 지원에 관한 법률」 제2조제1호의 곤충을 사육(양봉을 포함한다)하는 행위
2. "도시지역"이란 「국토의 계획 및 이용에 관한 법률」 제6조에 따른 도시지역 및 관리지역 중 대통령령으로 정하는 지역을 말한다.
3. "도시농업인"이란 도시농업을 직접 하는 사람 또는 도시농업에 관련되는 일을 하는 사람을 말한다.
4. "도시농업관리사"란 도시민의 도시농업에 대한 이해를 높일 수 있도록 도시농업 관련 해설, 교육, 지도 및 기술보급을 하는 사람으로서 제11조의2제1항에 따라 도시농업관리사 자격을 취득한 사람을 말한다.

법률 제11096호 제정 2011. 11. 22. 시행 2012. 5. 23.
법률 제14650호, 2017. 3. 21. 일부개정

표 11-1 | 도시농업의 정의 (이, 2017)

구분	도시농업의 정의		
어원적 의미	도시의 다양한 공간에서 도시민이 농사를 짓는 행위 또는 토지를 이용하여 유용한 식물을 재배하거나 유용한 동물을 먹이는 유기적 생산업		
	연도	**문헌**	**도시농업의 정의**
문헌적 의미	2002	김종덕[한국농촌사회학회]	도시의 공터, 베란다, 뒤뜰, 옥상 등에서 영농 행위가 이루어지는 것
	2005	이창우[서울시정연구]	도시행정구역 내에서 이루어지는 모든 농업활동. 텃밭 경작, 공한지 무단점유 농업, 상업적, 취미농업으로 구분
	2006	오대민 · 최영애[도시농업]	도시민이 도시의 다양한 공간을 이용하여 식물을 재배하고, 동물을 기르는 과정과 생산물을 활용하는 농업활동
	2008	박용범 외[한국유기농업학회]	주말농장, 체험학습장 등 일상생활 가까이에서 이루어지는 농업. 규모, 목적, 공간, 활동내용, 토지사용, 활동주체에 따라 다양함

문헌적 의미*	2009	장동헌[산업경제연구]	도시문제 해결을 위해 농업의 다원적 기능을 최대한 확충해 나가는 농업 도시민은 농업을 활용한 취미 및 생활농업의 형태를 띠는 농업
	2010	김진환[한국농어촌공사]	도시민이 도시 내에서 취미 및 여가활동을 목적으로 하는 소규모농업, 도시민이 주체가 되어 행하는 농업
		황정임 외[한국지역사회생활과학회]	도시민이 도시 또는 도시 인근에서 생업 이외의 목적으로 농작물을 기르는 행위
	2012	박태호 외[한국조경학회]	도시민 생활농업으로, 친환경농법을 통해 안전한 먹거리를 생산하고, 도시환경을 회복하며, 공동체 의식을 증진하는 지역 활성화 활동
	2014	한주형 [한국도시설계학회]	도심 내 생활농업으로, 도시환경생태계를 보존하고 그린스페이스 확보와 더불어 커뮤니티 활성화 등 다원적 측면의 농업활동
법률적 정의	도시지역에 있는 토지, 건축물 또는 다양한 생활공간을 활용한 농작물을 경작 또는 재배하는 행위로 수목, 화초, 곤충 사육[양봉 포함]하는 행위		

2 도시농업의 유형

도시농업은 법률적으로 주택활용형 도시농업, 근린생활권 도시농업, 도심형 도시농업, 농장 · 공원형 도시농업, 학교교육형 도시농업 등 5가지 유형으로 분류한다. 최근 우리나라 도시농업의 유형별 참여비율은 학교교육형 73.7만 명, 근린생활권형 45.1만 명, 주택활용형 28.9만 명, 농장형 27.6만 명, 도심형 4.5만 명 순으로 학교교육형 도시농업의 참여비율이 가장 높으며, 그 다음 근린생활권형의 참여비율이 높다.

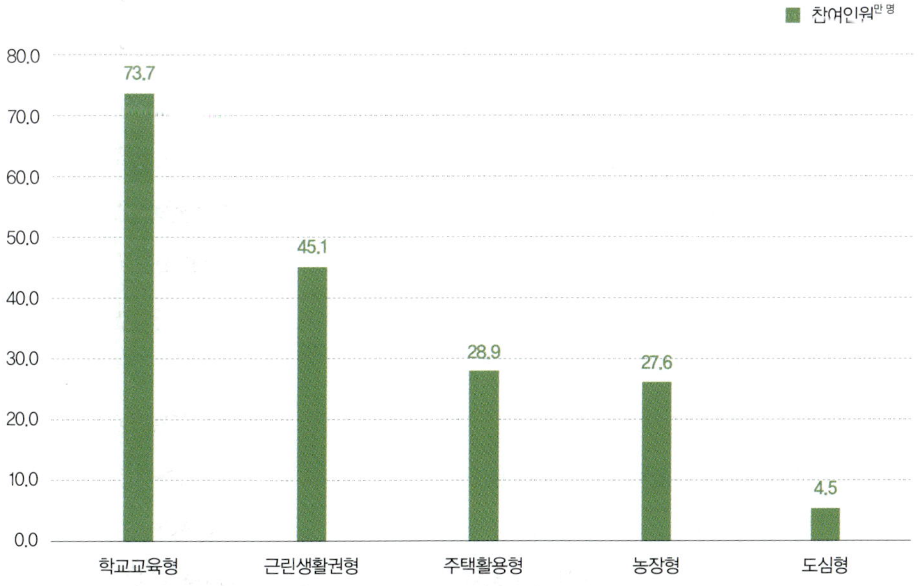

그림 11-1 | 도시농업 유형별 참여비율 (농촌진흥청, 2017)

그림 11-2 | 도시농업 유형 (화성에서 온 빌딩숲 텃밭정원 이야기 2018, 농사로 2019)

표 11-2 | 도시농업의 유형

유형	범위	세부분류
주택활용형	주택 · 공동주택 등 건축물의 내부 · 외부, 난간, 옥상 등을 활용하거나 주택 · 공동주택 등 건축물에 인접한 토지를 활용한 도시농업	주택 · 공동주택 내부텃밭 주택 · 공동주택 외부텃밭 주택 · 공동주택 인접텃밭
근린생활권형	주택 · 공동주택 주변의 근린생활권에 위치한 토지 등을 활용한 도시농업	농장형 주말텃밭 공공목적형 주말텃밭
도심형	도심에 있는 고층 건물의 내부 · 외부, 옥상 등을 활용하거나 도심에 있는 고층 건물에 인접한 토지를 활용한 도시농업	고층건물 내부텃밭 고층건물 외부텃밭 고층건물 인접텃밭
농장 · 공원형	제14조의 공영도시농업농장이나 제17조의 민영도시농업농장 또는 「도시공원 및 녹지 등에 관한 법률」 제2조에 따른 도시공원을 활용한 도시농업	공영도시농업농장 텃밭 민영도시농업농장 텃밭, 도시공원 텃밭
학교교육형	학생들의 학습과 체험을 목적으로 학교의 토지나 건축물 등을 활용한 도시농업	유치원 또는 유아원 텃밭 초 · 중 · 고등학교 텃밭 기타 학교교육형 텃밭

「도시농업의 육성 및 지원에 관한 법률」 제8조(도시농업의 유형)
「도시농업의 육성 및 지원에 관한 법률 시행규칙」 제2조(도시농업의 유형별 세부 분류)

참고) 도시농업의 육성 및 지원에 관한 법률[약칭 : 도시농업법]

제14조[공영도시농업농장의 개설], **제17조**[민영도시농업농장의 개설 등] 일부 요약

공영도시농업농장	민영도시농업농장
농림축산식품부 장관의 승인을 받아 시 · 도지사 또는 시장 · 군수 · 구청장이 개설한 도시농업 농장을 말하며 도시농업의 활성화와 도시농업 공간의 확보를 위하여 도시지역에 위치한 공유지 중 적합한 토지를 선정한다.	국가 또는 지방자치단체가 아닌 자가 개설 운영하는 도시농업농장을 말하며 국가 또는 지방자치단체에 등록하여 농장 개설 및 운영 경비의 전부 또는 일부를 지원받을 수 있다.

3 도시농업의 역사와 현황

도시농업은 선진국을 중심으로 생활수준이 향상되면서 여가와 휴식을 즐기는 공간으로 소규모 도시텃밭, 도시농장city farm 등이 확대되고 있다. 미국의 커뮤니티가든community garden, 일본의 시민농원, 영국 얼로트먼트allotment garden, 독일 클라인가르텐Kleingarten, 러시아 다차Dacha 등이 그러하다. 주요 선진국에서는 도시농업 관련법이 제정되는 등 제도화를 통해 도시농업이 보다 활성화 되는 추세이다. 최근 도시농업은 기존의 생산농업, 체험교육 등 1차적 기능에서 도농교류, 공동체 형성, 정서순화, 기후변화 대응 등 사회, 문화, 환경의 영역으로 확장되고 있다.

도시농업 지원에 관한 법률

- **우리나라** – 도시농업의 육성 및 지원에 관한 법률2012년
- **영국** - 알로트먼트Allotment, 1890년, 30만 개
- **독일** - 클라인가르텐Kleingarten, 1961년, 100만 개
- **일본** -시민농원정비촉진법1990년, 도시농업진흥기본법2015년, 4천 개

1 한국

우리나라는 1990년대 텃밭공동체 형태로 도시농업이 시작되었으며 이후 귀농귀촌 인구의 증가, 도시농업법의 제정 등으로 교육, 여가 · 문화생활 중심의 주말농장, 도시텃밭, 학교텃밭, 베란다텃밭 등으로 활용되고 있다.

표 11-3 | 농촌진흥청 도시농업 관련 인력 양성

연도	교육명	비고
2005~2010	원예치료	연구직 지도공무원 대상
2005~2009	도시민 영농교육	주말농장, 전원영농 등
2007~2010	원예프로그램 지도자	소비자 대상
2010	도시농업	
2010	master gardener	
2013	도시농업	농촌지도공무원 대상

농촌진흥청에서는 도시농업을 지도하고 보급할 수 있는 인력을 양성하여 도시농업의 기반을 강건하게 하면서도 발전을 촉진시키고 있다.

최근에는 도시농업이 몸과 마음을 치유하는 원예치료 요법 등과 함께 힐링 팜, 치유정원, 돌봄농장 등의 형태로 확산되고 있다. 식물재배 경험을 통한 치유 효과를 인정하여 장애인, 재활환자, 사회적 치유가 필요한 사람들에게 적용하고 있으며, 2013년에는 농촌진흥청과 법무부가 공동으로 청소년 수형자를 대상으로 텃밭에서의 치유 프로그램을 운영한 결과가 인정되기도 하였다.

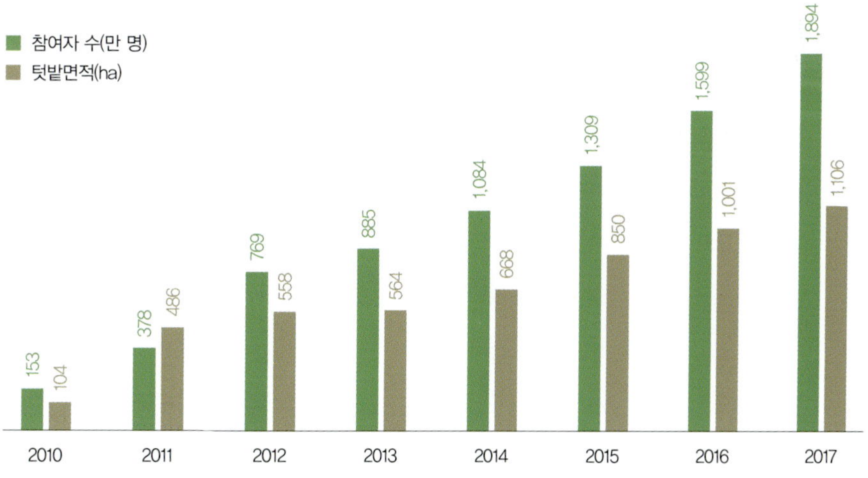

그림 11-3 | 도시농업 참여 현황 (농림축산식품부, 2018)

우리나라의 도시농업은 급격한 사회화로 인한 도시환경의 오염, 농업의 사회적 가치 확산, 노령인구의 증가, 힐링 문화의 정착 등에 따라 급격히 성장해 오고 있다. 농사를 짓는 도시민이 빠르게 증가하고 있는 것이다. 도시농업 참여자 수는 2010년 15만 명에서 2017년 189만 명으로, 도시의 텃밭 면적은 2010년 104ha에서 2017년 1,106ha까지 7년간 10배 이상 증가하였다.

도시농업은 더 이상 도시 내 유휴 공간을 활용하기 위한 텃밭 활동만을 의미하는 것이 아니며, 텃밭 활동을 통한 도시민의 여가 · 문화 생활, 단절된 도시공동체 회복 등의 사회적 기능과 텃밭작물, 식물 재배를 통한 실 · 내외 공기정화 등 환경적 기능, 식생활 교육, 아동 · 청소년의 인성교육, 농업재배 기술의 습득, 도시농업전문가의 양성 등 교육적 기능이 있다. 농산물의 직거래, 체험농장의 활성화, 노인의 소일거리 제공, 귀농귀촌 인구의 증가, 청년농업인의 육성 등 도시농업을 통한 새로운 서비스 산업화를 실천하고 있다. 이러한 도시농업의 순기능은 도시민뿐만 아니라 도시와 농촌의 균형 발전과 국민 전체의 행복과 건강, 삶의 질 향상에 기여한다.

2 일본의 시민농원

일본은 식량의 80%를 수입산으로 대체하는 도쿄를 중심으로 도시농업이 발달하고 있으며, 안전한 먹거리 자급과 은퇴한 고령 농업인, 기업을 연계하는 사업들이 함께 진행되고 있다. 그중 인재파견 서비스를 제공하는 Pasona社는 건물의 실내 곳곳에 인공조명을 이용하여, 100가지 이상의 농작물을 생산하고, 건물 외벽에도 식물이 자랄 수 있도록 하여 여기서 재배한 채소로 샐러드를 제공하고, 일 년에 3모작이 가능할 정도이며, 재취업을 원하는 중년층에게 교육과 취업의 기회를 제공하고 있다.

일본의 도시농업은 크게 도시에서의 농업생산 형태와 여가형 시민농원 형태의 두 가지로 볼 수 있다. 1990년에는 '도시 주민의 레크레이션을 위한 시민농원을 적절하게 정비하여, 건강하고 여유 있는 생활을 도모하고 양호한 도시환경 형성과 농촌지역에 이바지함'을 목적으로 「시민농원정비촉진법」을 제정하였다. 이 법에 의하면 행정구역 안의 시민농원을 정비할 필요가 있을 때 정비 기본방향, 시설 설치, 이용조

그림 11-4 | 일본의 시민농원

그림 11-5 | 일본 Pasona社 빌딩 내의 식물재배

건 등을 담은 시민농원 정비 기본 방침을 수립하여야 한다. 시민농원 내에 농지 외 휴식시설을 포함할 수 있도록 하는 등의 법적 근거를 마련하여 도시민이 시민농원을 효율적으로 관리하도록 했다. 일본의 시민농원은 토지보전, 고용, 교류, 보건휴양, 교육, 녹지조성 등의 기능을 담당한다. 최근에는 일일형 체재형을 기본으로 농업체험형, 원예요법을 목적으로 한 농원이 증가 추세이다.

3 유럽

1) 독일의 클라인가르텐 Kleingarten

클라인가르텐은 독일어로 작은[klein] 정원[garten]이란 뜻으로, 도시농업의 선도적인 역할을 한 독일의 도시농장이다. 최소 120m^2, 최대 650m^{2}의 비상업적으로 이용하고 휴식을 제공하는 정원을 말한다. 제1차 세계대전 패전 후 식량이 부족한 바이마르 정부가 서민들에게 저렴한 가격으로 클라인가르텐을 임대하면서 독일의 도시농업이 시작되었다. 클라인가르텐은 '분구원[소정원]'이라는 뜻으로 사용되고, 이 제도의 제창자 이름을 따서 슈레버가르텐[Schrebergarten]이라고도 한다. 버려진 공유지를 적극 활용하는 독일의 도시농업은 지역사회의 중요성을 인식시키고, 다양한 문화를 포용하고 이해를 높이는 역할을 하였다.

클라인가르텐은 19개 주에 15,200개 협회가 있으며, 회원은 120만 명 정도이다. 도시의 공용녹지를 구획하고 정원으로 조성하여 도시민 휴식, 자연환경 개선, 농산물 공급 등의 기능을 담당하고 있다. 왕자의 정원[Prinzessinnen garten]은 50년 넘게 유휴지였으나 2009년 100명의 자원봉사자들에 의해 베를린의 대표 농장으로 변신하기도 하였다. 클라인가르텐은 도시에서 보다 나은 삶의 질 향상을 제공하고 소음 저감, 먼지 제거, 밀집한 건축공간의 완화, 가족의 여가시간 활용, 비오톱[biotope]과 생물종 보호 등 사회적 기능을 갖는다.

2) 영국의 알로트먼트 Allotment

영국의 도시농업을 일컫는 Allotment는 작물재배를 목적으로 개인에게 임대해주는 토지를 말한다. 규정된 크기는 없으나 일반적으로 10로드[약 253㎡]를 기본으로 한다. 100년이 넘는 역사를 자랑하는 영국의 도시농업은 현재 가장 성공적인 예와 최첨단 모델을 동시에 살펴볼 수 있는 나라이다. 2008년 도시농장에서 재배한 농산물을 주변 어려운 이웃에게 무료로 나누는 'Incredible Edible'을 전개한 마을로 유명한 토드모든[Todmorden]은 도시농업의 표준을 제시하는 곳으로 평가되고 있다. GrowUp은 수산양식과 수경재배를 결합한 새로운 형태인 Aquaponics의 도시농장 모델을 제시하였는데, 2013년 Kate Hofman과 Tom Webster가 공동 런칭하여, 557m²에서 연간 20톤의 채소, 4톤의 물고기 생산을 가능하게 하였다.

3) 러시아의 다차 Dacha

아직 수치화된 현황이나 법, 제도 등은 확인되지 않으나 도시외곽 지역에 다차[Dacha]라고 하는 별장과 텃밭이 포함된 주말농원을 통해 도시농업에 참여하고 있다. 러시아 전 가구의 1/4이 다차를 소유하고 있으며, 다차의 총 면적은 약 12천㎢ 정도로 모스크바 면적의 약 5배인 2.5천㎢에 이른다.

독일의 클라인가르텐 / 영국의 알로트먼트 / 러시아의 다차

그림 11-6 | 유럽의 도시농업

4 미국의 그린 게릴라 green guerrillas

1973년 미국의 예술가 리즈 크리스티 Liz Christy가 친구와 이웃을 모아 그린 게릴라 green guerrillas를 결성하여 시 소유의 공한지를 정리하고 도시텃밭으로 조성하기 시작하였다. 지난 30년간 뉴욕에 600개 소의 도시텃밭을 조성하였으며 교사, 학생, 예술가, 변호사, 기업인 등으로 구성된 600명의 후원자가 지원하고 있다. 국제음식 페스티벌, 허브 페스티벌, 식량정의 토론회를 개최하며, 도시농부에 대한 교육 지원, 도시미화를 위한 벽화 그리기 사업 등을 전개하고 있다. 그린 섬 green thumb, 브롱스 그린업 Bronx greenup, 공정한 먹을거리 just food와 같은 시민단체가 그린 게릴라와 연대하여 도시텃밭 운동을 전개하고 있다. 소득이 낮아 안전한 농산물을 구하기 어려운 저소득층을 위해 비영리단체가 주도하는 프로젝트가 다수를 이룬다. city farm은 2000년부터 비영리 환경단체 resource center를 중심으로 시카고의 버려진 땅을 밭으로 바꾸고, 도시민들의 음식물쓰레기를 퇴비로 재생하여 유기농산물을 생산하고 있다. 뿐만 아니라 학교정원을 이용한 농사체험을 운영하는 Kansas city community gardens, 임신하거나 아기를 기르고 있는 홈리스 여성에게 쉴 곳과 직업을 제공하는 ReVision urban farm, 도시민의 농업에 대한 이해를 높이기 위한 워크숍 프로그램을 운영하는 greensgrow farms 등 최근 다양한 형태로 운영되고 있다.

게릴라 가드닝Guerrilla gardening이라는 용어는 1973년 뉴욕의 보워리 휴스턴 지구에서 최초로 사용되었다. 게릴라 가드닝은 전세계 많은 곳에서 일어난다. 대표적인 게릴라 가드닝 운동가인 리처드 레이놀즈에 따르면 문서상 30여 개국 이상이 게릴라 가드닝에 참여하고 있다. 리처드 레이놀즈는 2004년 게릴라 가드닝을 조직했다.

그림 11-7 | 미국의 그린 게릴라 (http://guerrillagardening.org, 게릴라 가드닝, 2019)

4 도시농업의 가치와 효과

도시의 다양한 공간과 토지를 활용하여 농작물을 재배하고 생산하는 농사활동은 도시민에게 각종 여가생활과 체험활동을 제공한다. 이를 통해 도시민은 경제적, 사회·문화적 유익을 얻고 신체적·정서적 건강 회복, 치유를 통해 도시민에게 생활환경에서의 삶의 질을 향상시킨다.

도시에서의 농사활동은 콘크리트로 뒤덮인 건물 속에서 자연과 분리되어 살아가는 도시민에게 이웃, 세대, 가족과 소통하고, 자연과 조화로운 삶을 추구하며, 도시의 음식물쓰레기, 낙엽, 각종 유기물 등을 텃밭에서 활용하게 하여 자연의 순환적 삶의 가치를 실천하게 한다. 이러한 가치를 바탕으로 도시농업은 신체, 인지, 심리, 사회, 교육 영역에서 그 효과가 있다.

1 신체적 효과

텃밭활동을 통한 생활 근육의 사용은 근육, 골격, 관절 가동력 등 운동 기관의 유지 개선, 기본적인 체력의 향상, 균형 잡기, 눈과 손의 협응력, 칼로리 소모 등의 운동 효과가 있어 기초체력을 증진시켜 건강한 생활습관을 기르게 한다. 텃밭작물을 돌보는 원예활동에서의 적당한 피로감은 숙면에 도움이 되고, 씨앗을 뿌리고 모종을 심거나 잡초를 제거하며 작물을 수확하는 작업은 걷보기보다 운동량이 많아 전신운동의 효과가 있다. 텃밭 활동을 위하여 바깥에 나가 자연에서 시원한 바람을 쐬거나 따뜻한 햇볕을 받으면서 느끼는 쾌적함은 피부로 느끼는 냉온 감각을 자극하고 기분 좋은 생활의 변화를 가져다준다. 하루 또는 일주일 간격으로 일정 시간 텃밭에서의 신체활동은 규칙적인 생활습관을 갖는 데 도움을 준다.

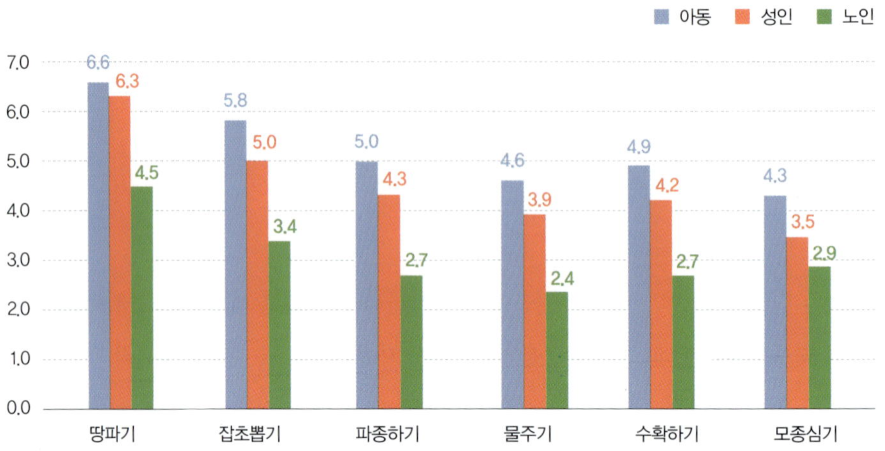

저강도 1~3 METs	**중강도** 3~6 METs	**고강도** 6 METs 이상
누워있기(1), 앉아 있기(1.3)	걷기(3.5), 배드민턴(4.5), 수영(6.0)	자전거 타기(8.0)

※ METs : 대사당량, 운동강도를 나타내는 지표

그림 11-8 | 텃밭활동의 운동 효과 (손, 2004)

2 인지적 효과

텃밭활동에서 작물의 번식 및 이식, 토양의 관리, 텃밭 작물의 선정, 텃밭 디자인 등의 원예활동은 새로운 기술과 개념, 용어 등을 기억하고 습득하게 한다. 또한 텃밭활동에서의 식물 식재, 관리, 수확의 경험은 전체적인 안목과 계획성을 증가시킨다. 텃밭활동은 한 가지 작업으로 끝나는 것이 아니라, 여러 활동이 반복적으로 이루어지기 때문에 지식의 증가와 기술훈련 효과를 기대할 수 있고, 식물을 가까이 접하게 하여 관찰력, 판단력, 오감능력을 향상시킨다. 계절에 맞는 작물을 가꾸면서 계절의 변화를 느끼고 계절감각을 익힐 수 있고, 식물의 이름이나 새로운 재배방법 등 원예

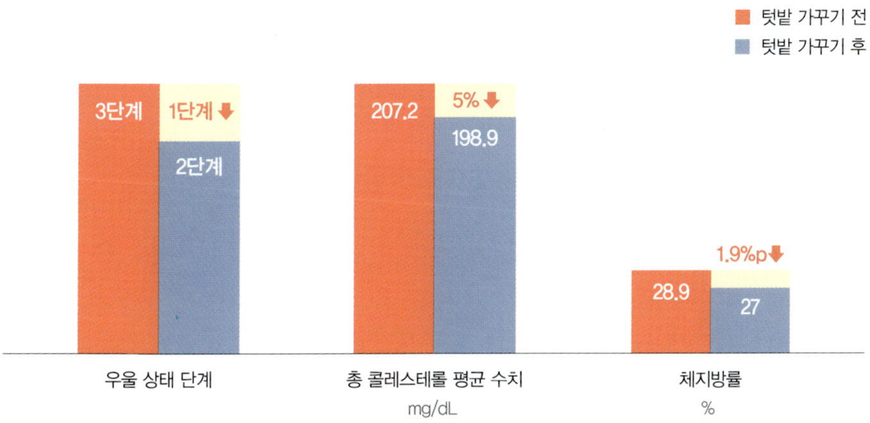

그림 11-9 | 도시정원 운영 후 노인 건강 변화(연합뉴스, 공동텃밭에서 함께 농사, 노인병 치유 효과, 2016. 6)

에 대한 정보와 기술을 습득할 수도 있다.

특히 노인의 경우, 신체적 노화가 진행됨에 따라 인지기능도 약화되는데 텃밭활동은 자연스럽게 인지기능을 유지하는 데 도움을 주어 노인 여가시간의 활용과 성공적인 노화를 통해 건강한 삶을 유지할 수 있도록 돕는다.

3 정서적 효과

씨앗을 파종하거나 모종을 심으면서 텃밭을 가꾸는 활동을 통해 집중력과 종합적인 안목을 기르게 되고, 작물의 싹이 틀 때까지 기다리는 과정에서 인내심을 기른다. 용도에 따라 텃밭을 디자인하고, 심을 작물을 선택하여 배치하거나 배열하는 과정에서 탐구하고 자연스럽게 자기표현이 가능하다.

작물은 대체적으로 빠른 성장 속도를 나타내는데 정성 들여 관리하면 쉽게 싹이 트고 자라기 때문에 잘 관리하면 자신감을 갖게 하지만 소홀하게 관리하면 쉽게 잡초가 나거나 병충해의 피해를 받게 되어 책임감을 느끼게 한다. 텃밭에서 작물과 잡초를 구분하여 잡초를 뽑거나 밭을 일구는 과정은 일상생활의 분노나 부정적인 감정,

공격적인 감정을 완화시키기도 한다. 씨앗을 밭에 뿌리고 1주일 후 혹은 2주일 후 언제 싹이 트고 수확을 할 수 있을까 하는 기대감은 희망, 흥미, 행복감, 다음 과정에 대한 호기심 등 긍정적 감정을 느끼게 한다. 텃밭활동을 통한 성공과 실패에 대한 경험은 자기 조절 능력을 향상시킬 수 있다.

표 11-4 | 학교 숲 · 텃밭 정원활동 효과 (국립산림과학원, 2016)

적대감	공격성	분노
18% ↓	20% ↓	19% ↓

4 사회적 효과

도시농업의 대표적인 영역 중 하나로 도시민들이 자연스럽게 어울려 여러 사람, 이웃, 가족과 함께 텃밭활동을 하다 보면 상호간 교류가 일어나게 된다. 텃밭작물 재배기술에 대하여 이야기를 나누고, 수확한 작물을 서로 나누어 먹거나 주변에 선물하는 활동은 삭막하기 쉬운 도시환경에서 주변에 대해 관심을 갖고 배려하는 공공성, 도덕성을 증대시킨다. 특히 텃밭에서의 공동 작업은 각자 자기가 맡은 역할을 수행하는 과정에서 협력과 책임, 분담과 리더십을 경험하게 한다.

5 교육적 효과

도시농업은 자연에서의 체험을 통한 교육적 요소가 강하다. 식물의 촉감, 풀 냄새, 꽃향기, 수확물을 이용한 요리 등으로 다양한 감각을 체험할 수 있으며, 여기서 느끼는 즐거움, 행복함, 배려심, 기대감, 감동, 인내력, 흥미 등의 감성을 체험할 수 있다. 이러한 도시농업의 교육적 영역은 학교텃밭, 식물원, 수목원, 체험농장, 치유정원 등 다양한 곳에서 실천될 수 있다. 아동과 청소년에게 학교텃밭은 학교생활의 규칙과 협동심을 교육할 수 있고, 식물원과 수목원에서의 텃밭체험은 식물의 다양성과 자연자원의 활용방법을 교육할 수 있다. 체험농장에서의 텃밭은 식물을 재배, 수확, 요리하는 과정에서 교육적 가치를 가진다.

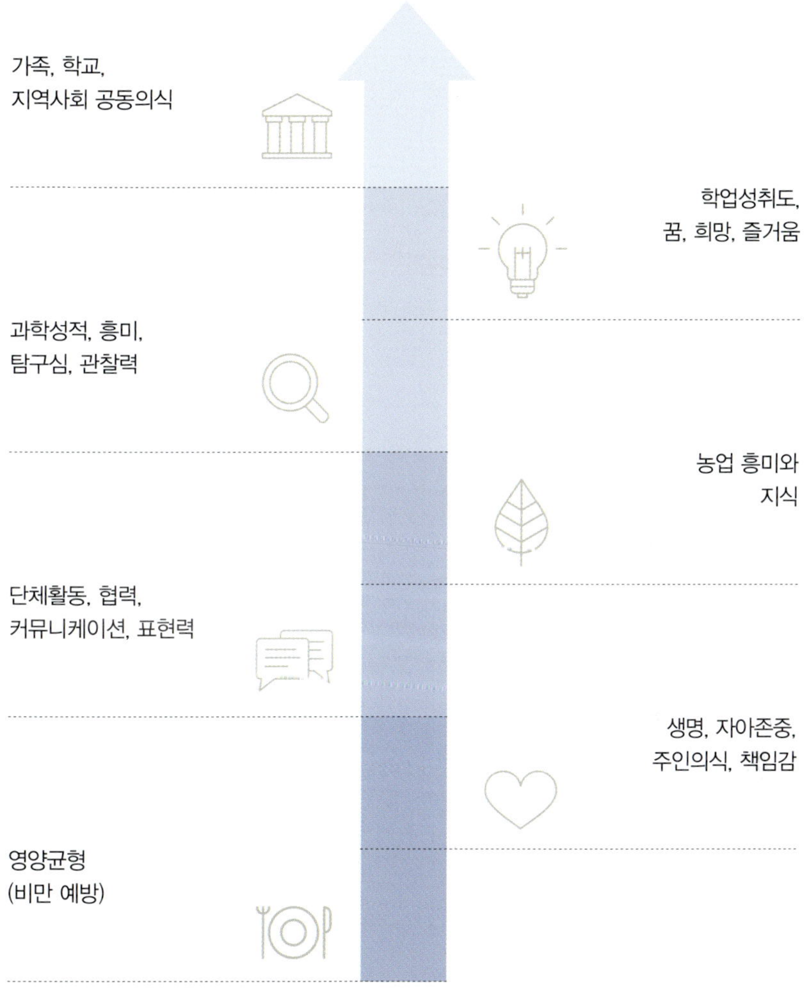

그림 11-10 | 학교텃밭의 효과 (학교텃밭의 이해, 농사로[www.nongsaro.go.kr], 2019)

5 부록

1 새로 전개되는 분야의 원예와 원예학 Newly developing field of horticulture and horticultural science

– 곽병화. 1984. 한국원예학회지 발표요지 특별강연 2(1):4–8. (일부 발췌, 재구성)

인간 생활의 복잡성이 더해가고 있는 도시환경에서는 원예를 통하여, 특히 정서생활에 필수 불가결한 도시공원, 식물원 등에서 과수, 채소 그리고 관상식물 등의 재배를 보여준다. 도시원예urban horticulture와 각 가정주택에서 주로 주부들이 영위하고 가족들이 동반되는 가정원예home horticulture와 주택, 도시 그리고 국토를 원예식물에의 의해서 꾸며지게 하는 조경원예landscape horticulture, 심신의 건강과 취미를 갖게 각종 원예식물과 숙박 및 오락시설이 있는 관광원예recreational horticulture나 주말농원week-end garden 등의 발달은 우리가 아는 원예의 범위를 더욱 확장시켜 주고 있다. 지금의 원예 과정은 다만 농장이나 과수원, 비닐하우스 또는 온실에서만 일어나는 것이 아니고 주택 주변이나 실내, 아파트의 베란다에서도 일어나고 있으며 학교, 교실, 관공서, 교정시설, 병원이나 요양원, 공원 그리고 상업공간, 호텔 등 사람이 닿는 도시 곳곳에서 일어나고 있다.

원예는 이제 비단 생산물을 판매함으로 얻는 소득을 목적으로 하는 것 외에 육체와 정신적인 스트레스를 완화시키고 또 순화하기 때문에 지금 바로 사회문제와 직결하게 되었다. 과수나 채소 그리고 화훼는 이때까지 포장이나 비닐하우스 조건에서 어떤 종류를 어떻게 재배하며 어떻게 판매, 소비하는가를 공부하고 이것을 실천시켜 왔지만 이제부터는 이것 외에 식물을 주택이나 공원 또는 사람이 많이 모여 사는 도시환경에서 어떤 종류를 어떻게 재배하고 어떻게 관리하여 이용할 수 있는가를 연구하며, 이것을 체계화시키는 학문 '도시원예학'이 필연적으로 부각되어 온다. 그리고 이들 사물을 사람의 용도나 생육 그 자체를 해치는 역환경으로부터 보호하고 더욱 인간의 삶의 질적 향상과 가치 증진을 기하는 학문 '환경원예학'도 이제 많이 두각을 나타내고 있다.

> 고려대학교 원예학과 곽병화 교수는 1984년 강원대학교에서 열린 한국원예학회 춘계학술 발표회에서 '새로 전개되는 분야의 원예와 원예학'이라는 제목의 특강을 통해 원예치료의 개념을 우리나라에 처음 소개하였으며 이를 통하여 우리나라 도시농업의 사회적 가치와 기능을 전망하였다.

2 도시농업의 날

농림축산식품부는 자연친화적인 도시환경 조성을 위한 도시농업의 중요성을 알리고자 4월 11일을 '도시농업의 날'로 선포하고 매년 도시농업 활성화를 위한 '대한민국 도시농업박람회 개최' 등 행사 및 교육, 홍보를 위해 노력하고 있다. 4월은 본격적으로 영농이 시작되는 날이며, 기본적인 흙의 날[3월 11일], 농업인의 날[11월 11일]과 연상 효과를 일으키기 때문에 4월 11일을 도시농업의 날로 정하였다.

도시농업의 육성 및 지원에 관한 법률[약칭 : 도시농업법]

제21조의2[도시농업의 날]

① 국가는 국민에게 자연친화적인 도시환경 조성을 위한 도시농업의 중요성을 알리기 위하여 매년 4월 11일을 도시농업의 날로 정한다.

② 국가와 지방자치단체는 도시농업의 날에 적합한 행사와 교육 및 홍보를 실시하도록 노력하여야 한다. [본조신설 2017. 3. 21.]

농업에 11일이 많은 이유는 한자로 十와 一를 합치면 흙토자가 되어 땅을 상징하기 때문이다. 十[열십] + 一[한일] = 土[흙토]

그림 11-11 | 대한민국 도시농업박람회 (2012년~2018년)

3 도시농업 관련 사이트

우리나라는 도시농업의 체계적이고 효율적인 지원을 위하여 「도시농업 육성 및 지원에 관한 법률」에 근거하여 도시농업종합정보시스템을 구축하여 운영하고 있으며 다양한 도시농업 정보를 손쉽게 찾을 수 있다.

농사로
www.nongsaro.go.kr

모두가도시농부
www.modunong.or.kr

농사로 www.nongsaro.go.kr
농자재, 영농기술, 농업경영, 농업예보, 병해충방재에 관한 정보

모두가도시농부 www.modunong.or.kr
농사짓기, 작물별 재배법, 교육행사, 커뮤니티, 텃밭운영, 도시농업관리사

농서남북 lib.rda.go.kr/pod
농업과학기술도서 검색, 도시농업 실용도서 검색

국립원예특작과학원 www.nihhs.go.kr
원예기술, 도시농업, 실내정원, 옥상정원, 원예치료, 공기정화식물 정보

농림수산식품부교육문화정보원
www.epis.or.kr
사업안내, 공모사업, 6차산업지원센터, 귀농귀촌, 농식품소비 정보

스마트 팜 정보공유시스템
www.smartfarmkorea.net
유형별 스마트팜 성공사례, 지원사업, 교육, 정보분석

서울도시농업e소식
seoulfarmer.net
농사정보 서울지역 관련 소식, 이슈, 교육, 연재

그림 11-12 | 도시농업 관련 사이트

참고문헌

I. 원예

- 곽병화. 1984. 새로 전개되는 분야의 원예와 원예학. 한국원예학회 발표요지 2(1):4-8.
- 곽병화. 1996. 화훼총론. 향문사.
- 마쓰오 에이스께 松尾英輔. 2009. 사회원예학의 권장. 쿠북.
- 박효근, 문원, 이승구. 2002. 원예학. 한국방송통신대학출판부.
- 변재균, 김규원, 서상곤, 이창은, 정희돈. 1995. 교양원예. 영남대 출판부.
- 손기철, 조문경, 송종은, 김수연, 이손선. 2010. 전문적 원예치료의 실제. 쿠북.
- 한동욱 외 15. 1996. 생활원예. 도서출판 서일.

III. 원예식물의 분류

- 고광출, 이병일, 박효근, 이승구, 문원. 1992. 원예학개론. 한국방송통신대학출판부.
- 김광식 외 9인. 2003. 화훼학총론. 선진문화사.
- 김준석 외 13인. 1997. 조경수목학. 향문사.
- 농촌진흥청. 2006. 작물별 시비처방 기준. 농업과학기술원
- 박효근, 문원, 이승구. 2009. 원예학. 한국방송통신대학교출판부.
- 박효근, 이승구, 문원, 정병룡, 정순주. 1999. 원예학개론. 한국방송통신대학교출판부.
- 이병일 외 8인. 채소원예총론. 향문사.
- 한국화훼연구회. 1998. 화훼원예총론. 문운당.
- Hwang, S.J., H.H. Moon, and B.R. Jeong. 2005. Effects of difference between day and night temperatures on growth and flowering of miniature roses. Journal of the Korean Society for Horticultural Science 46(5):321-328.
- 오순자, 문경환, 손인창, 송은영, 문영일, 고석찬. 2014. 고온 스트레스에 대한 배추의 생장과 광합성 및 엽록소 형광반응. 원예과학기술지 32(3):318-329.
- 김승유, 이병일. 1988. 미나리의 광합성특성에 관한 연구. 한국원예학회지 29(3): 191-200.

V. 원예식물의 번식

- 곽병화. 1990. 신제 화훼원예총론. 향문사.
- 곽혜란, 서정남, 이애경. 2007. 교실에서 만나는 자연. 부민문화사.
- 박권우, 이창후. 1999. 최신 원예번식학. 선진문화사.
- 서정남, 경윤정, 박천호. 2008. 원예와 함께 하는 생활. 부민문화사.
- 이종석. 2008. 화훼원예학. 향문사.
- 한국화훼연구회. 1999. 화훼원예총론. 문운당.

VI. 병충해 관리

- 국립농업과학원. 2017. 난황유 제조와 활용. 유기농기술지. 05호.
- 국립농업과학원. 2017. 민달팽이 방제를 위한 트랩활용. 유기농기술지. 08호.
- 국립농업과학원. 2017. 해충생태와 방제 도감. ㈜휴먼컬처아리랑.
- 국립농업과학원. 2018. 마늘 추출물을 활용한 병 방제. 유기농업기술지. 14호.
- 국립원예특작과학원. 2013. 텃밭채소 어떻게 할까요? 농진청.
- 농사로 농업기술포털. nongsaro.go.kr
- 농진청 농업과학기술원. 2000. 채소병해충 진단과 방제. 아카데미서적.
- 농촌진흥청. 2004. 친환경 · 유기농업 영농활용메뉴얼.

- 네모도 히사시, 요네야마 신고. 2003. 쉽게 알 수 있는 채소, 허브 병해충 119. Green Home.
- 문원, 이지원, 전창후 2010. 원예학개론. KNOU Press.
- 박선수 외. 2013. 고등학교 생산자재. 충청남도교육청.
- 백수봉 외 6인. 2003. 식물보호학. 선진문화사.
- 이종석. 2011. 화훼원예학. 향문사.
- 한국화훼연구회. 1998. 화훼원예학총론. 문운당.
- 황병국. 2000. 식물의학. 탐구당.
- Briggs, G.B. and Calvin, C.L. 1987. Indoor plant. Wiley.

Ⅶ. 수확 후 관리

- 론윌 外 3인, 남상용외 2인 공역, 2012, 원예산물의 저장과 유통, 2012
- 손기철, 2003, 절화 · 절엽 · 드라이플라워의 수확 후 관리 및 활용, 중앙생활사.
- 이창후, 2004, 원예생산물의 수확 후 관리, 한국 표준협회.
- AT 화훼공판장 : http://www.at.or.kr/home/fmko000000/index.action#
- 국립원예특작과학원 : http://www.nihhs.go.kr/usr/main/mainPage.do
- 농사로 : http://www.nongsaro.go.kr/portal/portalMain.ps? menuId=PS00001
- 농협 식품연구원 : http://www.nhfri.com/nhfri/test/manage_tech.php
- 크리살 : https://www.chrysal.com/en-us/products
- 한국수확후관리협회 : http://www.pht.or.kr/

Ⅷ. 화훼장식

- 박권우. 2007. 선진문화사. 허브 및 아로마테라피.
- 손기철 外 4인. 2006. 쿠북. 전문적 원예치료의 실제.
- 송채은 外 4인. 2011. (재)광주디자인센터. 힐링가든 식물.
- 송채은 外 5인. 2011. 도서출판 인아. 화훼장식기사.
- 송채은 外 8인. 2015. 문운당. NCS 교육지도서 화훼장식 작품디자인.
- 이영병 역. 2003. 시그마프레스. 정원과 건강.
- 최칼라 外 4인. 2012. 칼라북스. 칼라와 꽃차테라피.
- 한국화훼장식학회. 2010. 부민문화사. 플로리스트를 위한 화훼장식학.
- https://ko.wikipedia.org/wiki. 2019. 방향식물의_이용
- https://www.ncs.go.kr. 송채은 外 9인. 2016. NCS학습모듈 개발/단위화훼장식.

Ⅹ. 치료정원

- 경남과학기술대학교(경과대). 2015. 정원산업 육성 및 발전방안. 농림축산식품부.
- 손기철 외. 2002. 원예치료. 중앙생활사.
- 손기철 외. 2006. 전문적 원예치료의 실제. 쿠북.
- 윤지영. 2012. 장애인복지관의 옥상정원 활용방안. 상명대학교 석사학위논문.
- 장애인 · 노인 · 임산부 등의 편의증진 보장에 관한 법률 시행규칙 [별표 1] 편의시설의 구조 · 재질등에 관한 세부기준의 (제2조제1항관련)
- 정명자. 2018. 치유정원 계획모델 개발에 관한 연구. 호남대학교 박사학위논문
- 차인수. 2012. 치유정원 측면에서 본 노인요양시설의 공간 및 프로그램 운영 실태와 도입 가능성 – 광주광역시 노인요양시설을 중심으로. 전남대학교 대학원 석사학위 논문.
- American Horticultural Therapy Association(AHTA). 2018.

참고문헌

- http://www.ahta.org/information/faq.html.
- Kwon, M.H. 2016. Status and education program of public children's garden in the United States. PhD Diss., Korea Univ.
- Relf, P.D. 1994. Gardening in raised beds and containers for older gardeners and individuals with physical disabilities. Virginia Cooperative Extension, VA, USA.
- Simson, S., and Straus, M. 1998. Horticulture as therapy: Principles and Practice, New York: The Food Product Press. p. 288.
- Wyse Jackson, P.S and L.A. Sutherland. 2000. International agenda for botanic gardens in conservation. Botanic Gardens Conservation International, U.K.

XI. 도시농업

곽병화. 1984. 한국원예학회지 발표요지 2(1):4-8. 한국원예학회.

국립산림과학원. 2016. 학교 · 숲 텃밭 정원 활동 효과.

농촌진흥청. 2017. 도시농업. 농업기술길잡이178 .

박신애. 2018. 도시농업과 원예의 즐거움. KHTA.

손기철 外. 2006. 전문적 원예치료의 실제. 쿠북

이원석. 2017. 도시농업의 다원적가치 평가와 활성화 방안 연구. 서울대학교 대학원 박사학위.

이은희. 2016. 유럽의 도시농업현황. 서울여자대학교.

정명일. 2016. 옥상농원을 통한 전원을 꿈꾸다.

원예치료사를 위한

원예학

2025년 3월 25일 개정3판 발행

지은이	(사)한국원예치료복지협회
만든이	정민영
디자인	hsum company
펴낸 곳	부민문화사
출판 등록	1955년 1월 12일 제1955-000001호
주소	(04304) 서울 용산구 청파로73길 89(부민 B/D)
전화	(02) 714-0521~3
팩스	(02) 715-0521
	http://www.bumin33.co.kr E-mail: bumin1@bumin33.co.kr
정가	26,000원
공급	한국출판협동조합
ISBN	978-89-385-0388-6 93520

복지원예사 자격 제도

우리나라 복지원예사 자격제도는 (사)한국원예치료복지협회에서 수여하는 민간자격으로 자격기본법에 근거하여 한국직업능력개발원에 등록된 자격이다. – 등록번호 제2008-0243호

복지원예사 자격등급별 구비요건을 요약하면 아래 표와 같으며 자세한 내용은 협회 소개 > 관련 규정 > 자격 수여 규정에 명시되어 있다. – www.khta.or.kr

복지원예사 등급별 자격요건 (요약)

구분	복지원예사 3급	복지원예사 2급	복지원예사 1급	복지원예 슈퍼바이저
학력 요건	① 협회인정 양성교육 수료 ② 학력 제한없음	① 전문학사 이상 (전공 무관) ② 협회인정 양성교육 수료 ③ 3급 취득 후 2년 경과 심화과정 이수 (의학분야 2과목) **①② 모두 충족 또는 ③ 충족**	① 대학(원) 이상 (원예치료전공) ② 2급 취득 후 3년 경과 심화과정 이수 (의학분야 3과목) **① 또는 ② 충족**	① 1급 취득 후 3년 경과 또는 양성과정 주임교수 ② 슈퍼바이저 교육 수료 **①② 모두 충족**
자격 시험	3급 시험 70점 이상	2급 시험 70점 이상	1급 시험 70점 이상	–
임상 실습	① 임상 60회 ② 워크숍 40시간 (주관 6시간 이상) ③ 임상 30회 + 워크숍 20시간 (주관 6시간 이상) **①②③ 중 택1**	60회 이상	200회 이상	1,000회 이상
워크숍		20시간 이상 (주관 6시간 이상)	40시간 이상 (주관 9시간 이상)	100시간 이상 (주관 15시간 이상)
관련 논문	해당없음	학회(협회) 발표 1건	① 학회(협회) 발표 1건 ② 학위(게재) 논문 1건 또는 구두발표 논문 2건 **①② 모두 충족**	① 학회(협회) 발표 2건 ② 학위(게재) 논문 2건 **①② 모두 충족**
슈퍼 비전	(선택)	(선택)	1단위(2회) = 임상활동 10회	2단위(4회) = 임상활동 20회
검정 위원	4/5 이상 찬성	4/5 이상 찬성	만장일치	만장일치
심사료	12만원 (재심 6만원)	15만원 (재심 7만5천원)	30만원 (재심 15만원)	50만원 (재심 25만원)
공통 사항	협회 정회원 이상, 자격갱신(2년 단위)			

※ 기타 세부요건은 자격 수여 규정에 따름